ノンフィクション

東部戦線の激闘

タンクバトルⅣ

齋木伸生

潮書房光人社

東部戦線の激闘——目次

【第1部】 東部戦線、防戦と攻勢／コーカサス、レニングラード、クルスク

写真提供／雑誌「丸」編集部
イラスト／上田信

東部戦線の激闘

タンクバトルⅣ

【第1部　東部戦線、防戦と攻勢／コーカサス、レニングラード、クルスク】

第1章　ドイツA軍集団、コーカサスより脱出せよ

ソ連ザカフカス方面軍の攻勢は、コーカサス深く侵攻したドイツ軍の退路を脅かした。ドイツ軍機械化部隊は急ぎロストフへと撤退を図り、ドイツ軍とルーマニア軍部隊はタマン半島で粘り強い防御戦闘をつづけた！

一九四三年一月一日〜一月末　コーカサスの戦い

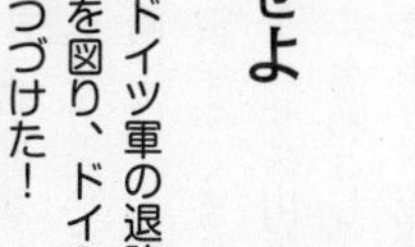

コーカサスの危機

一九四二年夏季攻勢で、ドイツ軍はスターリングラードを攻略すると同時に、コーカサスへの進撃を進めた。しかし、戦力の不足、困難な地形、そして天候の悪化で、その年の秋には攻勢は半ばで頓挫した。ドイツ軍はカルムイク草原からコーカサス山脈にいたる大きな地域を占領したものの、いまや彼らはソ連軍にとってこれ以上ないほどの魅力的な獲物でしかなかった。

一九四二年終わり、スターリングラードで第六軍を包囲し、つづくマンシュタインの解囲

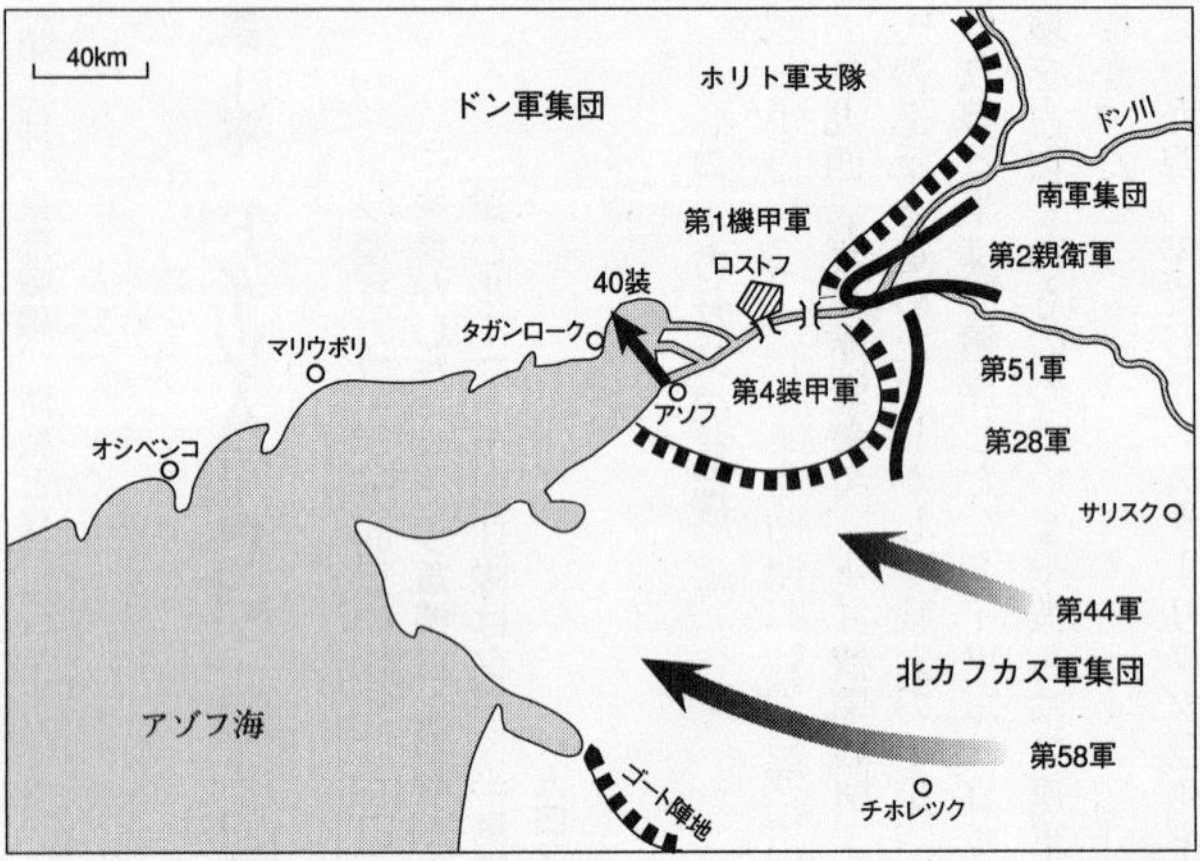

攻勢を撃退したソ連軍は、一路西方へと進撃をつづけ、年末にはロストフまで一一〇キロに迫っていた。その結果、コーカサスに展開した、クライストのA軍集団は北方のドイツ軍主力から切断される危機に陥った。

　モスクワでは、スターリングラードにつづいてコーカサスのドイツ軍を罠にかけるための、壮大な計画が用意されていた。これは南方面軍をサリスク経由でチホレックへ進撃させる一方で、ザカフカス方面軍の黒海集団がトゥアプセからクラスノダールまで進撃し、チホレックで南方面軍と握手をしようというものだった。

　最終的な作戦計画には、「山作戦」と「海作戦」のふたつの作戦がふくまれることになった。「山作戦」は、コーカサス山脈から北方に進撃してクラスノダールを陥とし、そこから北東に旋回して、東方ヴォルガ下流域からのもうひとつの挟撃軸と握手をすることで、第一機甲軍と

第一七軍の一部を包囲しようというものであった。一方「海作戦」は、陸上からの進撃と海からの上陸の陸海共同作戦で、ノヴォロシースクとタマン半島を占領して、第一七軍を海に追い落とそうというものであった。

一九四三年一月一日、ソ連ザカフカス方面軍北方集団（一二月二四日より北カフカス方面軍）による攻勢が開始された。しかし、ドイツ軍はすでにソ連軍の攻撃に気づいていた。

「突破されないことが重要である。最後の一兵まで戦う必要はない」

第一機甲軍司令官フォン・マッケンゼンは命じた。一二月三〇日には後方支援部隊の前線近くからマニチ川への後退が進められ、すでに前線に残されていたのは、経験ある戦闘部隊だけであった。

一月一日、夜明けとともに第一機甲軍の部隊は、後衛部隊の援護の下、秩序だって前進防御陣地への後退を開始した。テレク川からコーカサス東部に西から東に展開した、第五二軍団（第五〇、第一一一歩兵師団）、第三機甲軍団（第一三、第三七〇歩兵師団、ルーマニア第二山岳師団）、第四〇機甲軍団（第三機甲師団、ユングシュルツ戦闘団）の前線部隊は、陣地を捨て後退を開始した。

中でも大冒険を演じたのが、ユングシュルツ大佐の戦闘団であった。彼らは、なんとも奇妙なドイツ兵とコサックの集成部隊であった。一月一日、戦闘団はエリスタの陣地を捨て、撤退する第三機甲師団との連絡を図ったのである。彼らは軍の最左翼に展開し、カルムイク草原を馬で疾走した。こうして第一機甲軍は、ほとんどソ連軍の妨害を受けず秩序だった撤

コーカサスをゆくⅢ号突撃砲

退を開始した。

さらに一月四日、第一機甲軍の右翼に展開した第一七軍の後退も開始された。コーカサス山脈に西から東に展開した、ルーマニア騎兵軍団（ルーマニア第九、第六騎兵師団、ルーマニア第一九歩兵師団）、第五軍団（第九、第七三歩兵師団、ルーマニア第三、第一〇歩兵師団）、第四四軍団（第一〇一銃兵師団、第一二五、第一九八歩兵師団、スロバク機動師団）、第四九山岳軍団（第四六歩兵師団、第一、第四山岳師団）で、第九七歩兵師団が予備となっていた。

両軍の戦闘序列を見ると、不思議な名前に気がつく。ルーマニア軍？　スロバキア軍？　そう、この戦線にもドイツ軍の同盟国軍が配置されていた。彼らの情況はドイツ軍以上に悲惨であった。ルーマニア軍はアントネスクの抗議にもかかわらず、ルーマニア軍の統一指揮を離れドイツ軍の中にばらまかれていた。これは威信の問題だけでな

スロバキア軍のLT38戦車と同系車体

く、補給や維持管理に悪影響をおよぼしていた。

ルーマニア軍の機動力の多くは馬に頼っていたが、冬に入るとともにこれらはコーカサスの山岳地帯の厳冬に耐えられないとして、戦線から一八〇キロも後方に下げられていた。第六騎兵師団は一部自動車化されていたが、彼らがまだ保有していた車両はたった三〇一両でしかなかった。それですら多くはほとんど壊れており、第一〇自動車化連隊は、事実上行動不能だった。戦車、それが戦車と呼べたらだが、機関銃しか装備していないR1戦車は、ほんの一握りしかなかった（結局、一九四三年春まで生き残ったのはたった二両であった）。

スロバキア軍機動師団は、スロバキア軍唯一の機械化部隊であった。彼らは一コ中隊の戦車部隊を有し、一九四三年一月半ば時点で

LT38戦車とLT40戦車一二両を保有していた。ただし、両者ともにチェコスロバキア製で38（t）戦車と同系統の車体で、当時すでに旧式と言ってよかった。それらは数両ずつパトロールに使用されたり、泥にはまったトラックの牽引や、果ては砲兵部隊の弾薬運搬車として使用された。ずいぶん情けない話だが、きっとこの程度が正しい使い道だったのだろう。

彼らの内部事情は複雑だった。彼らの師団長は本国のファシスト政府に反対であり、なんとソ連軍に通じて師団丸ごと投降しようとしていたのである。多くの将校もこれに賛同した。決行予定は一月二八日。ところがその前にソ連軍の攻勢は開始されてしまったのである。師団は慌ただしく後退し、計画は中止された……。

コーカサスからの脱出路を守れ

後退するドイツ軍にたいする、ソ連軍の追撃は緩慢だった。彼らの戦車部隊の攻撃はコーカサス方面ではなく、はるか北方の第四機甲軍に指向されていた。本当の危機は、もっと北で生じていたのである。ドン川河口の要衝ロストフ・ナ・ドヌーである。ソ連軍はコーカサスへの関門、ロストフを占領すれば、ソ連軍はザカフカス方面軍の攻勢の成否を待たずして、ドイツA軍集団すべてを締め上げることができるのだ。彼らは第二八、第五一軍、第二親衛軍の精鋭を投入して、ロストフの隘路の奪取を図った。

ドイツ軍はロストフ防衛のため、第一七、第二三機甲師団、SS機甲擲弾兵師団「ヴィーキング」から成る第五七機甲軍団に、軍直轄砲兵、対空砲部隊をかき集めて増援とした。さらに彼らはドイツ本国から、貴重な予備兵力第五〇三重戦車大隊を呼び寄せた。第五〇三重戦車大隊は、名前からわかるように、ドイツ軍伝説の重戦車ティーガーを装備した、三番目の部隊である。

彼らは一九四二年五月に編成が開始されたが、当初はポルシェティーガーが配備されるはずの部隊であった。しかし、その生産が中止されると、ヘンシェルティーガーへ切り替えられ乗員は再訓練を受けた。しかし、そのティーガーの生産も遅れたため、一二月になってようやく、ティーガー二〇両とⅢ号戦車N型三一両を装備した二コ中隊が編成されたばかりだった。

訓練は大車輪で進められたものの、重たく複雑でこれまでの戦車とは大きく異なる、ティーガーへの十分な慣熟など不可能だった。そのうえ、行き先が最初は東部戦線、それからアフリカ、そしてふたたび東部戦線と変更されたため、戦車の改造や必要な装備の調達で、いらぬ手間がかかるはめともなった。そんな状態で彼らが出動するよう命じられたのは、初陣にはまったくふさわしくない激烈な戦場であった。

一九四二年一二月二一日、大隊は緊急輸送列車に搭載されて、慌ただしくドイツを出発した。列車は超特急で、ゲッフリッツ～ルンデンブルグ～オーダーベルグ～デブリン～ブレストとドイツ、ポーランドを駆け抜けた。さらに、ミンスク～ゴメリ～ハリコフ～スラビヤンスクと、ベラルーシ、ウクライナを通り抜けた。そしてロストフを経て、一二月三一日、まさに渦中の戦場プロレタルスカヤに到着したのである。

一月一日、大隊第一陣をひきいるフォスター中尉は、ホート上級大将と連絡をとった。折り返しホートからは、大隊にたいする命令が伝達された。それは到着した大隊の一部をもって、マニチ川の橋梁を守れというものであった。そこはコーカサスから撤退しようとするA軍集団にとって、絶対に確保しなければならない最重要な地点であった。

一月二日、第五〇三重戦車大隊を基幹として、「ポスト警戒群」が編成された。ポストとは、第五〇三重戦車大隊長のポスト中佐のことである。彼らは空軍野戦師団と共同して、カルムイク草原より来攻する敵から、マニチ川戦区の一部を守ることが任務であった。このため第五〇三重戦車大隊の全部が、プロレタルスカヤへと移動した。

四日、ソ連軍はスタヴロポリへ侵入した。たいへんだ。放置すれば第一機甲軍の撤退路が閉塞されてしまう。これを撃退すべく、大隊には南部へと配置転換の命令が出された。五日早朝、すぐに反撃が開始された。大隊のティーガー一六両とⅢ号戦車二三両が稼働。

「パンツァー、マールシュ！」

寒気をついてティーガーの巨体が動き出した。

「ボボボボボ、ガラガラガラ」

エンジンが唸り、重いキャタピラをひきずって鉄の虎が動き出した。

「キャタキャタキャタ」

支援のⅢ号戦車が、軽快につきしたがう。

泥濘に足をとられながら進むティーガー戦車

ハイルマン大尉ひきいる第二中隊のティーガーとⅢ号戦車は、強力な敵の中を突破してニコラエフスキヤまで突き抜けた。

「カーン、カーン」

敵弾がティーガーの装甲板を叩く。

「榴弾、フォイエル！」

「ドカーン」

爆発と同時に敵は吹き飛んだ。この日、大隊は歩兵用火器多数を破壊して敵に甚大な損害をあたえたが、Ⅲ号戦車一両が破壊された。さらにティーガー二両とⅢ号戦車一両が機械故障で脱落した。

大隊はさらにスタヴロポリ前面まで進出した。

「ドカーン、ドカーン」

雪を蹴立てて進む大隊の戦車の周囲を激しい爆煙が包む。ソ連軍は圧倒的な数の戦車と対戦車砲で、強固な防御陣地を築いていた。

「ヒューン、ヒューン」

戦車に向かって灼熱した火箭が飛びくる。多勢に無勢だ、大隊はこれ以上の攻撃を断念した。夕方、大隊はクラズヌィ・ストコウドまで後退した。

六日朝、天候は激しい吹雪となった。寒風は戦車兵と擲弾兵の体に突き刺さった。しかし、寒気をものともせず、朝から攻撃は再開された。大隊の第一中隊は第一二八機甲擲弾兵連隊第Ⅱ大隊とともにコナリテリ村を正面から攻撃し、この間に第二中隊が左翼からスタヴロポリを包囲しようというのだ。

「ザザザザザ」

降雪をかき分け前進するティーガーに、敵弾が集中する。

「ヒューン」

砲塔をかすめて敵弾が飛び去った。

「アハトゥンク、パンツァー！」

敵戦車だ。

「徹甲弾、フォイエル！」

必殺の八八ミリ砲弾が、真っ赤な塊となってティーガーの長砲から弾き出る。

「ガーン」

命中弾を受けたT34は爆発し、たちまち燃え上がった。

敵戦車は、雲霞のごとくつぎつぎとあふれ出た。

「徹甲弾、フォイエル！」

ティーガーは、つるべ撃ちに八八ミリ砲を撃ちつづけた。戦場には撃破された戦車の燃え上がるたいまつが、何本も何本も黒煙を上げた。この戦闘でティーガーは、一八両の敵戦車を血祭りに上げ、そのうち一四両はT34であった。その他偵察車一両に対戦車砲五門が破壊された。

たまらず、ついにスタヴロポリの敵は逃げ出した。町は奪回された！　さらに後退する敵を第二中隊のエムラー小隊が後を追った。しかし、途中Ⅲ号戦車が野砲弾の直撃を受けて破壊され、ショロンカ渓谷まで追撃したものの中止された。ステブノイへ後退し、夜になると戦闘団は針ネズミの陣を敷いた。

翌朝、主力は第一七機甲師団の一個大隊と第一五九擲弾兵連隊（自動車化）とともに、ブジョンヌィとブラッキィに向けて出発した。一方、一部はゴロヤ湖東岸での小競り合いに派遣された。

「敵発見！」

「榴弾、フォイエル！」

キューゾウ少尉は、敵のトラック数両を破壊、炎上させて、一八名の捕虜を得た。夕方ステブノイに戻るが、そこで軍団より命令を受けプロレタルスカヤに帰還した。

一月九日午前五時四五分、大隊はウェーセリヤの攻撃に出動した。ティーガー一一両、Ⅲ

号戦車一二両に第一二八機甲擲弾兵連隊第Ⅱ大隊、そして今回は軽野戦榴弾砲一コ中隊が支援についた。戦闘団はウェーセリヤの西二キロに到達したものの、敵の抵抗は激しくなるばかりであった。このためいったん攻撃は中止された。

午前九時三五分、ウェーセリヤへの攻撃が再開された。しかし、この間に敵は戦車と対戦車砲陣地を強化していた。

「パチーン、パチーン」

ティーガーの装甲板で、対戦車銃弾が弾ける。

「ヒューン」

対戦車砲弾がティーガーが狙う。防御砲火はあまりに激しく、ふたたび攻撃は頓挫した。

この日、もう一度攻撃が試みられたが、どうしても敵陣を抜くことはできなかった。大隊の稼働戦車はたった二両でティーガーは一両だけになってしまった。八両のT34が撃破されたが、ティーガー二両、Ⅲ号戦車一両が失われ、擲弾兵も多数が死傷した。なによりもウェーセリヤ占領がならなかったことは、まったく見合わなかった。

しかし、ここでティーガーの驚嘆すべき防御力が証明された。一月一〇日、大損傷をこうむった第五〇三重戦車大隊のティーガー一二一号車と第一四一号車は、点検整備のため本国へ送還された。とくに一四一号車は二五〇発もを被弾していた。本国でこの車体を見た陸軍総司令部の専門家と機甲総監部幕僚長のトーマレ大佐は、この車体を記念碑として展示することを決めたのである。

本車はのちにクンマースドルフに展示された。その解説にはこうあった。

「六時間以内に命中せし対戦車銃弾は二二七発、五・二センチ砲弾一四発および一一発の七・六二センチ砲弾を受く。損傷重大にもかかわらず、同車は自力にて更に六〇キロを走破後退せり」

一六日、ソ連軍はプロレタルスカヤの東一〇キロで幹線道路を横切るコルホーズへと侵入した。

「アラーム！」

警報が発せられた。大隊は出動できる全部の車両を出動させた。攻撃にはヴィーキングの擲弾兵も加わった。

「榴弾、フォイエル！」

今度は、

「徹甲弾、フォイエル！」

ティーガーは、主砲、機関銃を乱射しながら、敵に襲いかかった。激戦の後に敵は追い払われた。

プロレタルスカヤは、もはや最前線であった。ソ連軍の圧力は高まるばかりで、だれの目にも長くもちこたえられないのは明らかだった。一七日には敵はプロレタルスカヤの鼻先に到達していた。ティーガーは、迫りくるソ連軍部隊を叩きつづけた。この日ようやく大隊には、ロストフへの後退命令が到着した。

大隊は損傷したティーガーを一両は、やむなくプロレタルスカヤ駅で爆破しなければならなかったが、ロストフへの移動の途に着いた。大隊は一九日にはサリスク、ツェリナを経てエカテリナに到着。二〇日にカガリニツカヤ、二一日にはバタイスクに到着した。激しい戦闘はつづいていたが、第五〇三重戦車大隊の冒険はいったん終わりとなった。二三日、大隊はドン川を越えてロストフ駅近くに集結したのである。

ここで大隊には、独立中隊としてロストフで戦ってきた第五〇二重戦車大隊第二中隊が加わった。彼らは第五〇三重戦車大隊第三中隊となり、大隊ははじめて三コ中隊を保有することができた。この後、彼らはロストフ防衛の要《かなめ》として、八面六臂の活躍をすることになるが、話をコーカサスのA軍集団に戻すことにしよう。

ロストフ陥落

第五〇三重戦車大隊のティーガーが、必死でマニチ川の防衛線を支えている間に、A軍集団部隊はコーカサスからの撤退を進めた。第一機甲軍部隊は一月八日には、クマ川の防衛線に到達することができた。その後、彼らはクマ川を渡り北西へと進んだ。その間、敵の攻撃にもかかわらず、右翼の第一七軍との連絡は途切れることはなかった。

一月一三日、第一機甲軍部隊はナグチコエ～アレクサンドロフスコエの線に到達し、シュラフスコエを放棄した。彼らは一八日から二〇日には、サリスクから南に、スタヴロポリ、

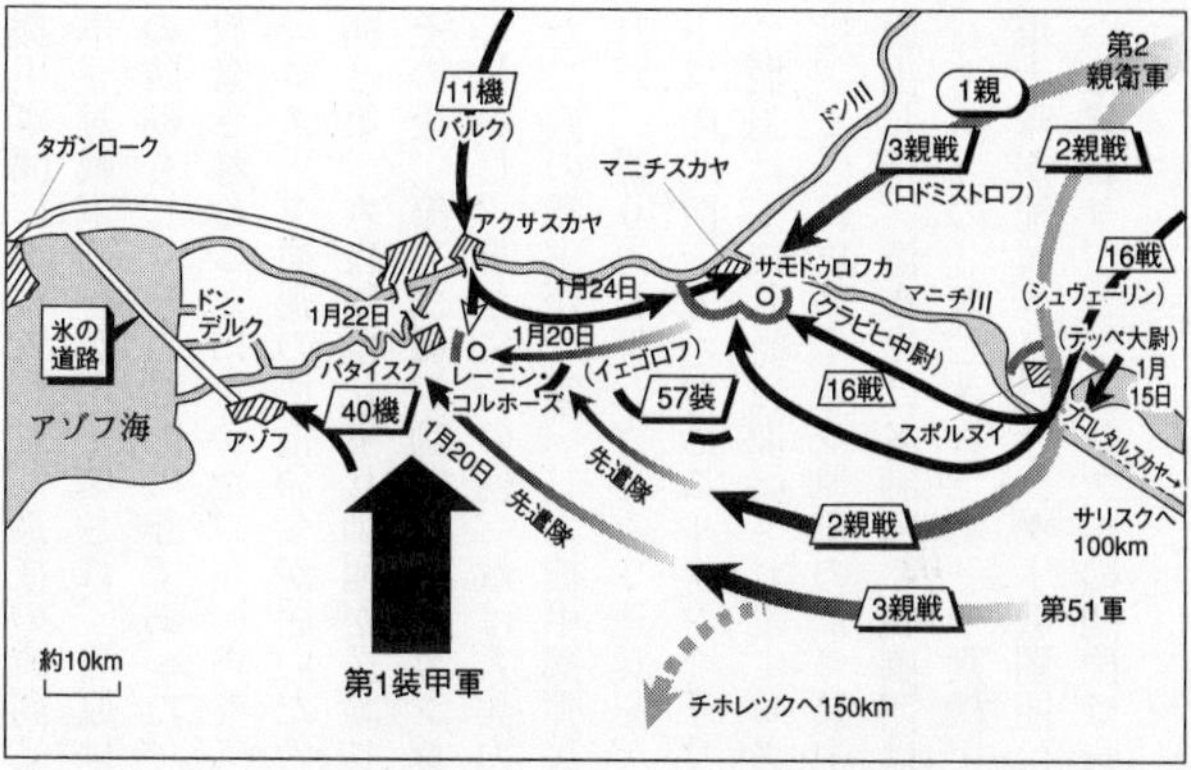

ネヴィノムッスクチェルケスクの線に到達した。ここでようやく彼らは、マニチ川の第四機甲軍の防衛線と連絡することに成功したのである。その四日後には、第一機甲軍は要衝アルマヴィルを放棄しなければならず、防衛線は五〇キロも西に後退した。

　縮小された防衛線はロストフとタマン半島を囲む、円弧状のものになった。しかし、ともかく彼らはソ連軍の包囲を免《まぬか》れることができたのである。その後、彼らはドン軍集団へ配置換えとなり、ロストフのドン川河口を通って、できうる限り早急に撤退するよう命じられた。一月終わりには、第一機甲軍はコーカサスのステップを去り、要衛ロストフに入ることができた。

　一月末、ソ連軍はロストフそのものへの圧力を増大させていった。夜間さえ激しい爆撃で、部隊には安心して眠れる場所さえなくなった。六日にはバタイスクが奪取され、ロストフの運命も風前のともしびとなった。ロストフ防衛は、第四機甲軍の第四二機甲軍団に委ねられた。最後の瞬間まで、彼らは奮戦した。押し寄せるT34、アメリカ製戦車、対戦車砲多数が破壊され、雪原はソ連兵の死体で埋まった。しかし、多勢に無勢、彼らの防戦もしょせん蟷螂《とうろう》の斧であった。雲霞《うんか》のごとく押し寄せるソ連軍に、ついにロストフは、放棄されることになった。

ロストフ撤退の準備命令が届いたのは、二月一三日朝のことであった。まず第二三機甲師団と第一六自動車化歩兵師団が援護し、第一一一歩兵師団と第一五空軍野戦師団が後退する。その後、第二三機甲師団は、タガンログの北二〇キロに移動して軍予備となる。

しかし、まさにその朝、敵は大兵力でセメルニコヴォを攻撃した。昼には歩兵に支援された二両の戦車が、第一二六機甲擲弾兵連隊第Ⅱ大隊に襲いかかった。しかし、攻撃は粉砕された。繰り返し押し寄せるソ連兵を、第五一機甲工兵大隊はなんとか白兵戦で撃退し、ロストフの北西一五キロのスルタン＝サリィの橋には爆薬が仕掛けられた。

撤退は午後八時に開始された。ロストフ市内の橋は爆破された。第一二八機甲擲弾兵連隊は、まさに攻撃するソ連軍の真っ只中を、市内から撤退した。数名ずつ彼らは秩序を保って脱出した。深夜には各師団の戦闘団は新たな防衛線に入った。第一二八機甲擲弾兵連隊はザパトニィの北西二キロ、第一二六機甲擲弾兵連隊はレニーナバン＝トゥルド、第五〇三重戦車大隊が配属されたサンダー戦闘団はクラスヌィ・チャルトゥルに。こうしてロストフの戦いは終わり、コーカサスへの関門は永遠に閉じられたのである。

第2章　クバン橋頭堡に閉じ込められたドイツ軍

ヒトラーはコーカサスへの再攻勢の足掛かりとして、クバン橋頭堡の確保を要求。しかし、それはヒトラーの夢想でしかなかった。一方ソ連軍は陸海からの攻撃を繰り返し、ドイツ軍橋頭堡を圧迫し撤退へと追い込んだ！

一九四三年二月～九月　クバン橋頭堡の戦い

クバン橋頭堡への撤退

一方、第一七軍はどうなったか。彼らの運命は第一機甲軍とは異なるものとなった。彼らにたいするソ連軍の攻撃は、一月一一日に開始された。当初、ソ連第五六軍の攻撃は、第四四軍団戦区に集中した。スロバク機動師団の展開している戦区である。彼らの戦いぶりは伝えられていない。彼らは一月末には前線から引き上げられ、クリミアへと移動することになった。師団の損失は大きく、とくに重機材のほとんどは失われた。移動後、彼らに残された戦車はたった一両だけだったという。

ソ連軍の攻撃は、一六日には、ルーマニア第九騎兵師団戦区へと攻撃範囲を拡大した。ルーマニア軍部隊は、この日、そしてつづく日々、何度も何度もソ連軍二コ狙撃兵師団と一コ旅団による激しい攻撃を撃退しつづけた。果たしてこの戦闘中、ルーマニア軍のR１戦車が活躍したものかどうかははっきりしない。対戦車戦闘など不可能だが、機関銃座代わりにはなっただろうか。

しかし、ルーマニア軍側には補給も増援もなかったのにたいして、ソ連軍はつぎつぎ新手を投入した。二二日にはさらに二個師団が増派されたのである。増えつづける圧力に耐え兼ねて、ルーマニア軍部隊はついに擦り切れてしまった。損害は続出し、彼らはだんだんと地歩を失っていった。しかし、ここでタイムリーにも、第九七歩兵師団が増援に駆けつけた。ルーマニア軍は踏みとどまり、二七日には反撃さえ試みたのである。

二九日、今度はソ連第四七軍は、クラスノダールの南西一〇〇キロの、第五軍団戦区への攻撃を開始した。しかし、ソ連軍はすでにその攻勢終末点に到達しようとしていた。彼らはいつもの数の優位に頼むことはできなかった。彼らの戦力は、防衛側より、たった三〇パーセント（!）多いだけだったのである。そして、戦車の支援はごく限定的なものでしかなかった。さらには、天候さえもソ連軍に、味方しなかった。

そうでなければ、おそらく疲弊しきったルーマニア軍戦線は崩壊しただろう。しかし、そうはならなかった。彼らは陣地を守り抜いたのである。一月三一日まで戦闘は荒れ狂ったが、ソ連軍はほんのわずかな地歩を得ただけで攻撃は終息した。第一七軍はその戦線を守り抜き、ソ連軍の突破を許さなかった。

こうしてソ連軍の「山作戦」は、その目的をほとんど達することなく終わった。第一機甲

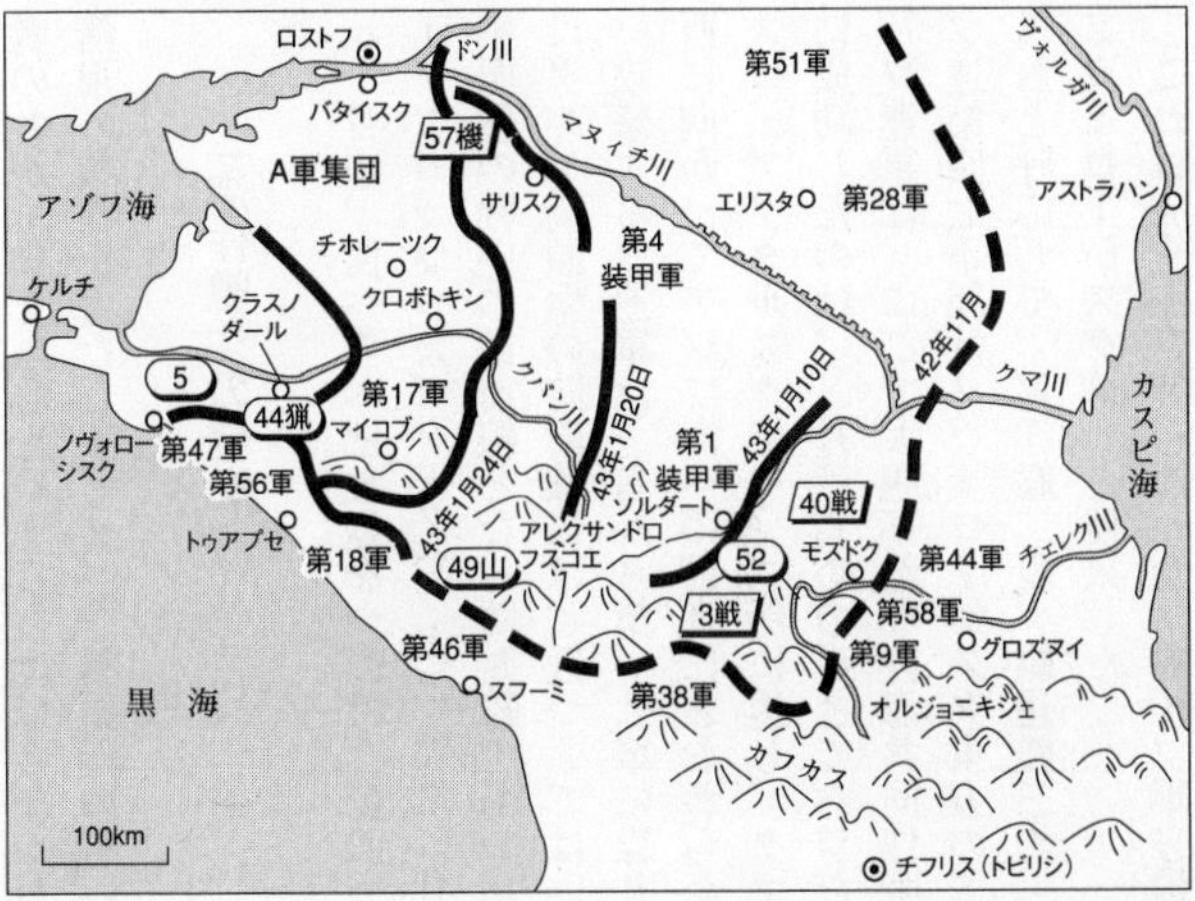

軍の機械化部隊は、ソ連軍の包囲網を擦り抜けた。第一七軍は戦線を突破されることなく、まとまってタマン半島へと後退することに成功した。しかし、彼らはロストフとの連絡を断たれることとなった。ヒトラーは、彼らにクバン橋頭堡に立てこもり戦い抜くことを命じた。

　彼はコーカサスへの再攻勢の最後の足掛かりとして、クバン橋頭堡を確保しつづけようとしたのである。たしかに一見したところ、その主張はもっともに思える。しかし、もはや戦運が確実にソ連軍に傾きつつあったいま、そんなことが可能なのか。本当にドイツ軍にそのような力が残っているのか……。

　なによりも、ドイツ軍にはそんなふうに兵隊を遊ばせておく余裕はなかったはずだ。独ソ戦を通じて彼らには、どこでも最後の一コ大隊が不足していたのだから。しかし、独裁者のわがままを誰も止めることはできなかった。こうして独ソ両軍、そしてルーマニア軍に無用の犠牲をもたらす、クバン橋頭堡の戦いが開始された。

「海作戦」の発動

一月末、西へ西へと後退をつづけた第四九山岳軍団は、ついにタマン半島を取り囲む「ゴーテンコップフ（ゴシックヘッド）」陣地に到達した。これこそが、この後長くつづくクバン橋頭堡の戦いの最前線となる防衛線であった。しかし、実際にはこの時点では、まだソ連軍はクバン橋頭堡の防衛線には、近づいてはいなかった。

攻撃するソ連軍は、南から第一七軍に繰り返し圧力を加えたものの、まだそのほとんどは、西に向かってアゾフ海への前進におおわらわであった。彼らがクラスノダールからプリモルスコ・アフタルスクでアゾフ海に達し、タマン半島を取り囲む円弧状の戦線を構築することに成功したのは、二月はじめのことであった。

ソ連軍は、ここで大胆不敵な陸海共同作戦を発動した。「海作戦」である。二月四日朝、ソ連第四七軍団はノヴォローシスク東方のドイツ軍戦線への、陸上からの攻撃を開始した。これと呼応して、巡洋艦二隻、駆逐艦三隻、魚雷艇二隻、砲艇三隻に守られた上陸用舟艇は、ノヴォローシスク湾へと侵入した。

これは完全な奇襲となった。ドイツ軍守備兵は、予想外の上陸作戦に対応することができなかった。ドイツ軍沿岸砲兵部隊は、接近する上陸部隊に気がつかなかった。激しい艦砲射撃の後、ソ連軍第一六五狙撃兵師団と第八三、第二五五海兵旅団は、ノヴォローシスク南部への上陸を開始した。主力はノヴォローシスク南西のオゼレイカの海岸に上陸し、陽動作戦として一部がノヴォローシスクのすぐ南のスタニチカに上陸した。

幸いなことに、第四七軍団の陸からの攻撃はすぐ撃退することができた。しかし、海からの攻撃にたいして第一〇歩兵師団の薄っぺらい警戒線は、持ちこたえることができなかった。

「シュシュシュシュ」

「ズガーン、ズガーン」

「ドンドンドン」

「バリバリバリ」

激しい艦砲射撃で、守備兵は頭も上げられなかった。

「ウラー、ウラー」

岸についたはしけから、ソ連兵が飛び出す。

「キャタキャタキャタ」

軽快な音をたてて、はしけから戦車が海岸へと躍り出た。ソ連軍は上陸作戦に、戦車まで用意していたのである。

「ザザザザザ」

水しぶきをたてて走り進む。アメリカ製のスチュアート戦車だ。オゼレイカには一四二七名の海兵と一〇両の戦車が上陸した。

「ボーーーーー」

「ダーン、ダーン」

気を取り直した第三八歩兵連隊の兵士が、上陸したソ連兵を狙い撃つ。守るもののない岸辺で、多くの兵士が倒れた。

「ボン、ボン」

しかし、上陸した戦車の三七ミリ砲がドイツ軍陣地を粉砕した。抵抗は制圧された。こうして、ソ連軍は大損害をこうむったものの、小さな海岸堡を確保することに成功した。

しかし、ソ連軍は連絡調整のミスで戦果を拡大することができなかった。上陸部隊との通信連絡は失われ、損害におそれおののき神経質になった司令部は、増援を送ることをちゅうちょしたのである。この間にドイツ軍側には、第一〇歩兵師団に増援部隊が到着し、情況は一変した。孤立無援の上陸部隊は、しだいにその地歩を削られていった。その後三日間の激戦ののち、オゼレイカ海岸堡は粉砕された。

ソ連軍はこの戦いで三二両の戦車を失ったが、このうち二一両ははしけから降ろされもしなかったという。これらの中には無傷のまま捕獲された車体も多かった。これらのスチュアート軽戦車は、戦利品としてルーマニア軍騎兵軍団の二個機械化中隊に配属された。スチュアートは軽戦車とはいえ、それまでのR１に比べれば月とスッポンの高性能戦車だ。ルーマニア兵は大喜びでアメリカ製戦車に乗り込んだ。これらの車体はその後、新たなソ連軍の上

ルーマニアのR－1軽戦車

陸に備え、沿岸防備についた。彼らはスペアパーツがなくなり動けなくなるまで、使用しつづけた。

一方、スタニチカに上陸した部隊は、古い要塞の近くに海岸堡を確保することに成功した。オゼレイカへの上陸が失敗したことで、陽動のはずのスタニチカの海岸堡が、この後、両軍の攻防の焦点となることになるのである。スタニチカでもソ連海軍の艦砲射撃は、大きな効果を発揮した。激しい砲撃で、第一〇歩兵師団の守備兵は、パニックとなって逃げ出したのだ。

六日、ドイツ軍の反撃は海岸堡をあと一歩のところまで追い詰めたものの、この日、ソ連軍はオゼレイカに送られるはずであった上陸部隊を送り込み、海岸堡は救われた。この後、数日のうちに、海岸堡のソ連軍兵力は一万七〇〇〇名にまで到達し、前線の

米軍のM5A1軽戦車

長さは一五キロ、縦深は八キロに達した。ドイツ軍は一ヵ月にわたって攻撃を繰り返したが、絶え間ない増援とノヴォローシスク湾越しの、ソ連海軍艦艇による艦砲射撃で、海岸堡を抹殺することは不可能であった。

四月はじめ、ドイツ軍は「ネプチューン作戦」を発動した。この作戦では、第七三、第一二五歩兵師団、第四山岳師団からなる強力な部隊が、海岸堡を攻撃した。ドイツ軍は制高点のミシャコ山を奪取しようとした。戦闘は険しい山、茂った森、深い渓谷で困難なものとなった。そして、陣地にこもったソ連兵は最後の一兵まで抵抗をつづけた。二一日、あまりの出血に耐え兼ねて、攻撃は中止された。

こうしてノヴォローシスク海岸堡は、クバン橋頭堡の喉元に突き刺さった刺《とげ》として存続しつづけた。しかし、一方でソ連軍側もこの海岸堡から出撃することは不可能であり、この後、両軍は延々六ヵ月にわたって、小さな海岸堡を巡って睨み合いをつづけることになるのである。

到着、ルーマニア軍戦車隊

四月五日までに、第一七軍はクバン橋頭堡の最終防衛線の配置を完了した。左翼から右翼に、まずルーマニア騎兵軍団（ルーマニア第九、第六騎兵師団）が、クリミアと向かい合ったタマン半島に陣を占め、その左に第五軍団（第一〇、第七三、第一二五歩兵師団、のちに第四山岳師団）、第四四軍団（第九歩兵師団、第九七、第一〇一銃兵師団）が並び、クリムスク周辺のルーマニア第三、第一九歩兵師団と連絡した。そして最左翼には、第四九山岳軍団（第五〇、第三七〇歩兵師団）が占位した。

四月なかばにはクバン橋頭堡の前線は、以下のようになっていた。右翼はノヴォローシスクで黒海に接し、湾の東に沿って一二キロの通行不能の森を通り北東にネヴェルドハフスカヤの村に達した。そして戦線は分厚い森を通ってクリムスクの村を越え、北にキエフスコエのアダクムに至った。その後、戦線は北西にクバン川まで戻り、ヴァレニコフスカヤとクラスヌィ・オクチャブルの間でクバン川を越え、湿地を抜けてクバン川河口のすぐ東でアゾフ海に達していた。

クバン橋頭堡の火消し役

五月、ソ連軍は全戦線にわたる激しい攻撃を開始した。ソ連軍はこのいまいましい橋頭堡をどうしても排除したかったのである。五月終わりには第四四軍団戦区に攻撃は集中した。キエフスコエ~モルダヴァンスコエ地区が激しい攻撃にさらされたが、ドイツ軍は持ちこたえた。それどころか、ドイツ軍はソ連軍に反撃して、彼らを押し戻しさえした。

六月になると、ソ連軍は橋頭堡にたいする攻撃をあきらめた。彼らはクルスクの戦いのために、すべての機材を必要としていたのである。しかしドイツ軍部隊は、一息つくことはできなかった。地域的な偵察や小部隊による攻撃は、止まることなくつづけられたのである。

この間クバン橋頭堡では、戦力増強が図られた。それはルーマニア軍戦車部隊の到着である。これはもう何ヵ月も前に、アントネスクがヒトラーに要請していたものであった。しかし、ドイツ軍にも自軍の装備だけで手一杯で、貴重な戦車をルーマニア軍に引き渡す余裕な

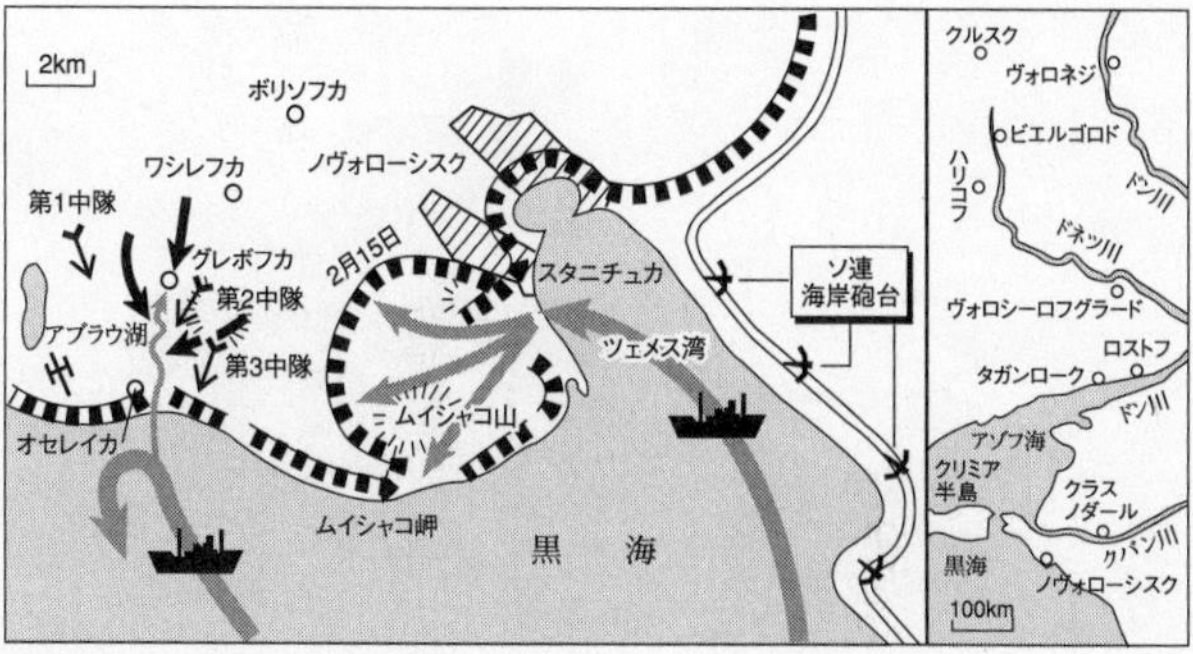

どなかったのだ。

ルーマニア軍は近代的な戦車を要求していた。彼らはもうこれまでに、彼らのR1やR2といった非力な戦車では、ソ連軍の強力な戦車に対抗できないことが痛いほどわかっていたのだ。しかし、ルーマニア軍は失望させられることになる。ドイツ軍が約束したのは、38(t)戦車A、B、C型だった。しかもドイツ軍の中古(!)を再整備したものだという。

これではルーマニア軍が装備しているR2(35(t)戦車と同じもの)と大差がないではないか。しかし、どうすることもできなかった。それでもないよりはましと思うしかない。本車はT38としてルーマニア軍の装備に加えられることになった。これらの車体は五月一五日から六月二四日にかけて、クリミアにあった第二機甲連隊に引き渡された。

「なんだこりゃ!」

戦車を受け取ったルーマニア軍将兵はびっくりした。戦車はピカピカかと思ったら、薄汚れてどこもかしこも傷ん

ルーマニアのR－2軽戦車

でいた。

「ギュンギュンギュン」

スターターのスイッチをいれたが、エンジンがかからない車体が続出した。なんと引き渡された五〇両のうち、すぐに使用可能な車体はたった一七両（！）でしかなかったのである。

そのうえ生きていた車体もすぐにご臨終してしまった。七月五日には、稼働数はたった八両となってしまったのである。どうやら彼らは、ドイツからとんでもないセコハン兵器をつかまされたようだ。ルーマニア側はかんかんとなった。彼らは以後、ドイツから引き渡される戦車はルーマニアで組み立てられ、ルーマニア側の検査を受けることを要求した。

それはともかくとして、七月五日、ルーマニア軍T38戦車大隊が編成された。

大隊は第五一、第五二、第五三戦車中隊の三コ中隊からなり、それぞれは一五両のT38を装備していた。そして残る五両は、予備として大隊本部に留め置かれ、訓練に用いられることになった。乗員はスタリィ・クリムで、ドイツ軍の第二三機甲師団によって、転換訓練を受けた。

七月二八日、待ちに待たれたルーマニア軍戦車部隊、第五一、第五二戦車中隊は、はしけでクバン橋頭堡へと移送され騎兵軍団に配属された。彼らは第一九歩兵師団の偵察部隊とともに、機動予備として控置されることになった。ただし、しばらくはクバン橋頭堡での戦いは、両軍の小競り合いに終始し、彼らにはそれほどの活躍の機会はなかった。しかし、彼らはクバン橋頭堡、最後の戦いで悲しい役割を果たすことになる。

ルーマニア軍には気の毒だが、クバン橋頭堡の本当の火消し役となったのは、第一九一突撃砲大隊であった。大隊は第一機甲軍とともにコーカサスへ進撃したが、撤退にあたってクバン橋頭堡に移動し、第一七軍に配属されたのである。彼らはここクバンで、三月二八日にはスヴィステーリニコフの近郊で待ち伏せした六両の突撃砲は、一二両のT34を撃破する大戦果を上げていた。

彼らは第二四七突撃砲大隊とともに、クバンで戦いつづけた。七月にはグラトコーフスカヤに移動し、ソ連軍を迎え撃った。二四日、ソ連軍はアルナウーツキィからモルダヴァンスコエ北方の一九五・五高地に襲いかかった。

「アラーム」

警報が発せられた。

「シュツルムゲシュッツ、マールシュ！」

突撃砲は長い縦列となって戦場へと向かった。

しかし、この日はついていなかった。第二中隊のエゴー・プランテル中尉は突撃砲の外にいたところを迫撃砲でやられた。第一中隊は地雷原に迷い込み、動けなくなったヘルムート・プランテル中尉の突撃砲は標的となって破壊された。さらにもう一両の突撃砲が主戦線の前で破壊され、攻撃は中止された。

二六日、そして二七日、ふたたびソ連軍は激しい攻撃を開始した。

「緊急事態発生！」

警報を受けて、第一、第二中隊はすぐに発進した。プランテル中尉はオートバイで先発した。前方からは恐怖にかられて敗走する兵士たちが道路を走ってくる。

「敵戦車が突破した！」

たいへんだ、放置すればクバン橋頭堡の崩壊につながる。

「ズガーン、ズガーン」

プランテルで開かれた草原でカーブを切ると、ソ連軍の砲火が彼の周囲に炸裂した。

突撃砲の反撃が開始された。

「徹甲弾、フォイエル！」

必殺の弾丸は敵戦車に命中。二回の反撃で主戦線は回復された。激しい戦闘で味方の突撃砲も破壊されたが、夜になって二両の突撃砲は回収された。彼らの活躍でクバン橋頭堡の戦線は維持され、ドイツ軍は敗北を免れたのである。

クバン橋頭堡の最後

一九四三年八月、ドイツ南方軍集団にたいする、ソ連軍の大攻勢が開始された。その結果、南方軍集団の各部隊は、全線で後退を開始した。九月三日、ヒトラー総統の本営「ヴォルフシャンツェ」に赴いた南方軍集団司令官マンシュタインは、クバン橋頭堡からの撤退を進言した。ヒトラーはついにあきらめ、クバン橋頭堡からの撤退を許可した。

第一七軍はすぐに海軍とともに撤退計画の策定に取り掛かった。海軍は四本の撤退ルートを用意した。出港する港は、アナパ、セナヤ、タマン、そしてテムリュク、目的地はすべてケルチ湾を挟んで指呼の間にあるケルチである。

第一七軍は何週間も前から、撤退に備えてタマン半島に後退陣地の準備を進めていた。これによって後退する各師団は、段階的に後退が進められる。防衛線は何線もの前進防衛線を経て、「小ゴシックライン」に至る。この線は北はテムリュクに発し、キシルタシュスキィエ湖を通り海岸に沿って走り、タマンに通じていた。さらに後方には「ウィーンライン」「ブカレストライン」「ベルリンライン」「ミュンヘンライン」「ブレスラウライン」「シュトゥットガルトライン」とつづき、ケルチ海峡に至った。

脱出は七日、開始された。この作戦には、はしけ一二隻、海軍艦艇一二隻、曳船一一隻、工兵舟艇七隻と無数の小型船が参加した。ソ連軍は当然、ドイツ軍の撤退を阻止しようとした。九日、クバン橋頭堡にたいするソ連軍の、最終的な攻勢は開始された。ドイツ軍は抵抗しつつも準備された後退を開始した。

一一日、ノヴォローシスクへの攻撃が開始された。ソ連軍はふたたびノヴォローシスクに上陸部隊を送り込んだ。彼らはノヴォローシスクの港湾地区に上陸した。第一九一突撃砲旅団（大隊から改編）は、朝八時、出撃命令を受け取った。突撃砲は一〇時には町に入り、第一中隊は港湾地区の東、第二中隊は港湾地区の西で戦った。

激しい砲撃で穴だらけになったノヴォローシスクで、突撃砲は戦った。突撃砲はつぎつぎ被弾し、多数の将兵が死傷した。大隊付き軍医シュレーダー博士の乗った突撃砲は、とある十字路まで進んだ。

「ガーン」

激しい衝撃で、シュレーダーは床に叩きつけられた。

「やられた！」

突撃砲は彼を乗せたまま急いで後退した。突撃砲の奮戦もむなしく、一六日、ついにノヴォローシスクは占領された。

二二日、ソ連軍は撤退するドイツ軍の後方を切断すべく、ルーマニア第一九歩兵師団戦区のブラゴヴェシュチェンスカヤへの上陸を図った。上陸部隊を撃退すべく、ルーマニア軍の第五一および第五二戦車中隊に出動命令が下った。

「カラカラカラカラ」

軽快なキャタピラ音を蹴立てて、T38が出動した。戦車はやがて海岸へと近づく。戦車は三七ミリ戦車砲と機関銃を乱射して、ソ連軍上陸部隊を激しく攻め立てた。しかし、軽戦車の装甲の薄さは、大きな悲劇をもたらした。

「カーン」

軽い音はソ連軍の対戦車銃だ。

「ガーン」

激しい金属音は対戦車砲だ。T38の装甲板は、ソ連軍の対戦車銃や四五ミリ対戦車砲で、容易に破壊された。この戦いで七両のT38が撃破され、その他多くが損傷を受けた。結局、第五一、第五二戦車中隊は、二七日にはクリミアへと撤退した。

各師団は徐々に後退し、ケルチそしてクリミアへと輸送されていった。戦線は徐々に後退し、前線部隊は師団から連隊、大隊へと縮小されていった。一〇月に入ると最後の歩兵大隊の撤退が開始された。彼らは最終防衛線から、一線一線後退して、海へと近づいていった。九日、最後の兵士がクバン橋頭堡を去った。

この四週間の脱出行で、二三万九六六〇名の兵士、一万六三一一名の負傷兵、二万七四五六名の民間人、二万一二三〇両の車両、一八一五門の火砲、七万四六五七頭の馬、九万四九三七トンの各種装備が、クリミアへと脱出した。こうしてクバン橋頭堡は永久に失われ、ヒトラーのコーカサス攻撃の願望は永遠にかなうことのない夢と終わったのである。

第3章　断ち切られたレニングラード包囲鐶

ロシア各地で激しい戦闘が展開されているころ、ドイツ軍に包囲されたレニングラードは奇妙な静寂がつづいた。しかし、戦力を充実させていたソ連軍はついに反攻の火の手をあげた！

一九四三年一月一二日～一八日　第二次ラドガ湖戦

忘れられた戦場での戦い

ドイツ軍とソ連軍が、ロシア南部で激しい戦いをつづけている間、北方の忘れられた戦場レニングラードでも、血みどろの戦いがつづけられていた。

一九四二年八月、ドイツ軍は七月に難攻不落のセバストポリ要塞を陥落させたマンシュタイン元帥のひきいる第一一軍を投入して、レニングラード攻略作戦を発動しようとしていた。しかし、先手をとったソ連軍の第一次ラドガ湖攻勢によって、ドイツ軍のレニングラード占領は不可能になった。さらに、南方のスターリングラードでのソ連軍の大反攻作戦の発起によって、マンシュタインと彼の精鋭部隊は、南部の危機を救うため急派され、レニングラードはふたたび忘れられた戦場となった。

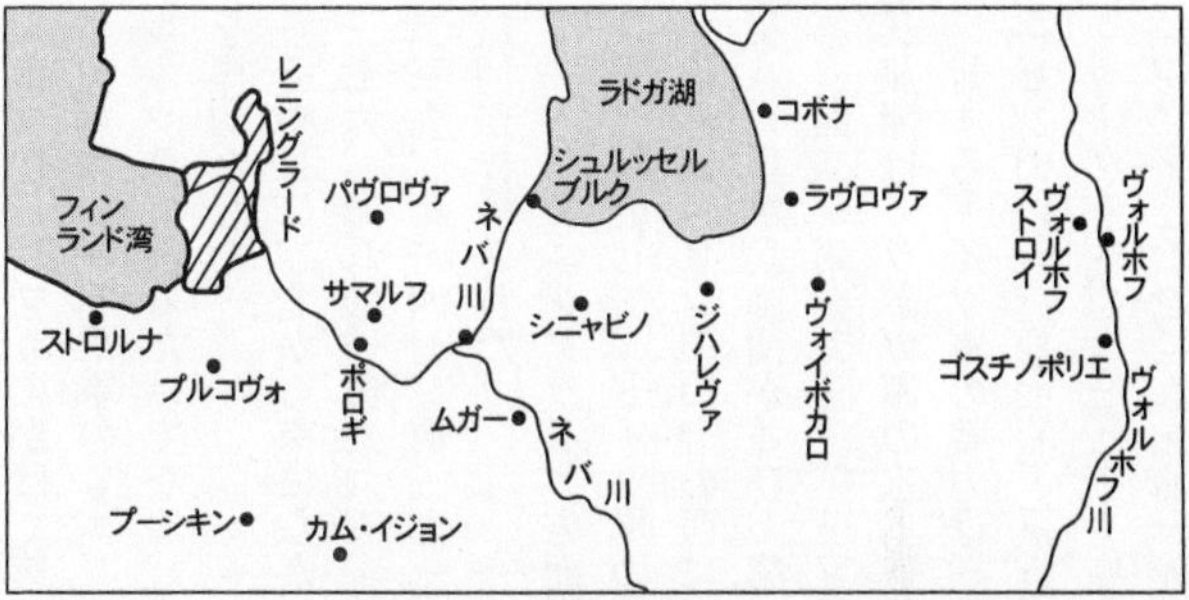

ドイツ北方軍集団には、機甲師団は一コしかなく、自動車化歩兵師団が二コで、大多数の三一コは、まさに「歩く」歩兵師団であった。そして、そのほかに軽歩兵師団が三コ、山岳師団が一コ、自動車化歩兵旅団が一コあった。

これは東部戦線全体のなかで、歩兵師団でさえ四分の一、自動車化歩兵師団では一七分の一、機甲師団にいたっては二〇分の一でしかなかった。

しかし、この戦場を忘れてしまったのはドイツ軍だけで、ソ連軍にとって包囲されたレニングラードは、どうしても解放しなければならない重要な都市であった。一九四三年一月一日いらい、ソ連軍はレニングラード周辺での攻勢準備を精力的にすすめた。

ラドガ湖からイリメニ湖につづくヴォルホフ方面軍（メレツコフ大将）には、第八、第五四、第四、第五二軍にロマノフスキー中将ひきいる第二突撃軍がくわえられた。ソ連軍にとって「戦場の神」といわれた火砲は、なんと一キロあたり一六〇門もが集められた。

一月一一日、ソ連軍はシュルッセルブルクに第八軍、ヴォルホフからリプカにかけて第五四軍と第二突撃軍を展開させた。

彼らは、ドイツ軍のレニングラードを包囲する「ビンの口」、それはまさに比喩的にボトルネックであるだけでなく、まさに「ビンの口」のかたちをした突出部を形成している部分を標的とした。

その東に、北から南にむかって第一二八、第三七二、第二五六、第三二七、第三一四、第三七六、第八〇、第二六五、第七三狙撃兵師団がならんだ。そして第二線には、第一八、第二三九、第一四七、第一九一、第七一、第一一、第三六四狙撃兵師団と第一二、第一三戦車旅団が控置された。

一方、レニングラード方面軍も第六七軍がネバ川をはさんで展開し、ヴォルホフ方面軍の攻撃と呼応して、ドイツ軍の包囲網を突破しようとしていた。

彼らは「ビンの口」の西に、北から南にむかって第四六、第四五、第二六八、第一三六、第八六狙撃兵師団が並び、第二線には、第一三、第一二三狙撃兵師団、第一一、第一〇二、第一四二、第一二三、第三五狙撃兵旅団と第三四戦車旅団が控置された。さらに第五五狙撃兵旅団は、ラドガ湖の氷上道路沿いに展開した。

対するドイツ軍の戦力は、とてもソ連軍の攻勢に耐えられるものとは思えなかった。この「ビンの口」に展開したのはフォン・ライザー中将ひきいる第二六軍団で、第五山岳師団（リンゲル中将）と第一七〇歩兵師団（ザンダー中将）がネバ川沿いに、第二二七歩兵師団（フォン・スコッティ中将）がシュルッセルブルク周辺に、第一歩兵師団（グラーゼ中将）と第二二三歩兵師団（ウージンガー少将）が、ビンの口の根元に展開していた。彼らはたえず三方からのソ連軍の圧力にさらされ、疲れはてていた。

北方軍集団にとって虎の子の戦車部隊が、まさにその「虎」を装備する第五〇二重戦車大隊であった。そう、あの大隊。はじめて「虎」を実戦投入し、レニングラードの森のなかで、なんの戦果もあげることもできず、むなしく戦力をうしなった部隊である。

しかし、それは大隊の戦車兵の責任ではなく、まだ初期故障も解消されない「虎」を、あろうことか重戦車の行動に適さない森林、湿地帯に投入した統帥部の責任であった。その後、戦車兵たちは、あたえられた任務を遂行するため、必死で活動し、しだいに不利な地形のなかでの戦い方を身につけていった。

大隊のティーガーは……、いや大隊というのは名ばかりで、レニングラード方面に配備されたのは、たった一コ中隊、第一中隊だけだった。後続するはずの中隊は、いつまでたってもこない。

なぜ、そんなことになったたか。要するにティーガーの生産がすすまず、大隊ののこりの中隊が編成できなかったからである。

実際、第二中隊の編成がはじまったのは、一九四二年九月二五日のことであった。しかし、最初に配備されたティーガーは、すぐに取りあげられてレニングラードの第一中隊に送られてしまい、第二中隊の編成作業はなかなかすすまなかった。

ソリやスキーをつかって戦場へむかうソ連軍兵士たち

やっと中隊がティーガーを受けとったのは、一二月末のことであった。この中隊は、レニングラードに送られることはなかった。それどころではない。ソ連軍が突破し、危機が迫っていたスターリングラード方面、ドン軍集団戦区に送られてしまったのである！

この中隊は、永久に第五〇二重戦車大隊に復帰することはなく、のちに第五〇三重戦車大隊の一部となった。

このため、第五〇二重戦車大隊はこれまでどおり、一コ中隊で戦いつづけなければならなかった。

一コ中隊といえば、ティーガー戦車とⅢ号戦車がわずか一〇両ほどでしかない。実際の中隊の稼働戦力は、この数字にはるかに達しないことがほとんどだった。

それでも中隊は、ティーガー戦車たった二両、四両といった分散された戦力で、貴重な火消し役として八面六臂の活躍をした。

もしティーガーがいなければ、レニングラード戦区はもっと早く崩壊していたであろう。第二次ラドガ湖戦も、そんな戦いのひとつであった。

第二次ラドガ湖攻勢開始

「空襲！　空襲！」

一九四三年一月一二日、夜のしじまをつんざき、ソ連空軍の夜襲が開始された。レニングラード方面戦線の後方にあるドイツ軍の飛行場、鉄道、主要交通路を爆撃機、戦闘機の大編隊が襲う。爆弾が炸裂し、機関銃の弾丸がつらぬく。燃料に引火したのか、大爆発が起こって、周囲をあかあかと照らす。

一月一二日の夜が明ける。朝九時三〇分、シュルッセルブルクとリプキ間のドイツ軍の「ビンの口」に対する四五〇〇門もの火砲による激しい砲撃が開始された。

「シュワ、シュワ」というのは野砲弾、「ヒューン、ヒューン」とかん高い音はカチューシャロケットである。

ドイツ軍の陣地は、炸裂する弾丸で激しくすき返された。突然、砲撃は止み、あたりは静けさにつつまれた。「ザザザザ」という、かなたから波の寄せるような音が近づいてくる。やがて潮は荒波となり、白い波頭が砕け散った。

「ウラー！　ウラー！」

雪をついて、ソ連軍歩兵の大群がドイツ軍陣地へ襲いかかった。

新編成で兵員装備ともに充実した精鋭部隊から編成されたロマノフスキー中将の第二突撃軍は、ガイトロボ近くのチェルナヤ川屈曲部を攻撃の重点とした。ここからドイツ軍の「びんの口」を断ちきり、西方から出撃したデュハーノフ少将の第六七軍と手を結ぶのである。

この攻撃に立ち向かったのは、東プロイセンの伝統ある第一歩兵師団であった。彼らは陣地を頑として守り抜き、第二突撃軍が一メートルすすむごとに、大量の出血を強要した。

隣接するヴェングラー中佐の指揮する第三六六歩兵連隊は、ヴェングラーの鼻と呼ばれる森のなかで頑張りぬき、ポリャコフ大佐の第三二七狙撃兵師団と第三九工兵旅団の攻撃を一日中ささえぬいた。

夜になって、ユニャエフ少佐のひきいる第一〇九八歩兵連隊第二大隊が突破に成功し、森のなかに突入した。しかし、ドイツ軍の抵抗は激しかった。その勇敢さは、ソ連の公刊戦史が認めるほどであった。

第六四親衛狙撃兵師団が戦闘加入したことで、さしものヴェングラー中佐も後退するしかなかった。こうして第二突撃軍は幅一二キロ、深さ二キロの突破口をうがつことに成功した。

ネバ川に沿って布陣した第六七軍の攻撃も開始された。第一三六、第二六八狙撃兵師団は、準備砲撃の最後の一発につづいて、凍りついたネバ川を渡って進撃を開始した。さえぎるもののない川の上を、幽霊のように多数の白い影が歩調をとって歩きだす。やがて小走りになり、「ウラー!」という雄叫びとともに、いっせいに走りだした。

マリノとゴロドク間は、第四〇一歩兵連隊第二大隊と第二四〇偵察大隊のちょうど境目となっていた。これらの部隊は第一七〇歩兵師団の右翼の広範な戦区を受けもっていた。

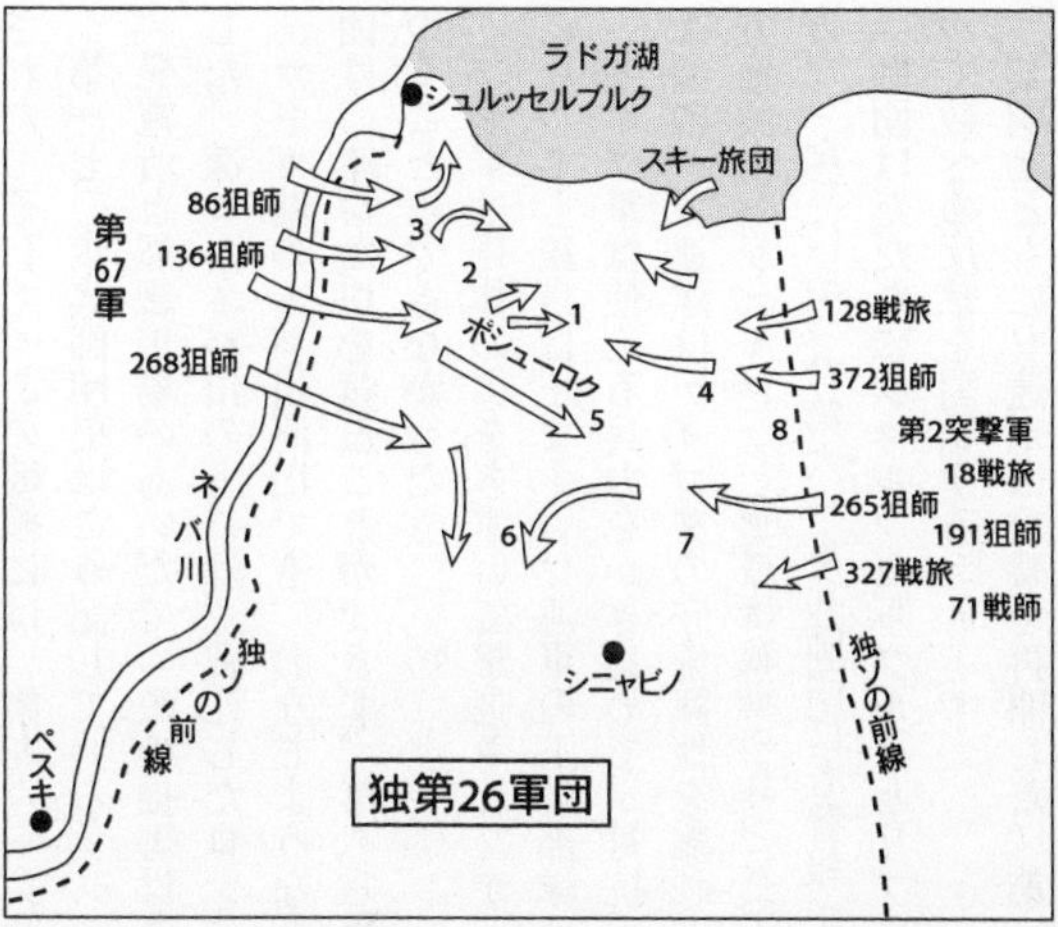

　この薄っぺらい戦線に、ソ連軍は攻撃を集中した。第四〇一歩兵連隊長のクラインヘンツ中佐も負傷し、ついには戦力わずか三〇〇名となった戦線は、一〇コ連隊ものロシア軍の奔流に押しつぶされた。

　これと同時に、三コ連隊のソ連軍部隊が、デュブロフカの橋頭堡から北と東に進撃を開始した。しかし、ドイツ軍の激しい抵抗で前進は順調にはいかなかった。同時に第四〇一歩兵連隊第一大隊とデュブロフカ橋頭堡の南の第三九九歩兵師団に対する攻撃も開始されたが、この攻撃も撃退された。

　やがて、突破したソ連軍の橋頭堡をとりかこむように、なんとか薄っぺらい戦線が構築された。そして、この戦線には、第九六歩兵師団の大隊が進入した。

第一七〇歩兵師団史はこう記している。

「発電所と製紙工場のあいだでの敵の損害はきわめて大きかった。およそ三〇〇〇人が戦死した。凍ったネバ川の上には、戦死したロシア兵が列となって倒れていた」

ラドガ湖のネバ川河口でも、おなじようなありさまだった。ソ連軍の第四五親衛狙撃兵師団は、凍った川を渡ることができず、第八六狙撃兵師団もシュルッセルブルクの河岸にとりつくことはできなかった。

ソ連軍は死体の山をきずいて撃退されたが、それにもかかわらず攻撃はつづけられた。夜になっても銃声は止まず、ソ連軍の工兵部隊は重機材がネバ川を渡る仮設通路を構築した。

ドイツ軍は使える兵力をかき集めて、対抗手段をとらなければならなかった。第六一歩兵師団の一コ連隊はティゴダの守備陣地を離れ、「ビンの口」根元のムガーに移動した。「後方地域」のシニャビノ（実際は戦場の真っ只中だが、レニングラード戦区では、ここでも十分後方だった）にあった第六一歩兵師団にも警報が発せられた。

「師団はただちにシュルッセルブルクとリプキにおもむくべし。一月一三日早朝、北へ向かって敵への反撃を開始する」

黎明とともにソ連軍は攻撃を再開した。第一三六狙撃兵師団とシモニャク少将の指揮する第一〇戦車旅団は、東への突破に成功した。大損害をこうむった第一七〇歩兵師団は、もはやこれ以上、抵抗する力はのこっていなかった。

第八六狙撃兵師団も前進を開始し、シュルッセルブルク南方の森へと進出した。

ドイツ軍第二二七歩兵師団は、シュルッセルブルク～リプキ道に防衛線をきずいて、なんとか攻撃を撃退した。

ティーガー戦車出撃せよ

第五〇二重戦車大隊第一中隊は、ゴールィにあった。

中隊の戦力は一月一〇日には、稼働ティーガー七両、支援のⅢ号戦車N型三両、Ⅲ号戦車L型七両であった。まさにひと握りの戦力だが、ソ連軍の攻撃をくい止められるのは彼らしかいなかった。

「中隊は第九六歩兵師団におもむき、その第二八三、第二八四および第二八七歩兵連隊の兵士とともに、ネバ川を突破した敵を撃退するために出撃する」

一月一三日午前二時ごろ、中隊は命令を受領した。突入したソ連軍のT34戦車二四両によって、道路上にきずかれた防衛線は危機に瀕していた。戦車の何両かは、勇敢な歩兵の肉薄攻撃で撃破されたが、のこりの戦車はわが物顔にドイツ軍防衛陣地内を暴れまわっていた。

寒気のなかでエンジンが始動する。マフラーからは盛大に白煙が上がる。

「パンツァー、マールシュ！」

中隊長のボードー・フォン・ゲアドテル中尉が手を振りおろすと、中隊のティーガー四両

（！）とⅢ号戦車八両は、静々と前進を開始した。ゴロドク周辺に到達する。

「あれだ」

ドイツ兵士が逃げまどうなか、めちゃくちゃに走りまわるT34が目にはいった。

「徹甲弾！　フォイエル！」

ティーガー四両はやつぎ早に発砲する。

命中弾をくらったT34は、たちまち燃えあがる。ティーガー四両は一二両のT34を撃ちとり、生きのこったT34はまわれ右をして、全速力で逃げだした。ドイツ軍はこの機に乗じて反撃にでたが、さすがにこれはソ連軍に撃退された。

一月一四日、気温はマイナス二八度にまで低下した。「ビンの口」の東から攻撃する第二突撃軍は、その予備兵力を投入した。

第一八、第二五六、第三七二狙撃兵師団と第九八戦車旅団が、シニャビノの北にある丘のような地形に投入された。彼らは「ポシューロク（泥炭労務者用団地）5」へと向かった。

一方、ネバ川を渡ったソ連軍はゆっくりと前進をつづけ、日の暮れるころには、西と東のソ連軍先鋒部隊の距離は、わずか五キロにまでせばまった。ドイツ軍の「ビンの口」は嚙み切られ、レニングラードは包囲から解放される。

しかし、そんな戦略状況は、ヒトラーとスターリンの考えることであった。

戦場で戦うドイツ軍には、より直接的な脅威、シュルッセルブルク付近で包囲される危険が迫っていた。

ポールマン大佐が指揮する第二八四歩兵連隊は、第一七〇歩兵師団の防衛線と連絡をつけ、アンドイス大佐指揮の第二八三歩兵連隊は、ゴロドクの発電所を攻撃し、そこで一日中包囲されていた友軍部隊を救出した。

戦いは、昼夜をわかたずつづけられた。歩兵、砲兵、工兵、補給部隊、そしてティーガーを駆る戦車兵にも、休みはなかった。

第九六歩兵師団は、シュルッセルブルクとの細い回廊を維持せよとの命令を受けた。師団長のネーデルヒェン少将は、第二八七歩兵連隊を北に送って、シュルッセルブルクのドイツ軍部隊と連絡をつけようとした。

戦線は混沌としていた。

ドイツ軍の細い回廊とソ連軍の細い回廊は、たがいに絡み合って、どちらが維持しているのかよくわからなかった。

ポシューロク1では、東西から進撃したソ連軍の第一二三狙撃兵旅団と第三七二狙撃兵師団が同士討ちを演じたくらいであった。

ソ連軍の第一三六狙撃兵師団と第六一戦車旅団は西から前進し、ついにポシューロク5の北で、東からきた第一八狙撃兵師団と第一六戦車旅団と握手をしたのである。

ドイツ軍の第二二七歩兵師団は、救援にきた第二八七歩兵連隊第二大隊と第九六歩兵師団の第一九六大隊とともに、シュルッセルブルクで包囲されてしまった。この日、ティーガー大隊は中隊長のゲアドテル中尉をうしなった。

こじあけられた包囲鐶

戦いの天秤は、しだいに兵力のまさるソ連軍へかたむいていった。一月一七日には第一二八狙撃兵師団がリプカを解放した。守備していたドイツ第二八七歩兵師団第二大隊は、西に撤退した。

ソ連軍の第一二スキー旅団は、ラドガ湖の氷上を越えて、ドイツ軍を背後から攻撃した。第三二七狙撃兵師団と第一二二戦車旅団は、ポシューロク8でドイツ軍の第三六六、第三七四歩兵連隊の一部を包囲した。彼らは最後の一発まで撃ちつくして殲滅した。第一三六狙撃兵師団はポシューロク5を攻撃したが、フォン・ベロウ大佐の指揮する第三七四歩兵連隊が撃退した。

シュルッセルブルクでは市街戦がはじまっていた。第二二七歩兵師団は大打撃をうけ、第三二八歩兵連隊はシュルッセルブルクに後退を強いられた。この日、第五〇二重戦車大隊のティーガー戦車二両とⅢ号戦車一両が、第二二七歩兵師団の支援にさしむけられたが、彼らにも戦勢を変えることはできなかった。

ヒューナー少将指揮の第六一歩兵師団の第一五一、第一五二歩兵連隊は、シニャビノからの反撃を命じられた。

東プロシャ出身の歩兵たちは、この任務をなしとげ、シュルッセルブルクに突入したのである。しかし、彼らの背後で包囲の鐶は閉じられた。

ヒューナー少将はシュルッセルブルクのすべての部隊の指揮を引き継ぎ、ヒューナー戦闘団を編成して、シュルッセルブルクの防衛にあたった。

ドイツ第一八軍には、ラドガ湖畔の抵抗拠点との連絡を回復する攻撃戦力は、もはやどこにものこっていなかった。シュルッセルブルク戦区の保持が不可能と考えた第一八軍司令官リンデマン上級大将は、ヒューナー戦闘団にシュルッセルブルクからの突破を命じた。

一月一八日朝、シニャビノの高地に陣取ったドイツ軍砲兵部隊は、シニャビノ高地とシュルッセルブルクのあいだのソ連軍展開地域に激しい砲撃をくわえた。第五〇二重戦車大隊も、この突破を支援するために出撃した。

激戦のなかで七両のソ連戦車と引きかえに、ティーガー戦車一両、Ⅲ号戦車四両が、ソ連軍の対戦車砲で破壊された。

ヒューナー少将の野戦司令部にのこった最後のⅢ号戦車では、車長のハイド曹長と砲手のレッチェ軍曹が、最後の徹甲弾を使って、至近距離からT34三両を破壊した。

しかしその後、彼らはみずからの戦車を放棄して、爆破しなければならなかった。

ヒューナー戦闘団の兵士は、森のなかを敵砲火にさらされながら前進した。彼らは最後の第一一弾までも撃ちつくし、重機材を放棄した。先頭を行くのはクルズキー少佐の指揮する第一五一歩兵連隊で、彼らはわずかな携行火器と手榴弾、はてはシャベルやこん棒で活路を切りひらいた。

戦闘団の大部分は脱出に成功し、シニャビノの友軍戦線に収容された。

夜になっても戦闘はつづけられた。第五〇二重戦車大隊の残余のティーガー戦車も、この防衛戦闘に出撃した。

「敵戦車、接近！」

警報をうけて、ベルター上級曹長ひきいる二両のティーガー戦車と一両のⅢ号戦車が出撃した。白色塗装された戦車は、闇のなかで雪景色に溶けこんでいた。

前方に人影、ソ連兵だ！

砲塔と車体の機関銃が火を吹き、たちまち撃ち倒した。敵の対戦車砲が反撃してきた。車体の近くに着弾して雪煙をあげた。

「榴弾！　フォイエル！」

対戦車砲は吹き飛んで逆さまになった。突然、砲塔をかすめて砲弾が飛び去った。

「敵戦車！」

さきほど報告のあった戦車だ。

「徹甲弾！　フォイエル！」

命中して火柱があがる。装塡、照準、発砲。この繰り返しでたちまち五両のT34が血祭りにあげられた。二両の敵戦車が逃走をはかった。

「逃がすものか」

ティーガーは走りよると、この二両も撃ち取ってしまった。

白いコートに身をつつんだソ連軍のタンクデサント

「ガーン！」

　ベルターの戦車に衝撃が走った。燃えあがる敵戦車の炎で浮かびあがったティーガー戦車は、敵対戦車砲のいい目標だった。エンジンに命中弾。すぐにもう一発。戦車は燃えあがった。

「脱出！」

　ベルターたちは戦車を捨てて、雪のなかに転がりでた。群がるソ連兵をふりはらうと、シュッツェ曹長の二号車に走った。幸いに、全員が無事にシュッツェ車に収容された。

　この日、ティーガー一〇〇号車も操縦ミスで泥炭地にはまりこみ、無傷のまま敵に捕獲されてしまった。

　こうして大隊は、ティーガー五両をうしない、のこされたティーガーはたった三両になってしまった。その後、残存のティーガー戦車は、SS警察師団に派遣され、警戒任務についた。

第二次ラドガ湖戦の結果、ラドガ湖岸はソ連の手中に落ち、レニングラードの包囲の鐶は破れた。ソ連軍は再編成にはいり、戦闘は小康状態となった。しかしそれは、嵐の前の静けさでしかなかった。

第4章　第五〇二重戦車大隊ラドガ湖南部の苦闘

ラドガ湖畔のシュルッセルブルクを解放したソ連軍は、レニングラード東方に布陣するドイツ第一八軍をいっきょに殲滅するため、大攻勢をかけてきた。これに対しドイツ軍は小戦力のティーガー重戦車部隊が八面六臂の活躍をした！

一九四三年二月一〇日～三月二一日　北部戦線の危機

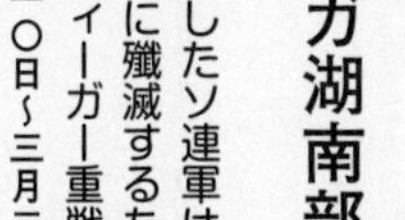

ソ連軍の再攻勢はじまる

第二次ラドガ湖戦の第一ラウンドで、ソ連軍はついにシュルッセルブルクを解放し、細い回廊ではあったが、ロシア本土とレニングラードとの連絡を回復することに成功した。さらにソ連軍は、付近を制圧するシニャビノ高地を占領しようとして、しばらく攻勢をつづけたが、ドイツ軍の激しい抵抗で、それ以上、戦果を拡大することができなかった。

しかしソ連軍は、この程度の戦果で攻勢をおわりにするつもりはなかった。彼らはスターリングラードの大勝利をとげた南部戦区と同様に、ここ北方の大地でも、ドイツ軍からもっと決定的な勝利を得ようとしていた。それはドイツ軍を罠にかけること。

彼らはレニングラードの東、シニャビノ地区のドイツ軍突出部を切りおとし、ドイツ第一八軍そのものを、まるまる包囲殲滅することをくわだてた。

北のレニングラードからは、コルピノ地区から第五五軍（シンヌフードル中将）部隊が打ってでて、まっすぐレニングラード～モスクワ鉄道に沿うように、クラスヌイ・ボル、サビリノ、トスノへ進む。

一方、南からは第四軍（グーゼフ少将）と第五四軍（スホームリン少将）がポゴステ突出部をスメルジュ～クロステルドルフ間で突破し、やはりまっすぐレニングラード～モスクワ鉄道に沿ってウシュアキからトスノへ突進する。こうして北と南からきた部隊ががっちり握手をして、包囲網は完成する。

二月一〇日午前六時四五分、ソ連軍の攻撃は開始された。

例によって猛烈な砲撃だ。かん高い合いの手をいれるのは「スターリンのオルガン」カチューシャロケット砲だ。激しい着弾で、ドイツ軍陣地はすっかり鋤《す》きかえされてしまった。

砲撃が止み、一瞬の静寂がおとずれる。塹壕のなかの兵士たちは正気を取りもどし、頭の上に積もった雪まじりの土をはらいおとした。

「ドドドドドドド」

なんの音。考えるまでもない。例によってソ連戦車の大群が押しよせてきたのだ。

「ウラー！　ウラー！」

戦車に随伴する歩兵は雄叫びをあげる。

コルピノ地区でソ連第五五軍部隊の攻撃の矢面に立ったのは、エステバン・インファンテ

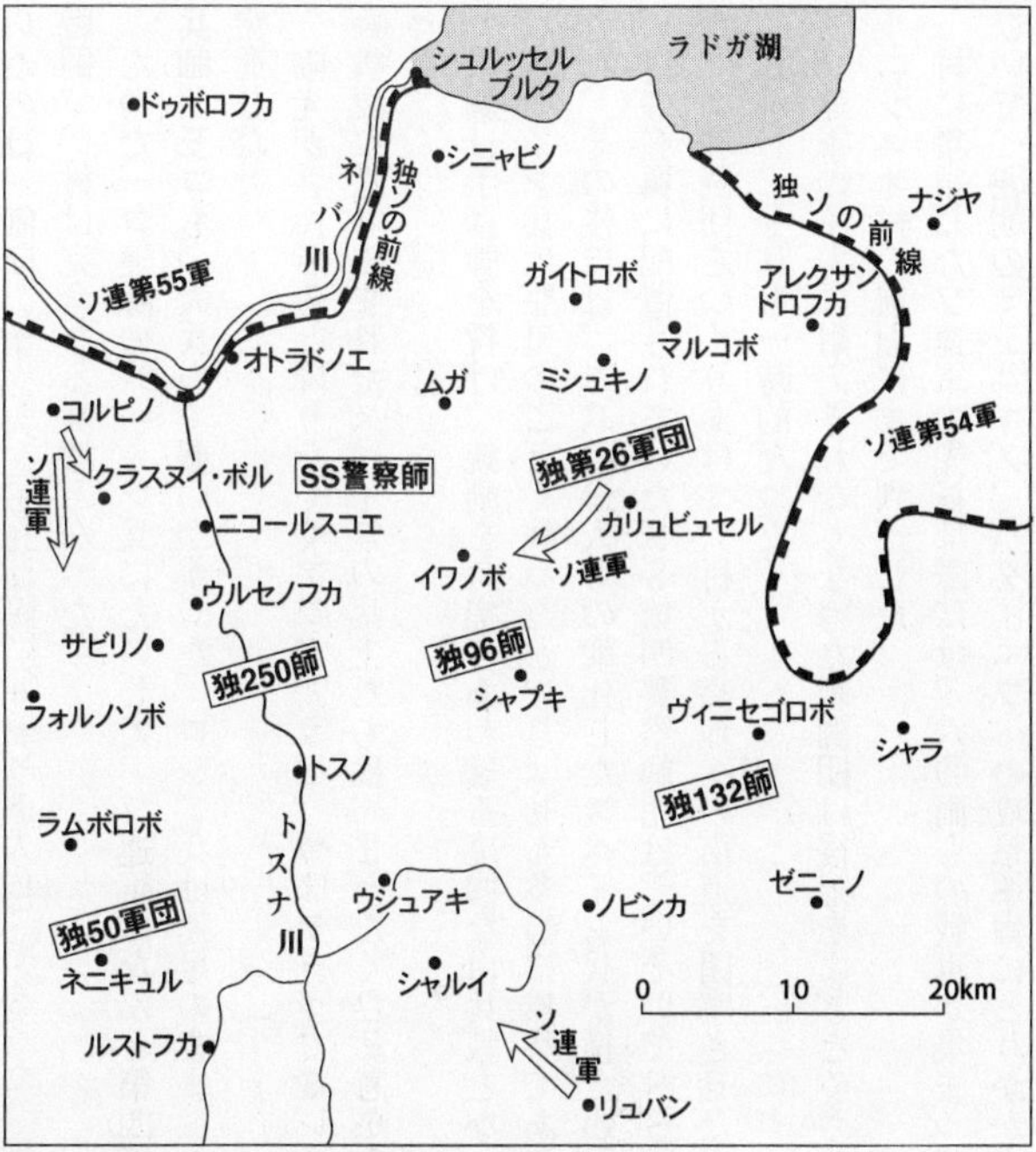

ス少将の指揮する第二五〇師団「青」であった。エステバンとはまた変わった名前だが、これはなんとスペインの義勇兵師団である。

ドイツのソ連侵攻にはおおくの国がくわわったが、ドイツ軍なみに、あるいはそれ以上に勇猛に戦ったのは、スペイン「青」師団とフィンランド軍部隊だけだったという。

師団はクラスヌイ・ボル地区に布陣していた。そのなかでクラスヌイ・ボル村の陣地にはいっていたのは、師団の第二六二歩兵連隊（サグラド大佐）であった。砲撃とそれにつづく激しい戦闘で、村は完全なる廃墟となった。

たった一コ連隊のスペイン兵にたいして、ソ連軍はなんと第四五、第六三、第七二の狙撃兵師団三コもの大兵力で襲いかかった。ロシア兵は速足《はやあし》のまま、スペイン「青」師団陣地に突進した。

陽光がさんさんと降りそそぐアンダルシア、カスティーリャ、カタロニアから、陰鬱な白い雪原に送りこまれたスペインの兵士たちは、まったくひるむことなく優勢な敵に立ち向かった。

戦闘は手榴弾を投げ、銃剣を角突きあわせる凄惨な白兵戦となった。

スペイン兵は悪鬼のごとく戦ったが、しょせん多勢に無勢である。午後三時には村は占領され、その後には、二八〇〇人もの戦死したスペイン兵が横たわっていた。

村の右翼に配置されていたSS第四警察師団は、いそいでSS警察砲兵連隊を基幹とするボック戦闘団をつくりあげて、村から高地への街道を閉塞させた。

しかし、それも一時的だった。

ソ連軍の圧力に耐えきれなくなった戦闘団は後退をよぎなくされ、夕方にはソ連軍はチェルニシェオ村の前面にまで到達した。

村に集結したソ連軍の先鋒部隊には、六〇両もの戦車が集まっていた。彼らはてぐすねをひいて、翌朝のミシュキノ、バダイエフへの攻撃準備にとりかかった。

ティーガー戦車出撃せよ

　ソ連軍の攻撃を待ちうけるドイツ軍にとって、もっとも危険な箇所はクラスヌイ・ボルということはわかっていた。このため二月七日、シニャビノ周辺戦区で防衛戦闘をつづけていた第五〇二重戦車大隊第一中隊に、第一八軍司令部からクラスヌイ・ボル地区への移動が命じられた。大隊には敵の攻撃にそなえて、入念な地形の偵察が指示された。巨大なティーガーの行動にとって、地形の確認はなにより大事だ。

　クラスヌイ・ボル村の陥落で、第五〇二重戦車大隊には警報が発せられた。SS第四警察師団に協力して、進撃するソ連軍を撃退するのだ。

　二月一〇日夜、マイヤー少尉はマインケ上級曹長とハイド曹長のティーガー、ワグナー軍曹ほか三両のⅢ号戦車をひきいて出撃した。

「パンツァー、マールシュ!」

　雪を蹴ってマイヤーの小さな戦隊は出撃した。

　マイヤーは現地におもむくと、すぐに情報収集につとめた。

「チェルニシェオ村付近に、大量の戦車騒音あり!」

　この報告を受けとると、マイヤーは主戦線へと偵察にでた。雪明かりのなか、双眼鏡で慎重に観察する。

「一、二、三……数十両の敵戦車」

みずから情報を確認すると、マイヤーはすぐに戦隊を前線に進出させることにした。

「チェルニシェオ村の西に陣どって、敵を攻撃する」

マイヤーは部下たちに説明した。夜の闇をついてティーガーが走りだす。

「エンジンをしぼれ、敵に感づかれるぞ」

三両のティーガーは、巨体を縮こませるようにして、雪のなかを前進した。なんとか困難な夜間行軍をなしとげ、チェルニシェオ村の西三〇〇～四〇〇メートルの待機地点に陣どることができた。ここからは、村に向かって東側にひろい射界を確保できる。

一一日の夜明け、村を見まもるマイヤー少尉の双眼鏡には、攻撃開始のため、いそがしく動きまわる敵兵の姿がうつった。

「攻撃開始せよ！」

マイヤーがマイクに叫ぶと、戦隊のティーガーの砲口から、必殺の八八ミリ徹甲弾が発射された。

「フォイエル！」

ティーガー三両は一斉に射撃を開始する。つるべ撃ちされた徹甲弾が、ソ連戦車に命中する。たちまち数両のＫＶ１が爆発して炎を吹きあげた。

不意打ちをうけ、狼狽した戦車兵がころがり落ち、逃げまどう。ティーガーの機関銃が村を掃射し、あちこちでロシア兵がもんどりうって倒れた。炎と舞いあがる雪煙のなか、生き

ラドガ湖南部で攻勢をとったソ連軍はKV1戦車を投入した

残ったロシア兵は逃げまどい、村は阿鼻叫喚の地獄となった。

しかし、ソ連軍は攻撃をあきらめなかった。混乱から立ちなおると、数をたよりに攻撃に転じた。戦車はそのままティーガーの目の前を横切って、ミシュキノ方面へ突進する。ダッシュして家屋の陰にかくれて射線をかわしながら、しゃにむに前進した。

突然、KV1が擱座炎上した。ミシュキノ村の入り口付近に近づくと、村の北端に陣どっていた八八ミリ対空砲の弾丸が命中したのだ。八八ミリ砲の砲口がきらめき、たちまち三両のKV1が撃破されて骸《むくろ》をさらす。

だが、四両目のKV1は八八ミリ砲との競争に勝った。七六ミリ砲口から閃光が走ると、一直線に弾丸は八八ミリ対空砲陣地に突き刺さった。榴弾が炸裂し、対空砲はばらばらになって吹き飛んだ。

ソ連戦車はここぞとばかりに村に殺到した。「ドーン！」轟音とともにKV1が爆発した。八八ミリ砲が犠牲となって時間を稼いでいた間に、マイヤーたちのティーガーがまわりこんで、新たな迎撃態勢を敷いたのである。

ティーガー戦車のなかの戦車兵たちは、機械じかけのように動きつづけた。車長が目標を指示し、砲手が狙いをつける。装塡手は徹甲弾を砲尾に押しこむ。

「安全装置解除」

「フォイエル！」

「命中！」

この繰りかえし。ミシュキノ前面では、多数の敵戦車が燃えあがって擱座した。しかし、敵は多すぎた。撃ちもらした八〜一〇両のKV1は、ティーガーの死角をついて、ミシュキノの右側を通ってバダイエフに突入しようとする。

バダイエフ前面の平地には、第一中隊のⅢ号戦車と対戦車砲が防衛線を敷いていた。非力な装備でどう戦う。彼らは待ち伏せをして、鉄道橋の下からあらわれたソ連戦車を撃破した。

KV1はつぎつぎに撃破され、たった一両だけが逃げのびることができた。結局この日、四六両のソ連戦車が撃破され、そのうち三二両が第五〇二重戦車大隊第一中隊の戦果であった。

一二日、この日もソ連軍はミシュキノへの攻撃をしかけた。午後になってソ連戦車一六両が押しよせたがティーガーはこのうちの一〇両を撃破した。ソ連軍はこの損害で、第一、第四六戦車大隊が壊滅した。

しかし、ドイツ軍防衛線への圧力はやまなかった。二月一三日もソ連軍を撃退、一四日、一五日、そして一六日と第五〇二重戦車大隊第一中隊は、あちこちの防戦に走りまわらなければならなかった。

そのころ、南からの第四軍と第五四軍の攻撃はどうなっていたか。

攻撃初日、ソ連軍はヴィニセゴロボのドイツ軍戦線を突破することはできなかった。一一日になって、クロステルドルフにおいて二〇両のKV1がドイツ軍主陣地線に侵入することに成功した。三日目、突破はスミルディニャにまで拡大し、ソ連軍はリュバンへの街道をめざした。

防衛線についたドイツ軍第九六、第一二一、第一三二歩兵師団は、断固としてソ連軍の前進をはばんで戦いつづけた。

「大隊本部」危機一髪！

二月一七日、ソ連軍の総攻撃が再開された。ふたたび激しい爆撃と砲撃が、ドイツ軍陣地に降りそそぐ。攻撃の焦点となったのは、ミシュキノとドルクシ間のSS第四警察師団戦区であった。

ソ連軍は消耗した戦車部隊にかえて、新手の戦車部隊、第二二二、第二二〇戦車旅団を前線に投入した。

ミシュキノではズーダウ戦闘団が防衛配置についており、数両のティーガーが配備されていた。かなたから戦車のけたてる騒音が近づいてくる。

「来たぞ」

戦車長、砲手たちは防弾ガラスごしに、ソ連戦車のシルエットを確認した。

「徹甲弾！　フォイエル！」

必殺の射弾が命中し、たちまちソ連戦車は吹き飛んだ。

ソ連軍は戦車を押したてて、三度にわたりミシュキノを攻めたが、そのたびにティーガーが応戦し、ソ連軍は擱座した戦車の山を残して撃退された。

このとき、マイヤー少尉とベルター上級曹長のティーガーは、ミシュキノとバダイエフのあいだの鉄道築堤ふきんで警戒任務にあたっていた。幸か不幸か、こちらにはソ連軍はやってこなかった。

そこで、二両は整備のためにバダイエフの基地に帰還することにした。うちつづく戦闘で、二両ともかなりガタがきていたのだ。マイヤー車はセルモーターの具合が悪く、ベルター車にいたっては、主砲の調子が悪かった。

二両が走りだすと、すぐに大隊から無線がはいった。

「緊急連絡、敵襲！」

西に向かって攻撃してきたソ連戦車が、チェルニシェオを突破して、大隊の前線本部へとせまっていたのだ。すでに第一線陣地は突破され、ドイツ兵は第三線陣地に後退していた。

一両の戦車などは、まさに大隊の戦闘指揮所となっていた壕に突入してきたのである。壕は押しつぶされる寸前で、その本部壕から無線が発せられたのだ。

マイヤーはただちにティーガーを反転させ、ベルターには肉薄歩兵を警戒するよう命令して続行させた。チェルニシェオに通じる切り通しの道をすすむと、マイヤーは盛り土の向こうにソ連戦車の砲塔を発見した。

「プフェッファー、一〇時の方向に敵戦車！」

砲手のプフェッファーは砲塔を旋回させて敵戦車を狙う。車体が半分かくれたＫＶ１を発見すると、即座に発砲した。

徹甲弾はＫＶ１の砲塔と車体のあいだに、吸いこまるように貫通した。一瞬の後、にぶい爆発音とともにソ連戦車は燃えあがった。戦闘に気がついた敵のＫＶ１三両が躍りでたが、ティーガー戦車の姿を見ると、なんと回れ右をして一目散に逃走をはかった。

「徹甲弾、フォイエル！」

マイヤーはたちどころに、この三両も撃破してしまった。

マイヤーはティーガーをゆっくりと前進させた。切り通しを抜けると、さらにもう一両のＫＶ１を発見した。

「フォイエル！」

こいつも一発で仕留められた。突然、マイヤーのティーガーの前を人影がよぎった。

機関銃の引き金に手がかかる。ちがった。ドイツ軍の砲兵将校だった。

「頼む、武器を貸してくれ」

彼はまだロシア兵と戦おうというのだ。マイヤーはティーガーの車内に搭載されていたサブマシンガンを手渡した。

「おい、こっちへ来い」

将校はふきんに隠れていた数人の敗残兵を集めると、ティーガーの前にたって走りはじめた。五〇メートルも進むと、ロシア兵に出くわした。すぐに飛びかかって殴り倒す。圧倒されたロシア兵は、陣地を捨てて逃げだした。

ティーガーと即席歩兵部隊のミニ戦闘団は、さらに前進をつづけた。T字路をすぎると、砲兵将校が右手をさして何か叫んだ。マイヤーは何が起こったかを、瞬時に理解した。

「肉攻兵！」

「マックス、ハールト！」

マイヤーが操縦手のヴァインツィールルに命令すると、ティーガーは急停止した。

「ハンネス、砲塔を右へ！」

砲手のプフェッファーは、砲塔旋回装置のペダルを一杯に踏みこんだ。

「マックス、もっとエンジンを吹かせ！」

プフェッファーが操縦手のヴァインツィールルに叫ぶ。

ティーガーの砲塔旋回装置はエンジンから動力を得ており、旋回速度を増すには、エンジ

シュルッセルブルク近郊で行動不能となった第502重戦車大隊のティーガー

ンの回転数をあげる必要があった。操縦手のヴァインツィールルは、アクセルペダルを踏みこんだ。エンジンが回転数をあげ、唸りをあげた。砲塔はしだいに旋回速度を増しながら、右に旋回する。真横、三時の方向にたっしようとしたとき、もどかしげにマイヤーが叫んだ。

「敵戦車、距離一〇〇メートル！」

なんと、KV1が目と鼻の先にいた。ソ連戦車もこちらに気づいて、必死に砲塔を旋回しようとしている。息づまる瞬間、競走にはマイヤーのティーガーが勝った。

プフェッファーの照準器はKV1の巨体でいっぱいになった。プフェッファーは照準点をKV1の前面下部に合わせた。

「安全装置解除！」

装填手のカールグルが叫ぶ。

「フォイエル！」

プフェッファーは発射レバーをにぎる。間髪をいれず弾丸は砲口を飛びだす。砲尾からは空薬莢が飛びだし、砲塔内には硝煙がたちこめる。

「命中！」

この距離では外すわけがない。砲口を飛びだした徹甲弾は、KV1の装甲をつらぬいた。砲塔からはあわてて脱出した戦車兵がころがり落ちた。この戦車はしばらくして弾薬に誘爆したらしく大爆発を起こし、重たい砲塔が吹き飛んでティーガーのそばに落ちた。

その間も戦闘はつづいていた。マイヤーはさらに三両ものソ連戦車を撃破した。夕方までに、すっかりソ連戦車の影は消えてなくなり、村はふたたびドイツ軍が確保した。結局、この日の戦闘で、マイヤー少尉は一〇両のソ連戦車を撃破した。ベルター上級曹長は、そうベルターのティーガーは主砲が故障したため、敵戦車を撃つことはできなかった。ベルター車はマイヤー車の後ろにしりぞき、ひたすら肉薄歩兵を警戒して援護にあたったのである。

一八日、ティーガーのミニ戦隊の指揮官は、連日戦闘をつづけてきたマイヤー少尉からポップ少尉にかわった。しかし、幸先の悪いことに、この日、大隊の補給部隊が敵からの猛砲撃をうけた。

一九日には、第五〇軍団の命令で中隊は第二四歩兵師団へ配属となり、第一〇二擲弾兵連隊のチェルニシェオ攻撃を支援した。

しかし、どうにもついてない。泥地のため、ティーガーは効果的に支援することができず、二両が氷結した排水口にはまって行動不能となった。そのまま戦闘は小康状態となり、戦線は固定された。

幸いにも二〇日には、トスノに四両のティーガーが到着し、大隊（中隊）はティーガー保有九両、うち稼働四両（つまり新着車両以外はすべて動けなかったのだ！）へ戦力を回復することができたのである。

ソ連軍の冬季攻勢の終結

二月二二日、ノボ・リシノに新任の大隊長リヒター少佐が到着した。しかし、少佐を迎えたのは、たえ間ないソ連軍の砲撃であった。ソ連軍の攻撃行動はひかえめになったものの、こうしてドイツ軍へのいやがらせ砲撃を繰りかえしていた。

こんなことで大隊の貴重なティーガーがうしなわれては、申しわけがたたない。少佐は、大隊をトスノ、シャアブリに移動させることを命じた。

二月末には、大隊本部もウィリッツァへ移動した。大隊の戦力はあいかわらずで、稼働戦車はティーガー四両、Ⅲ号三両でしかなかった。

幸い、大隊はしばしの休息が得られた。大隊がつぎに出動したのは、三月六日のことであった。

このときはシニャビノのギアー戦闘団戦区に侵入したソ連軍を追いだすためで、ティーガー数両が出動した。ティーガーの支援で、歩兵たちはうしなった土地を奪いかえすことができた。

このとき、ティーガー一両が重野砲弾の命中をうけたことは、引きあわない話だった。

三月七日、大隊本部と本部中隊は、大隊の編成を完成させるため、本国のパダーポルンへ帰還した。ただ、第一中隊だけは現在地に残され、第一八軍の指揮下におかれた。その戦力は、あいかわらずティーガー四両、Ⅲ号三両でしかなかった。

こうした小康状態は、間もなく終わりをつげた。ソ連軍はまだ冬季攻勢をあきらめてはいなかったのである。

三月一三日、ソ連軍の再攻勢が近いことを見てとったドイツ軍は、大隊に警報を発した。ティーガーとⅢ号戦車は、ニコールスコエの鉄道橋を確保するため出動した。そして一六日には、ふたたびミシュキノに戻って、ソ連軍のトーチカを破壊した。

三月一九日、ソ連軍の攻勢が再開された。攻撃軸は北はコルピノおよびクラスヌイ・ボル南部地区からサビリノをめざし、もう一方の腕は、東のヴォロノウォ、ロジェワ、カリュビユセルに指向された。攻撃開始とともに、幹線道路をめぐって激しい戦いがはじまった。

クラスヌイ・ボル戦区にソ連軍は、六コ狙撃兵師団、五コ戦車旅団、さらに数コの独立狙撃兵大隊を投入した。矢面に立ったドイツ軍の第五八、第一七〇、第二五四歩兵師団は、陣地を守り抜いた。

第五〇二重戦車大隊第一中隊は、稼働全戦力をもって迎撃し、この日だけでソ連戦車一〇両を撃破した。激戦は翌日もつづき、翌二〇日は一二両、そして二一日は一八両が撃破された。

ソ連軍はクラスヌイ・ボルだけで四〇両をうしない、攻撃は頓挫した。ソ連軍、ドイツ軍ともに大損害をだし、攻防は一進一退となった。

やがて、北の大地にも雪解けの季節がおとずれた。あたりはどこもかしこも泥沼となり、戦車も何もかも動くことは不可能となった。四月はじめ、ラドガ湖南部戦区にはふたたび静寂がおとずれた。

第5章　攻防ルジェフ、中央軍集団の決断

ルジェフ突出部はモスクワに突き付けられたあいくちであった。ソ連軍は突出部を切り落とすべく、繰り返し攻勢に訴えた。ソ連軍の攻撃に耐え抜いたドイツ軍は、皮肉にもみずからルジェフから撤退することになった！

一九四三年一一月～一九四四年三月　ルジェフ突出部の戦い

ルジェフ突出部

ロシア北部の戦場で、ソ連軍が大攻勢を発動したころ、ロシア中部の戦場でも、激しい戦闘がつづけられていた。焦点となったのは、ルジェフである。ルジェフは、モスクワ北西一八〇キロ、ヴォルガ川上流の中小都市であった。一九四一年秋のモスクワ攻略を目指すタイフーン作戦で、ドイツ中央軍集団に占領された。

その後、ソ連軍は一九四一年冬の反攻で広大な地域を奪回したものの、ルジェフ周辺はソ連軍の海の中にとり残され、ドイツ軍の突出部として存在しつづけた。この後、独ソ両軍はこの突出部をめぐって、攻防を繰り返すことになる。一九四二年七月、ドイツ軍はザイドリッツ作戦で、オレニノとベールイを連絡し、ソ連軍部隊を殲滅した。

しかし、七月末、ソ連軍は反撃に出て、ルジェフ突出部に襲いかかった。攻防は丸まる一ヵ月つづき、ドイツ軍は大損害をこうむったものの、突出部を守り抜いた。しかし、それは終わりではなく、はじまりの終わりでしかなかった。一〇月にもソ連軍は攻撃を再興し、ルジェフに総攻撃を仕掛けた。

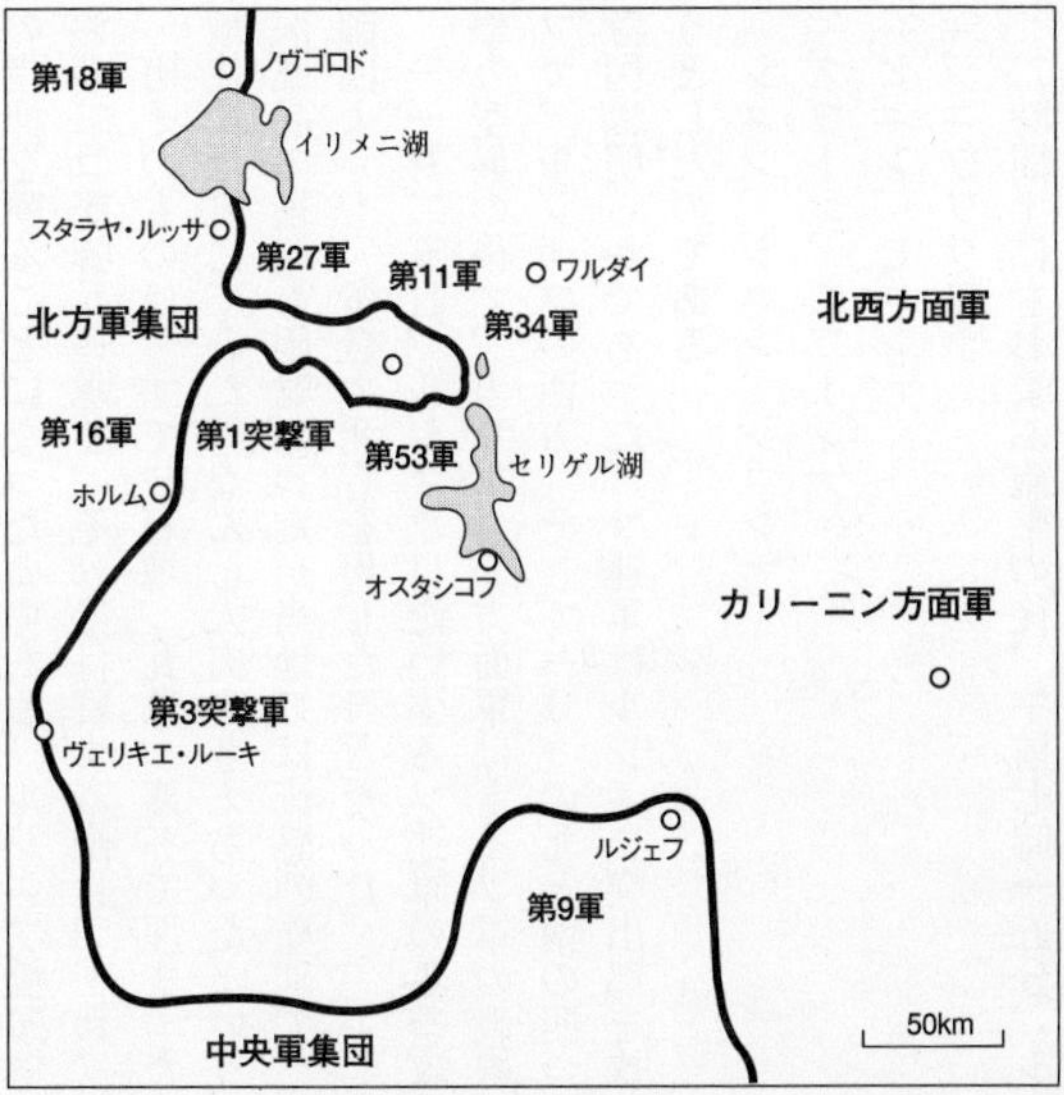

最前線のルジェフ橋頭堡には、まったく休みはなかった。ドイツ空軍の偵察機は、一〇月半ばにカリーニン～トロペッツ地域に、ソ連軍の大群が集結していることを発見した。彼らが新たな攻勢を準備しているのは明らかだった。攻勢の目標はルジェフそのものだった。

一〇月二一日、ルジェフ橋頭堡の指揮は、プラウン少将に引き継がれた。彼はリッタウ中将が大損害に苦しんで辞めた後、第一二九歩兵師団の指揮を執ることになったのである。ルジェフ橋頭堡には、第六、第一二九歩兵師団のおのおの二コ擲弾兵連隊と、それに付属する砲兵、工兵、通信部隊があった。

町そのものは、すでに石塊、瓦礫、塵芥で埋まった廃墟でしかなかった。食料は不足し地域住民は飢えていた。なんと人肉食さえあったという。当然、ドイツ軍部隊にたいする食料、医薬品の補給も困難だった。当地では流感の蔓延で、第一二九歩兵師団は東部戦線のどこの師団よりも、多数の死者を出したほどだった。

一一月二五日、ルジェフにたいするソ連軍の冬季攻勢は開始された。激しい砲兵の準備砲撃と空襲の後で、カリーニン方面軍はドイツ軍の戦線に襲いかかった。ソ連軍は、シュチェフカ、ルジェフの西方、そしてヘリィの北と南の四つの攻勢軸をとった。このことからその意図は明らかであった。ソ連軍はルジェフ突出部を挟み撃ちにして、第九軍を包囲殲滅しようとしたのである。

「シュン、シュン、シュン」

「ズワーン、ズワーン」

「ヒュン、ヒュン」

「ジュワワワワ」

二時間半にもおよぶ砲撃の後、午前七時一五分、シュチェフカへの攻撃は開始された。なんと八コ狙撃兵師団と三コ戦車旅団が、グジェチ流域の方向に向かう攻撃を開始した。標的となったのは、第五機甲師団の戦区であった。

第五機甲師団第三一戦車連隊の戦い

一九四二年一一月二四日、七両の中戦車を装備したグラフ・ロスキルヒ中尉の戦車中隊は、師団の左翼に展開していた。これら戦車の二両はヴァシルキーに、二両はジュンゲンバルドヒェンに、四両はヴァシルキーの南の森に一両のⅡ号戦車――この戦車は戦車戦の役には立たなかったが、弾薬、食料、そして燃料の補給車両となった――とともに展開しており、中隊指揮所もやはりヴァシルキーの南の森に置かれていた。投降兵の証言によって、大規模なソ連軍の攻勢が、翌日計画されていることがわかった。

二五日午前四時、大隊は隷下の部隊にたいし、警報を発し徐々に警戒の度合いを強めていった。

「シュワ、シュワ、シュワ」
「ドーン、ドーン」
「ヒュオーン、ヒュオーン」
「グォグォグォ」

激しい爆発で、陣地は揺すぶられた。午前六時、ソ連軍のありとあらゆる口径の火砲が火蓋を切った。これまでに経験をしたことのないほど激しい砲撃が、部隊の頭上を見舞った。

ソ連軍はこの戦いではじめて、巨大な三二センチロケット弾を使用した。ほんの数秒間に

ドイツ戦線に襲いかかるソ連軍のT34中戦車

三〇～四〇発ものロケット弾が、彼らの陣地の上に、集中して着弾したのである。たまったものではない。

「アラート」

森の中では、鉄の暴風から逃れるため、戦車兵たちがほうほうの体で、戦車の中に飛び込んだ。

「パタン」

ハッチを閉めるやいなや、

「カン、カン」「ガツンガツン」

破片やら土くれやらが、戦車の装甲板を激しくたたいた。

混乱の中で、彼らは彼らの装備品も補給品も、パン一切れ、毛布一枚すら戦車の中に持ち込むことはできなかった。それらはすべて、吹き荒れた火と煙の嵐の中で失われてしまったのである。このため、彼らはつづく戦闘の日々を、じつに不便な思いをするはめになった。

「パンツァー、フォー！」

ドイツ軍陣地に対してソ連軍は激しい砲撃をくわえた

四両の戦車は、急ぎ動きだすと、すぐに森の縁に沿って配置に付いた。右翼の歩兵中隊との連絡は、伝令によって維持された。午前七時半、戦車に伝令が近づく。歩兵のたてこもるタコツボのすぐ後に、相互に支援できるような配置を取って陣取るよう命令が出た。

「ガラガラガラガラ」

戦車が動きだす。タコツボに入る兵士は、心配そうに彼らを見つめた。

「アハトゥンク、パンツァー！」

T34だ。三両のT34がホルム・ベレスイスキーとドイツ軍の陣地との間の戦線を突破してこちらに近づいてくるのが見える。まだドイツ戦車の戦車砲の射程外だ。二両の戦車には北東方向に火制することが命じられ、残りの二両の戦車は侵入したT34を駆り立てるべく全速力で走りだした。戦車と戦車の追いかけっこが開始された。

ドイツ軍は非力なⅢ号戦車を駆って戦った

「ブロロロロロロ」

　戦車は速度を上げて敵との間合いを詰める。Ⅲ号戦車の非力な主砲では、Ｔ34をやっつけるためには、敵の懐深く飛び込むしかない。Ｔ34は視界が効かず、主砲の発射速度の遅いことがこちらの付け目だ。

「フォイエル！」

「アゴーイ！」

　ドイツ戦車とソ連戦車の砲弾が、何発も何発も森の木々を切り裂いて飛び交った。なんと一時間半もの取っ組み合いの後、ついに二両のＴ34は撃破された。そして三両目はどうなったか。この車体は森の中に隠れていた自走砲によって撃ち取られた。

　同じころ、ジュンゲンバルドヒエンに配備されていたⅢ号戦車も、ソ連戦車の襲撃を迎え撃った。敵はＢＴ戦車だ。これなら対等以上に戦うことができる。

「フォイエル！」

　ＢＴ戦車のペラペラの装甲を、Ⅲ号戦車の五センチ砲はやすやすと撃ち抜いた。こうして三両のＢＴ戦車は撃破された。

さらに、ヴァシルキーでも、戦車対戦車の戦闘が引き起こされた。敵はT34である。ここでもオシューグ河岸で、一両のT34が撃破された。こうして中隊は、各所でソ連戦車を撃破し、ソ連軍の攻撃を阻止した。

その後、中隊は命令によって、四両の戦車とともにグラドヤキノに進み、途中出会った敵戦車を撃破した。ヴァシルキーとジュンゲンバルドヒェンの二両の戦車は、そのまま後方に残された。

グラドヤキノで中隊にはドレスキー軍曹のグループが加わり、中隊の戦力は各一両の七・五センチ短砲身砲装備Ⅲ号戦車、Ⅳ号戦車、三両の長砲身Ⅲ号戦車、二両の短砲身Ⅲ号戦車、おのおの一両の七・五センチ自走砲、七・六二センチ自走砲を有することになった。中隊は大隊の背後で、対戦車防御につくよう命じられた。

どうにかしてこの日、ドイツ軍はソ連軍を押し止《とど》めることができた。しかし、明日は……。

荒れ狂う突出部の戦い

二六日、この日もソ連軍の激しい砲撃で明けた。あまりに激しい砲撃で、ドイツ軍は夜間に取り返した陣地から、撤退せざるを得なかった。ホルム・ベレスイスキーの戦場では、ふたたびソ連軍戦車が、ドイツ軍の戦線を突破しようと策動した。ドイツ戦車は巧みな機動でソ連軍戦車を仕留めた。

三両のT34が突然、ドイツ軍陣地の後方に出現した。しかし、彼らはドイツ戦車を視認する暇もなく、命中弾を受けてこなごなに吹き飛んだ。ドイツ戦車はさらに、五門の対戦車砲と牽引車両を破壊した。しかし、激しい砲兵射撃と隠蔽された対戦車砲の射撃で、ドイツ軍の損害も累積した。

夜になると一両のKV戦車が陣地後方に出現した。

「フォイエル！」

幸いにもこの車体は、戦車の射撃ですぐに撃破された。この車体は車内の弾薬に誘爆したようで、爆発で吹き飛んだ破片は三〇〇メートルもの範囲に飛び散らかった。こうしてドイツ軍の戦車は、戦線の中に立ちはだかった岩のように、頑として陣地を守り抜いていたが、一方でこの日、ドイツ軍の戦線には、三キロもの穴がうがたれた。

二七日、ルジェフ突出部の前線はふたたび激しいソ連軍の攻撃にさらされた。激しい砲撃につづき、戦車の突撃、ついにドイツ軍戦線は擦り切れてしまった。この日、とうとうソ連軍の戦車は、ルジェフ～シュチェフカ鉄道線に到達したのである。しかし、ドイツ軍は必死で抵抗をつづけた。このためソ連軍は激しい出血をつづけながら、一メートル一メートルを戦い進まねばならなかった。

二八日、二九日、戦闘はつづいた。戦車と戦車の死闘。三〇日、ソ連軍戦車と狙撃兵は、マリョ・クロトポヴォで鉄道線を越えた！　第五機甲師団の戦線は危機にさらされた。ホルム・ベレスイスキーの戦場では、第五機甲師団の戦車と擲団兵の集成戦闘団が、彼らが「対戦車壕」と呼んでいた涸れ谷のまわりで、ほとんど包囲されようとしていた。

ソ連軍はドイツ軍の戦車一両一両をあぶり出し、正確な砲火を浴びせようとしていた。

「ズーン、ズーン」

戦車の至近に砲弾が落下する。

「パラパラパラ」「ガサガサ」

土くれが飛び散り、戦車の上に折れた枝が降りかかる。

「ブオーン、ブオーン」

「キャタキャタキャタ」

戦車はほとんど常時と言っていいほど小まめに、陣地を変換しなければならなかった。それがいかに死活的であったことか。それを証明するようにこの日、Ⅳ号戦車の一両は、燃料がなくなり陣地を変換できなかったため、直撃弾を浴びてこなごなに吹き飛ばされたのである。

すべての戦車が、何発か被弾していた。

「ガーン」

さらに一発の弾丸がⅢ号戦車に止めを刺した。損害はそれだけではすまなかった。

「ドカーン」

ペラペラの装甲しか持たない自走砲は、被弾して吹き飛んだ。ソ連兵は陣地からわずか八〇メートルに迫って、突撃の準備をしていた。このまま陣地を死守してここで斃れるのか。

幸いにも午後一時、包囲を突破する命令が届いた。

「急げ」

密に撤退の準備が進められた。午後四時一五分に擲弾兵は敵から離隔し、戦車が任務を引き継いだ。戦車は負傷兵を乗せて、後方から敵を射撃し擲弾兵の後退を援護した。午後四時四五分には、戦車の撤退も開始された。負傷兵はすべて収容されたが、動くことのできない戦車は爆破しなければならなかった。一時間後には、戦闘団はホルム・ベレスイスキーに到着した。

モーデルは例によって彼の部隊を叱咤激励し、ソ連軍にあたらせた。第XXIII軍団は戦闘力を残す部隊をかき集めた戦闘団を集中して、ソ連軍に反撃した。プラウン少将は、「グロースドイッチュラント」の四個の機甲擲弾兵大隊、第六歩兵師団第一八擲弾兵連隊、第二機甲師団のオートバイ大隊によって、鉄道線路に集中した反撃を加えた。

一二月六日、彼の戦闘団は、ドイツ軍戦線にもっとも深く侵入したソ連第三戦車旅団を四キロも押し戻すことに成功した。その結果、鉄道線路はふたたびドイツ軍に開放されたのである。ドイツ軍はふたたびルジェフへの部隊、物資の輸送が可能となった。ルジェフの戦闘は決せられた！

しかし、ルジェフ西方における戦闘そのものは、その後もしばらくの間荒れ狂った。それでもソ連軍の戦力は、たびかさなる戦闘によって漸減していった。

一三日、ソ連第三〇軍団による最後の攻撃が発動された。戦闘は激烈なものとなったが、ドイツ軍守備兵は断固として戦い抜いた。その後、雪と氷の中で、戦闘はしだいに下火となっていった。

ルジェフからの撤退

ドイツ軍は断固としてルジェフ突出部を守り抜いた。しかし、そのことに意味があったのだろうか。たしかにルジェフは、いまやドイツ軍にとってモスクワ攻撃のための唯一の跳躍台であった。しかし、独ソ戦二年目、そして三年目を迎える一九四三年も、ドイツ軍にはモスクワを攻撃する予定はなかった。この年彼らが計画したのは、一九四二〜一九四三年冬季戦で作られた、クルスク突出部の挟撃作戦であった。

この戦いではここ二年間、防衛戦ばかりをつづけてきた中央軍集団にもひさしぶりに攻撃が命じられた。しかし、それに必要な戦力はどうするのか。ドイツ軍はどこでも手一杯で、そんな余裕などありはしない。モーデルは、戦線の縮小によって戦力を捻り出すことにした。そうルジェフ突出部からの撤退である。そうすれば三三〇キロもの戦線が短縮でき、膨大な戦力が節約できるのだ。

しかし、ヒトラーはこれまでどこでも寸土として手放すことを禁じていた。なぜ、今回は許可したのだろうか。乾坤一擲の大作戦シタデラ攻勢のため？　しかし、どんなに理を尽くし説得しても、けっして聞かないのがヒトラーだった。もしかしたら、ヒトラーのお気に入

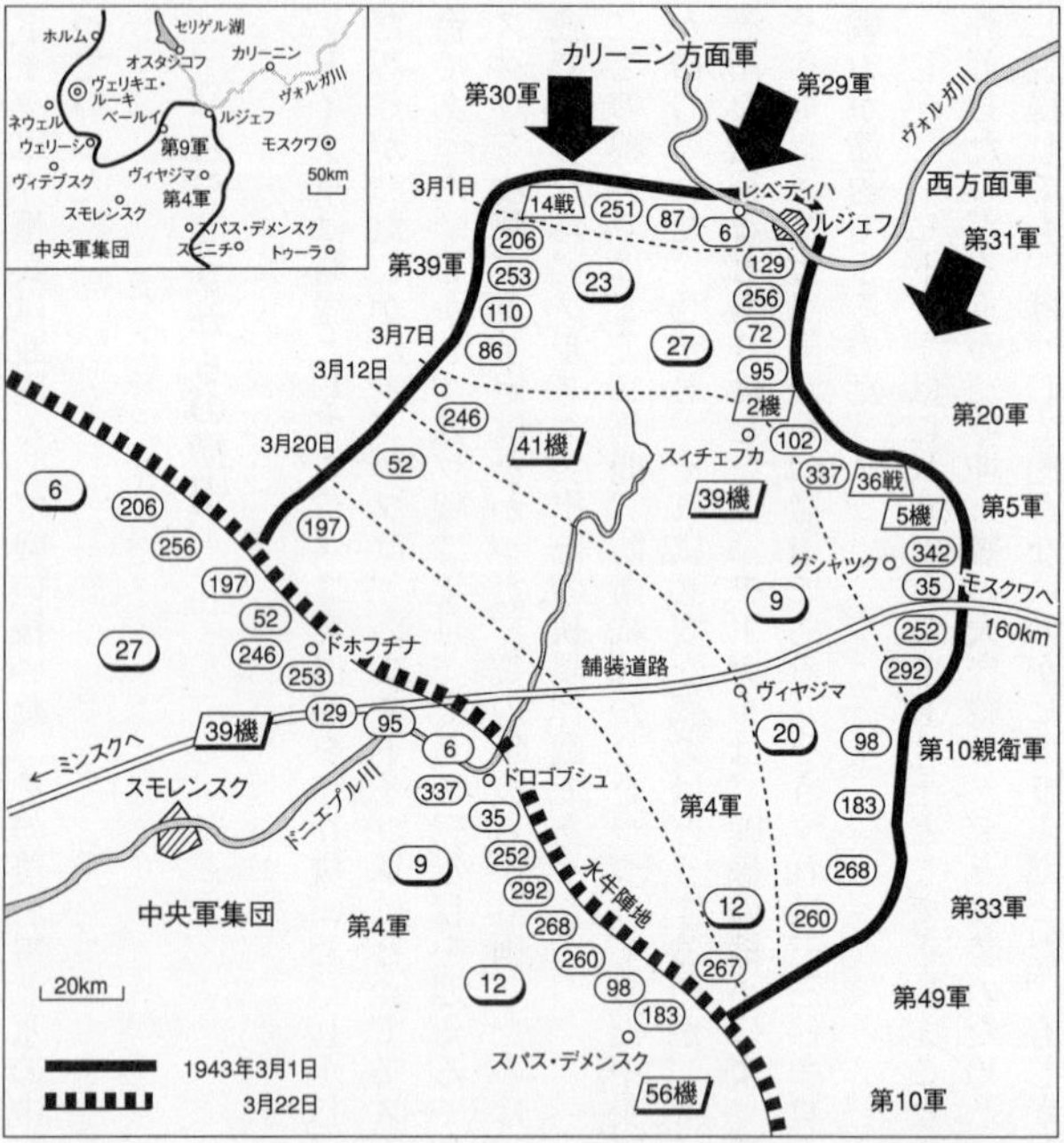

りモーデルだからこそ、認められたのかもしれない。撤退作戦は「水牛作戦」と命名された。モーデルは、大急ぎで撤退準備をすすめた。デュホフチナからスパス・デメンスクにかけて、一〇〇キロの長さの「水牛陣地」が、二万九〇〇〇名の工兵、建設部隊、そしてヒビスによって七週間の短期間に構築された。

彼はまたルジェフの南部地域の道路情況も改善させた。二〇〇キロの街道、六〇〇キロの支道がわずか一〇日で整備された。加えて一〇〇〇キロの鉄道線路、一三〇〇キロの電話線、四五〇キロの野戦電話線もまた撤去され持ち去られた。重機材一〇万トンは、二〇〇編成もの列車によって輸送された。これらすべては隠密裡にすすめられ、ソ連軍に発見されることはなかった。さらにその後、後方支援部隊やおよそ六万人の民間人が、ルジェフ地域を脱出した。

三月一日午後七時、戦闘部隊の最前線陣地からの移動が開始された。撤退は戦線の突破を防ぐため、少しずつ段階的におこなわれた。ドイツ軍の後衛部隊は、二日の午後六時まで主陣地に留まり、火器を撃ちまくって主力部隊がまだ展開しているよう装った。兵士たちは陣地から陣地へ飛び回り、銃身が焼けんばかりに機関銃を撃ちつづけた。

ソ連軍はドイツ軍の撤退になかなか気づかなかった。さらにドイツ軍は、ソ連軍の追撃を阻むため、撤退路に濃密な地雷原を設け、ありとあらゆる場所にブービートラップを仕掛けた。このためソ連軍の行動は、用心深くきわめて緩慢なものとなった。

ルジェフそのものからの撤退は、三日の夜に実施された。第一二九歩兵師団の最後の三コ擲弾兵連隊が撤退すると、工兵大隊はヴォルガ川に掛かる橋を爆破した。同時にトーチカや火点なども爆薬で吹き飛ばされた。五日には、第Ⅸ軍団はグシャックを放棄した。こうして七日間を費やして、ルジェフからジャーチに至る第一段階の撤退が遂行された。

七日、第九軍の戦線は、ベリィからシュチェフカを経由してヴィヤジマへと走っていた。ようやくこのころソ連軍の追撃が開始された。しかし、彼らは後退するドイツ軍の隊列に追いつくことはできず、ましてや先回りして側面をつくようなまねはできなかった。結局、撤退はさしたる影響を受けず、変わらずに計画どおり遂行された。

一二日には、ドイツ軍はヴィヤジマからも撤退した。戦線は南へ南へと後退していき、二五日、ドイツ軍は戦線後方に用意されていた「水牛陣地」に入った。こうして大撤退作戦「水牛作戦」は、ほとんど損害を出すことなくみごとに完遂されたのである。新たなドイツ軍の戦線は、ドホフチナ～ドロゴブシュ～スパス・デメンスクの前面に、北西から南東に一直線に走るものとなった。

こうして長い間独ソ両軍の血を吸いつづけた、実に深さ一六〇キロ、全周五三〇キロにおよんだルジェフ突出部はあっけなく消失した。これにより、ドイツ中央軍集団はなんと一コ軍下の四コ軍団の、一五コ歩兵師団、二コ自動車化歩兵師団、三コ機甲師団もの兵力を捻出できたのである。いまやドイツ中央軍集団は、実質的に戦力を倍増させた。そしてその戦線は北へではなく、オリョールを中心とするより大きな突出部から、南にソ連軍の保持するクルスク突出部への攻勢のときをうかがっていた。決戦のときは、刻一刻と迫っていた。

第6章　巨獣フェルディナンドの苦き初陣

一九四三年春の雪解けを待ってクルスク周辺で攻勢を開始する予定のドイツ軍だったが、戦力不足を懸念するヒトラーにより延期され、突撃が命じられたとき、先頭には巨大な戦闘車がいた！

一九四三年七月五日〜一〇日　クルスクの戦い〈その1〉

クルスク突出部の攻勢

一九四三年春、ドイツとソ連の戦いがはじまって、まる二年が経過した。ドイツ軍は一九四一年冬、モスクワ攻略に失敗し、一九四二年冬にはスターリングラードで大損害をだし、戦いのバランスはしだいにソ連軍に有利になりつつあった。

しかし、ドイツ軍は決してあなどれない戦力をもっており、実際、一九四三年冬には勢いに乗るソ連軍の出鼻をくじいてハリコフを奪回するなど、巧妙な作戦を展開していた。

ハリコフの戦闘は春の雪解けのため、両軍とも動くことができなくなり、一時休戦となった。ドイツ軍の反撃の結果、冬季攻勢の緒戦でソ連軍の得た地歩は大きくけずりとられ、クルスク周辺に亀の頭のような突出部ができていた。

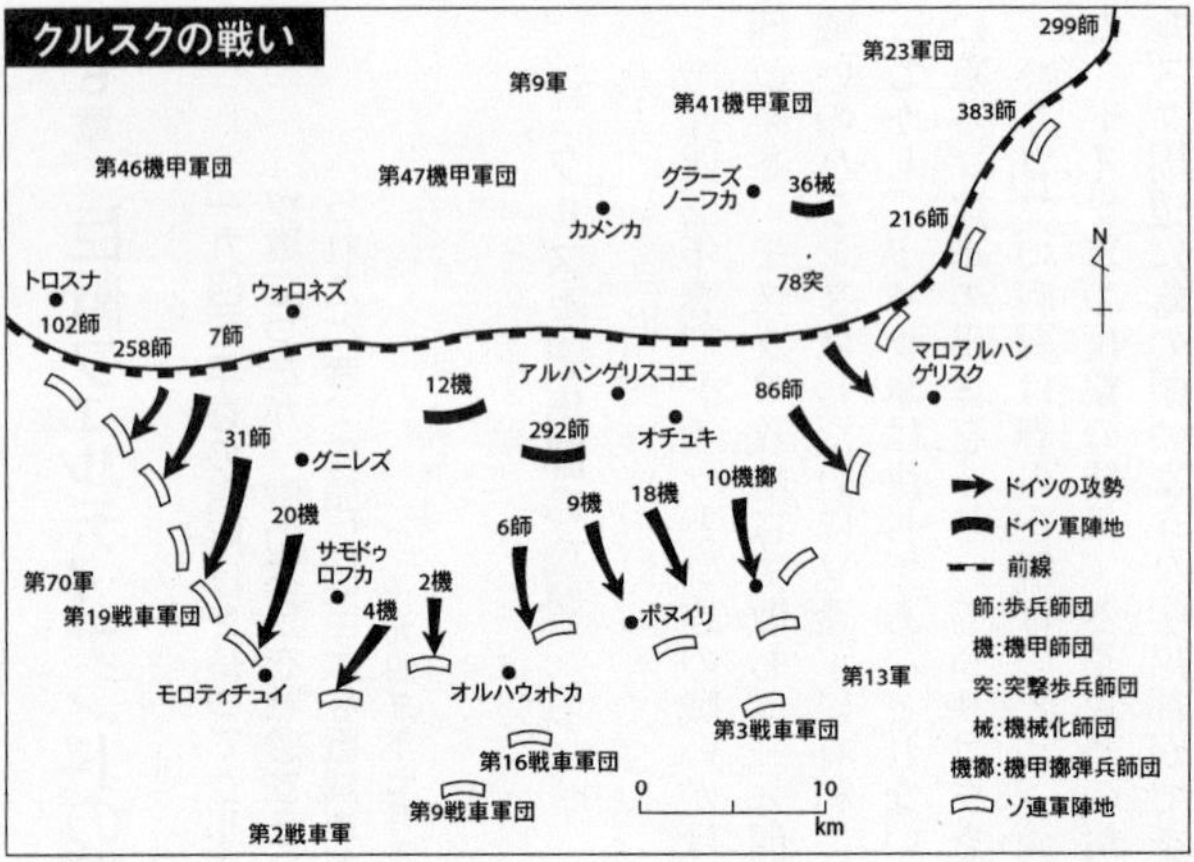

この突出部が、戦闘の焦点となることは明らかだったが、当面、両軍ともに冬の損害を埋め、戦力の再編をすすめることにおおわらわであった。戦場にはひさしぶりに静けさがもどっていた。

どのような戦略をとるべきか。ドイツ軍指導部では激論がかさねられていた。南方軍集団司令官マンシュタインの考えは、戦略的守勢をとるというものであった。

ドイツ軍には、もはや昔日の力はなかった。マンシュタインにはそれがよくわかっていた。だから、ソ連軍に先に攻撃させ、これを罠にひきずりこんで殲滅しようというのだ。

彼のプランはだいたんなもので、まずドネツ盆地とミウス川の線を捨てる。この餌に飛びついたソ連軍を、ドニエプル川下流域にひきいれて殲滅しようというものであった。しかし、ヒトラーは例によって一度とった土地を手放すのが気に入らない。この案は却下されてしまった。

それにかわって総統大本営で考えられた案は、ヒトラー好みの先手をとって攻撃するプラン、すなわちクルスクの挟撃作戦であった。

冬の戦いでソ連軍の突出部となっていたクルスクを、北のオリョールと南のハリコフから挟み撃ち攻撃をかけて切断する。そうしておいて、反撃してくるソ連軍を包囲殲滅して、戦いの主導権をとりもどす。

たとえ敵主力をとり逃がしたとしても、戦線の短縮ができて戦力が節約できる。そうすれば、こちらが使える選択肢も増えるというものである。

この作戦自体は悪いものではなかった。ただし、重大な誤算が生じた。それはスパイ網を通じて、作戦計画がソ連軍にばれてしまっていたことである。

このため、ソ連軍はクルスク突出部に陣地線の構築をはじめた。攻者三倍の法則というものがある。これは、一般的に攻撃側の方が、防御側より三倍の兵力がいるという経験則を述べたものである。

防御側は、陣地などの防衛手段にたよることができるのにたいして、攻撃側はつねに存在を暴露しなければならないからだ。本当に三倍かどうかはともかくとして、防御側が有利なのはたしかだ。

もっとも、これも相手がどこに来るかがわかっている場合だけの話だ。攻撃側には、自分の好きな場所をえらべる有利さがある。一方、防御側はどこもかしこも守らなければならないのだ。クルスクの戦いを考えるとき、これはなかなかに示唆的な話である。

攻者三倍の法則をはねのけるには、ただひとつ、奇襲しかない。敵のそなえていないところなら、やすやすと突破できる。先手をとって敵の準備がすすまないうちに攻撃をしかけるしかない。

ドイツ軍も、本当はそのつもりだった。最初の予定では、攻撃は春の雪解けが終わった直後の五月はじめにおこなわれるはずだった。しかし、戦力不足を危惧するヒトラーが待ったをかけた。

攻勢開始は、ティーガーにパンター、フェルディナンドやブルームベアなどの新型兵器の数かずがそろってからおこなうのだ。しかし、その間にも、ソ連軍の陣地構築はつづいた。前線のドイツ軍部隊には、それがわかった。待てば待つほど有利になるのは、はたしてこちら側なのか、向こう側なのか。

攻撃開始はいつになるのか。当初予定の五月三日はまったく無理で、六月一二日の予定も延期された。

こうなっては、もはや攻撃を中止すべきだとマンシュタインは考えていた。奇襲の要素はまったく失われた。ソ連軍の陣地構築のたくみさには、これまで何度も悩まされてきたのだ。

ヒトラーはこうした反対をうけつけなかった。運命の決断はくだされた。攻撃開始は七月五日に決定された。

フェルディナンド自走砲

クルスクの戦いは、北と南からの挟撃作戦が予定された。その北の腕となったのが、中央軍集団隷下のモーデル上級大将が指揮する第九軍であった。

第九軍には第四一、第四六、第四七機甲軍団、第二三軍団に、八コ機甲師団と一コ重戦車大隊の四七八両の戦車と、一六コ突撃砲大隊に三四八両の突撃砲が集められた。

予定された突破正面はオリョールの真南、オルハウォトカからマロアルハンゲリスクの地域で、主攻は西のテプロエから中央のオルハウォトカ方面はレメルゼン大将の第四七機甲軍団（第二、第四、第九、第二〇機甲師団、第五〇五重戦車大隊、第六歩兵師団）、東のポヌイリ方面はハルペ大将の第四一機甲軍団（第一八機甲師団、第一〇機甲擲弾兵師団、第八六、第二九二歩兵師団）で、第四七機甲軍団の右翼をツォルン大将の第四六機甲軍団（第七、第三一、第二五八歩兵師団）が援護しつつ攻撃し、東側ではフリスナー大将の第二三軍団（第七八突撃〈歩兵〉師団、第二一六、第三八三歩兵師団）が側面掩護にあたって、要衝マロアルハンゲリスクを攻略して、ソ連軍の反撃を阻止することになっていた。

モーデルは、ソ連軍の防御陣地の突破の任務を歩兵にまかせることにした。砲撃と爆撃のあと、歩兵が敵陣を突破し、その突破口から第二梯団の戦車部隊がなだれこむのである。

歩兵の突撃を助けるため、秘密兵器が用意されていた。それが重突撃砲フェルディナンドであった。なおフェルディナンドはのちにエレファントと改名されており、そちらの方が通りがいいかもしれない。

フェルディナンド（エレファント）重突撃砲は、現在高性能車で有名なポルシェ社の創設者、ポルシェ博士が設計した車体で、これほど数奇な運命をたどった戦車もめずらしいだろう。

エレファントのベースとなった車体は、ポルシェティーガー、ティーガー（P）と呼ばれる車体で、その名前でわかるように、第二次世界大戦中のドイツ軍の伝説的戦車であるティーガー重戦車開発計画の一環として製作された車両であった。

ティーガーそのものの開発は戦前までさかのぼるが、ポルシェ博士がティーガーにつながる車両の開発にタッチすることになるのは、一九三九年に開発が開始されたＶＫ３００１(P)からである。なんでポルシェ博士が……、彼は自動車の設計者ではあっても、戦車には関係ないはず。

それはそうだが、戦争のまっただ中で、よりうまみのある仕事を求めたのか、あんがいポルシェ博士自身が戦車を作りたかったからかもしれない。困ったことに、ポルシェ博士はヒトラーと懇意であり、それがポルシェ博士の道楽のようなヘンな戦車をつくりつづける結果となり、ドイツ軍の戦車開発関係者を悩ませる結果となるのだが……。

なおＶＫ３００１（P）は三〇トン級で、七・五センチまたは一〇・五センチ榴弾砲装備という、ティーガーとはちがった種類の戦車であった。

ドイツ軍の新兵器・フェルディナンド（エレファント）重突撃砲

しかし、そこにもりこまれたポルシェ博士がこだわりつづけた特殊なディーゼルエレクトリック方式（エンジンで発電機をまわし、その電力でモーターを動かして駆動する）の推進システムや縦置きトーションバーは、ポルシエティーガー、そしてフェルディナンドにひきつがれた。

直接フェルディナンドにつながる車両となったのは、ＶＫ３００１（Ｐ）を発展させたかたちの、一九四一年五月に開発が開始されたＶＫ４５０１（Ｐ）であった。この戦車は八八ミリ砲を搭載し、強靱な装甲をもつ四五トンクラスの新型戦車で、結果的にバルバロッサ作戦で直面する強力なソ連戦車に対抗する切り札となる。

ＶＫ４５０１（Ｐ）は、一九四二年四月に試作第一号車が完成したが、本車はＶＫ３００１（Ｐ）の拡大発展型で、独特の推進システム（およびサスペンション）をひきついでいた。

エンジンと電気の組み合わせは変な感じだが、こうすると変速が無段階で可能で、エンストの心配もなくなる。

まだオートマチック・トランスミッションなどが使用されていない当時、変速機構は戦車にとって、けっこうトラブルの種だった。

しかし、この装置が結果的に本車の命取りとなった。この推進システムは信頼性が低く、戦略物資の銅を大量に使用するという欠点ももっていたのである。

結局、VK4501（P）は、より確実なヘンシェル社案との競作にやぶれ、開発は中止された。しかし、ポルシェ博士の設計案を個人的に高く買っていたヒトラーは、VK4501（P）の車体を流用した重突撃砲戦車の開発を命じたのである。

この車体は強力な攻撃力と強靱な防御力をそなえ、ソ連戦車群の撃破と重防御火点の突破が任務とされていた。まさに、これはクルスクでフェルディナンドがになった突破任務そのものである。

こうしてVK4501（P）は、重突撃砲フェルディナンドとして生まれかわることになった。なおフェルディナンドというのは、設計者のポルシェ博士のファーストネームで、こういう名前がつけられるのも、なんとも異例の話だが、これもヒトラーのキモ入りゆえだろうか。

フェルディナンドの改造はきわめて大規模なものであった。戦車型では後部にあったエンジンは中央部にうつされ、後部が戦闘室とされた。

戦闘室の装甲厚は前面二〇〇ミリ、側後面八〇ミリという驚異的なものであった。車体もおなじく前面二〇〇ミリ、側後面八〇ミリという装甲がほどこされており、重突撃砲の名に恥じない、当時としては破格の重装甲であった。

主砲は、ほんらいの戦車型ティーガーが五六口径八八ミリ砲であったのにたいし、おなじ八八ミリ砲でも長大な砲身をもつ七一口径砲が装備されていた。

この砲は徹甲弾をもちいて初速一〇〇〇メートル／秒、射距離五〇〇メートルで一八五ミリ、一〇〇〇メートルで一六五ミリ、二〇〇〇メートルで一三二ミリの装甲板を貫徹可能で、さらに高速徹甲弾では、射距離五〇〇メートルで二一七ミリ、一〇〇〇メートルで一九三ミリ、二〇〇〇メートルで一五三ミリの装甲板を貫徹できた。この性能は、当時世界最強といってでも過言ではなかった。

ふたつの重戦車駆逐大隊

フェルディナンドはクルスク攻勢に間にあわすべく改造がすすめられ、一九四三年の五月八日までにオーストリアノザンクト・ファレンティーンのニーベルンゲン製作所で九〇両が完成した。これらの車両は第六五三、第六五四の二つの重戦車駆逐大隊に配備された。

第六五三重戦車駆逐大隊の基幹となったのは、Ⅲ号突撃砲を装備していた第一九七突撃砲大隊であった。大隊は一九四三年四月一日に、第一九七突撃砲大隊から第六五三重戦車駆逐大隊へと改称された。

大隊長はハインリヒ・シュタインヴァクス少佐である。大隊はこれまでの突撃砲大隊の士官、兵士にくわえて、あらたな人員を得て約一〇〇〇名の人員がととのえられた。

「これが新型重突撃砲のフェルディナンドか」

ニーベルンゲン製作所を訪れた第六五三重戦車駆逐大隊の人員は、その巨大さに息を呑んだ。

「二基のエンジンで発電機をまわして、電動モーターで推進します」

工場の担当者の説明は興味津々な内容だった。なんと彼らはニーベルンゲン製作所で、フェルディナンドの組み立てまでを手伝った。

「オーライ、オーライ、ゆっくり進め」

彼らは工場で数週間の講習をうけて、この巨大な怪物のあつかい方を学んでいった。彼らはまさに怪物の育ての親であった。

彼らは順次完成した車両を受領した。そして九〇両が完成すると、玉突き式に最初に自分たちが受領した四五両のフェルディナンドを、フランスのルーアンで編成作業がすすめられていた姉妹部隊の第六五四重戦車駆逐大隊へ譲りわたすことになった。このひきわたし作業までをも、彼らはひきうけたのである。

列車に搭載された巨体をはじめて見た第六五四重戦車駆逐大隊の人員の驚きは、第六五三重戦車駆逐大隊の兵士たちの最初の驚きとまったくおなじだった。

「何をぶったまげた顔をしてるんだい」

彼らは驚いている兵士たちに、兄貴づらをして、いろいろなことを教えこんだ。

「いいか、こいつのエンジンは」

そう、彼らが教えるのが一番はやい。この怪物のあつかいに精通していたのは、彼らだったのだから。

一九四三年五月二四〜二五日、グデーリアンは第六五三重戦車駆逐大隊を訪問し、フェルディナンドを使ったブルック演習場での大隊の演習を見学した。実弾射撃演習は威力あふれるすばらしいものであったが、驚くべきは演習のあとの話で、なんとすべてのフェルディナンドが、演習場からノイジーデルの駐屯地までの四二キロメートルを、故障することなく走り通したことであった！

同様にルーアンでも、第六五四重戦車駆逐大隊の訓練はすすめられた。こうしてふたつの大隊は、短い間にフェルディナンドに習熟していった。

一般にフェルディナンドの評判は悪い。しかし、実際にフェルディナンドをあつかう二つの重戦車駆逐大隊の兵士たちは、この強力な兵器に愛着をもっていた。

問題はいろいろあるにせよ、慣れてしまえば、なんとかなる類いのもののようだった。もっともこれは、ドイツの戦車全般にいえることのようだ。

ドイツの戦車は、アメリカのシャーマンのように信頼性が高く、整備の手間もあまりかからず、取りあつかいに職人技もいらないような戦車とは、どうも次元のちがう存在だったようだ。

クルスクの戦いと〝巨獣〟

一九四三年六月八日、オーストリアのザンクト・ペルテンでフェルディナンドを装備した二つの重戦車駆逐大隊と、これもクルスクの戦いが初陣となるブルームベアを装備した第二一六突撃砲戦車大隊、そして珍品の無線操縦の爆薬運搬車を装備した第三一三、第三一四無線誘導戦車中隊等の部隊からなる第六五六重戦車駆逐連隊が編成された。連隊長はエルンスト・ヴィルヘルム・フライヘア・フォン・ユルゲンフェルド予備役中佐が就任した。

連隊は六月九日から一二日にかけて、鉄道でオーストリアのパンドアフから、チェコのブルノ、ポーランドのモードリン、ブレスト・リトフスクを通ってロシアへ移動した。

列車は東へ東へとすすむ。ミンスク、ブリャンスク、カラチョフ、そして戦線背後の中心都市オリョールにいたる。連隊各部隊はそれぞれ降車すると、さらに南にすすんだ。第四一機甲軍団に配属された連隊は、七月三日薄暮時にはオリョール〜クルスク鉄道線路上のグラズノーフカの出撃地点周辺に集結した。

「諸君！」

出撃前夜、連隊長のユルゲンフェルド中佐は、いならぶ精鋭を前に檄を飛ばした。

七月五日早朝、クルスク突出部を取りかこむ前線では、激しい砲撃音が鳴りひびいた。しかし、それはドイツ軍のものではなかった。なんとソ連軍が先手を取ったのである。ドイツ軍の攻撃について、手にとるようにわかっていたソ連軍は、その集結と攻勢前進を待って機先を制したのだ。ドイツ軍部隊はしょっぱなから大混乱にまきこまれた。ドイツ軍も反撃し、ほんらいの準備砲火を浴びせたが、この面でも奇襲の効果は失われてしまった。

幸い、攻撃部隊そのものにはたいした損害はでなかった。遅れはしたものの、立ちなおった砲兵部隊はソ連軍陣地に激しい砲撃をあびせかけた。やがて、ドイツ軍の砲撃が止み、あたりに静けさがただよう。

エンジン音がひびき、モーターが回転をはじめ、キャタピラを駆動させた。第六五六重駆逐戦車連隊の巨獣たちが、第二九二、第八六歩兵師団の歩兵をしたがえて前進を開始したのである。

フェルディナンドの前方には、陣地を爆破するためのBⅣ爆薬運搬車が先行して軽快に前進する。爆薬運搬車はロシア軍の地雷原に到達すると爆薬を投下して通路を啓開した。フェルディナンドはほとんど歩兵の歩く速度でしか前進できないため、爆薬運搬車に置いていかれ、両者は離ればなれになってしまった。

激しい砲撃が地面を掘りかえす。銃弾がフェルディナンドの装甲板に当たって跳ねかえる。機関銃弾や対戦車銃弾ぐらいで、ぶ厚いフェルディナンドの装甲が破られるはずもないが、車長はとてもハッチから顔をだすことなどできず、全乗員は装甲の奥にちぢこまって、視察用のペリスコープやピストルポートなどの小さな「窓」から、外を見なければならなかった。その「窓」もロシア兵に狙い撃ちされて盲目となったのでは、せっかく爆薬運搬車がひらいた突破口が、どこだかわからない。

「ドーン！」

地雷の爆発だ。このくらいの爆発では、フェルディナンドはびくともしない。だが、キャタピラが切れて地面に押しだされる。いくらモーターがうなりを上げても、もはや巨体が動くことはなかった。

この戦いで、なんと四〇両ものフェルディナンドが、地雷により損傷したのである。ただし損傷はキャタピラ数枚を破損しただけで、数日中にその半分は修理ができ、前線に復帰することができた。

こうして多くのフェルディナンドが脱落したものの、生き残った車両は敵砲火のなかをすすんだ。焦点となったのは、二五七・七高地であった。

この高地は「戦車の丘」と呼ばれ、オルハウォトカからマロアルハンゲリスクにかけてのソ連軍防衛線の中心拠点であった。フェルディナンドはソ連軍陣地を三線まで突破することに成功したが、歩兵が追随することができず、前線に孤立した。

「肉攻兵！」

フェルディナンドにロシア兵が近づく。フェルディナンドには、歩兵と戦う機関銃が装備

走行不能になり救援を待つフェルディナンド

されていなかった。ピストルポートはあったが、その射界はせまく、あまり役に立たなかった。もっとも、フェルディナンドは肉薄する歩兵には手を焼いたものの、この戦いで敵歩兵に破壊された車体はほとんどなかった。

実際に、彼らが破壊されたのは、激しい砲撃によるものがほとんどだった。それも、広大な機関室の上面部分に直撃弾をうけて行動不能となったため、やむなく乗員が爆破したものである。

結局、クルスク北方戦区でのドイツ軍の攻勢は、ソ連軍の激しい抵抗により、ほんの数日、数キロすすんだだけで頓挫した。

フェルディナンドは全損車両こそ少なかったものの、損傷や故障で稼働数は、七日三七両、八日二六両、九日一三両と減りつづけた。

九日、二五七・五高地にフェルディナンドは第五〇八擲弾兵連隊とともに攻撃をしかけたが丘は落ちず、むなしくフェルディナンドの遺骸がさらされただけだった。

七月一二日、ソ連軍は第九軍の後方、オリョールにたいする攻勢を発動した。

このため、中央軍集団はクルスク北方戦区で攻勢をつづけることは、まったく不可能となった。

フェルディナンドも前線から引き上げられ、ソ連軍の攻勢に対処しなければならなかった。

どうやらこの防御戦闘の方が、機動力に弱点のあるフェルディナンドには向いているようだった。

彼らは強力な火力を生かし、ソ連戦車多数を遠距離から撃破して中央軍集団の崩壊を防いだ。

一九四三年八月一日までに、第六五六重戦車駆逐連隊は三九両のフェルディナンドを失った（うちクルスク戦での損失一九両）が、ひきかえに敵戦車五〇二両、対戦車砲二〇門、野砲一〇〇門を破壊したのである。

第7章　待たれていた「パンター」痛恨のデビュー

クルスク攻勢にさいし、兵器おたくのヒトラーが期待をよせた装甲戦闘車両は、巨大なフェルディナンド自走砲のほかにもう一種、もっともバランスのとれた名戦車パンターがあった！

一九四三年七月五日～一八日　クルスクの戦い〈その2〉

クルスク突出部の戦い

クルスク突出部の北と南からの挟撃作戦で南の腕となったのが、マンシュタイン元帥が指揮する南方軍集団隷下の第四機甲軍とケンプ集団であった。機甲および機甲擲弾兵師団が一二コに歩兵師団七コである。

その戦力は戦車一四七六両、突撃砲二四四両に自走砲が一〇〇両前後で、火砲は約二五〇〇門であった。機甲師団も完全編成とはいえないまでも、ひさしぶりに戦力は充実しており、装備状態も補給状態も良好で、士気も高まっていた。

とくにグロースドイッチュラント機甲擲弾兵師団、SS戦車師団は、ティーガー、パンターなどの新戦力を装備した優良部隊であった。

マンシュタインの南方軍集団に対抗するのはヴァトゥーツンのヴォロネジ方面軍である。歩兵五コ軍に戦車一コ軍（ソ連軍の軍はドイツ軍の軍団に相当する規模である）を第一線兵力にもち、戦車、自走砲は一三〇〇両とマンシュタイン軍より劣勢であったが、火砲は五七八〇門を保有していた。

ヴァトゥーツンが頼りとするのは、ソ連軍工兵隊が心血をそそいで作りあげた縦深防御陣地線であった。これは対戦車砲を中心にしたパックフロントと地雷原、それに一般的な塹壕線によるもので、その縦深は一八〇キロにもおよび、なんと六線もの主要防御陣地帯がもうけられていた。

マンシュタインの攻撃プランは、つぎのようなものであった。ホト上級大将のひきいる第四機甲軍は、北側のオリョール方面からの突破に呼応して、ベルゴロド方面からクルスクに向かって真一文字に前進し、クルスク突出部の切断がなったあとには、クルスク西方に包囲された敵軍の殲滅にあたる。

一方、ケンプ集団は第四機甲軍の右翼を、ベルゴロド～ウェルチャンスク間のドニェツ戦線から東北方向のスコロドノヌイに向かい、第四機甲軍の側面を援護する役割をはたす。

主力の第四機甲軍はクノーベルスドルフ大将の第四八機甲軍団（第三機甲師団、第一一機甲師団、グロースドイッチュラント機甲擲弾兵師団）とハウサーSS大将のSS第二機甲軍団（SS第一機甲師団、SS第二機甲師団、SS第三機甲師団）および第五二歩兵軍団からなる。

ホトは左翼の第四八機甲軍団に、計画どおりにトマロフカからまっすぐにオボヤンめざして北進させる一方、SS第二機甲軍は東からくるソ連軍の予備の機甲部隊に対処させるため、その戦車群がくるであろう東北方のプロホロフカ方面に前進させて、その後、オボヤン方面に転じさせることにした。

マンシュタインにとって悩みの種となっていたのは、歩兵部隊の不足であった。

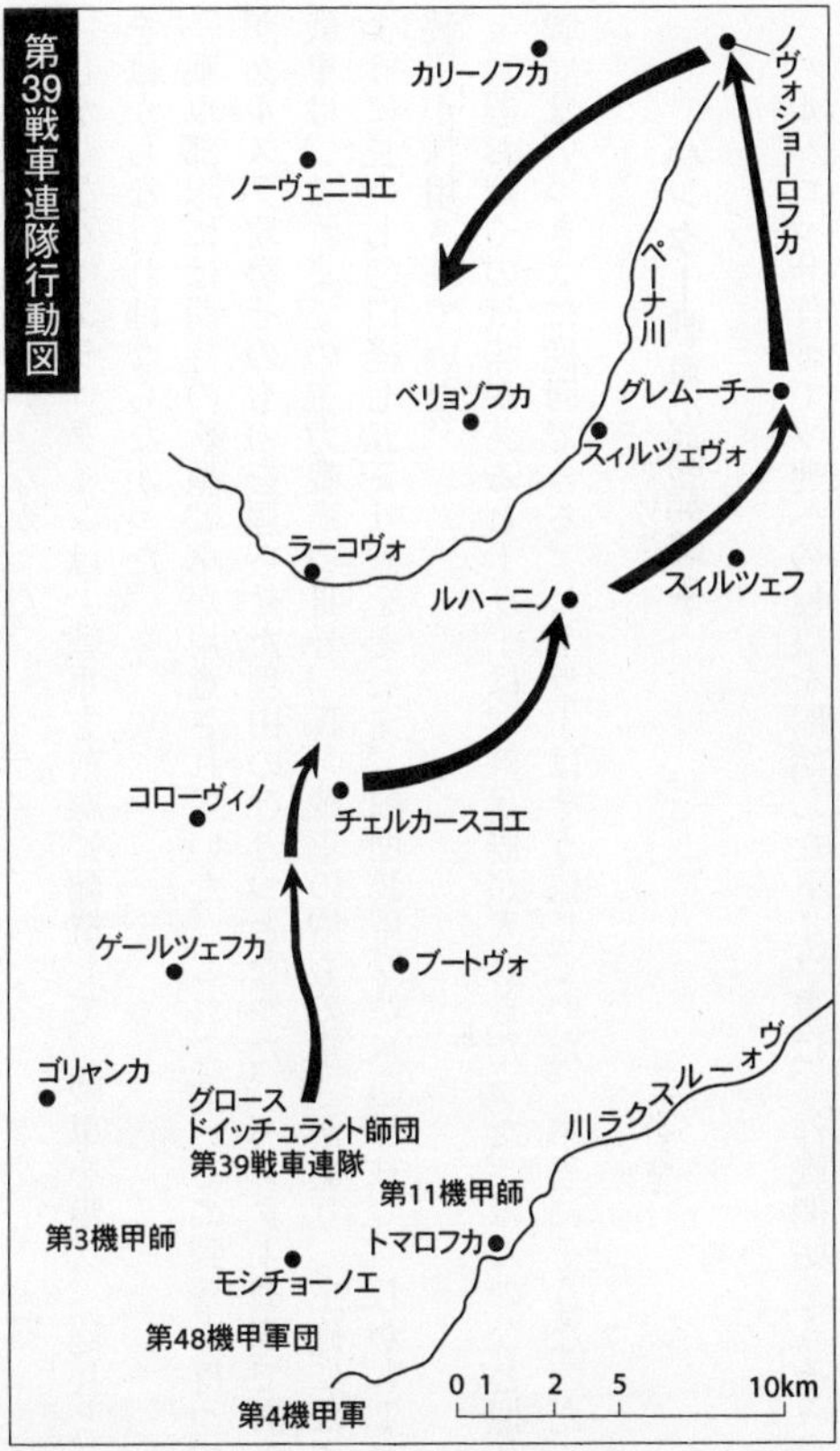

第39戦車連隊行動図

歩兵？

なぜ？

それは、敵陣地の突破は歩兵の任務だからである。戦車は歩兵のあけた突破口からなだれ込み、戦果をあげるのが仕事だ。そのうえに砲兵火力も十分とはいえなかった。

しかたなくマンシュタインは、戦車を前線に配置して、戦車を歩兵、砲兵として敵陣突破をはからなければならなかった。

戦車部隊には期待の新型戦車が用意されていた。これこそ、その到着を待って、ヒトラーがクルスク攻勢そのものを遅らせた理由のひとつとなった、パンター戦車である。パンター戦車は、これまでの主力戦車のⅢ号、Ⅳ号戦車の倍もの重さがあり、主砲にはまるで長槍のように長い七〇口径七五ミリ砲をそなえ、前面装甲厚は八〇ミリで、しかもT34ばりの傾斜装甲が採用されていた。

兵器おたくの気味があるヒトラーは、新兵器が大好きだった。ほんのひと握りの新兵器で、戦局はいっきょに挽回できる。ヒトラーはそう信じていた。本当にそうなのだろうか……。

パンター戦車の開発着手

バルバロッサ作戦でソ連への侵攻を開始したドイツ軍は、作戦開始そうそうに、驚愕すべき事態に直面する。それはドイツ軍戦車の射弾をものともせず戦いつづけるソ連新型戦車の出現であった。いわゆるT34ショックである。

T34ショックの結果、ティーガーの開発が加速され、Ⅳ号戦車、Ⅲ号突撃砲の長砲身化がはかられたが、いわばこれらは彌縫策《びほうさく》であった。

これにたいしてパンターは、T34ショックへのドイツ軍のまさに回答そのものであった。パンターの開発の発端は、戦車のエキスパート、グデーリアンの報告であった。

グデーリアンは、T34の脅威を軍集団司令官に報告するとともに、T34に対抗できる新型戦車の開発を早急に進めることと、そのために軍、軍需省、軍需産業代表による調査団を送って、T34を調査することを要請した。

この要請に応じて一九四一年一一月二〇日、軍需大臣アルベルト・シュペーアを長とする調査団が派遣され、その結果、T34に対抗できる新型戦車の開発が必要と結論された。最初の設計契約が、調査団派遣のわずか五日後の一一月二五日に結ばれていることから、いかに新型戦車開発の緊急性が高かったかがわかる。

新型戦車は三〇トン級をあらわすVK3002と呼ばれた。設計にあたったのはダイムラーベンツ社とMAN社であった。

その要求仕様は、サイズが最大幅三一五〇ミリ、最大高二九九〇ミリ、最小地上高五〇〇ミリ、戦闘重量は三五トンである。装甲防御力は、T34から学んだ傾斜装甲を取りいれて、全体に傾斜装甲を採用することとされ、前面装甲は六〇ミリで三五度の傾斜角、同様に側面装甲は四〇ミリで五〇度の傾斜角をもち、上面および下面は一六ミリの装甲厚をもつこととされた。

機動力も重視されており、エンジン出力六五〇～七〇〇馬力、外気温四二度まで対応できる良好な冷却システムをそなえること、登坂力三五度、超堤高八〇センチ、最大速度五五キロ／時、一速での速度四キロ／時、出力重量比はトンあたり一三・七馬力がみこまれた。

一九四二年一月二二日、設計見積りの結果、パンターの戦闘重量は当初の見積もりの三二・五トンから三六トンに引き上げられた。そして、MAN社とダイムラーベンツ社それぞれの設計案にもとづく模型が提示された。

両案のうち、より斬新なのはダイムラーベンツ案だった。そのデザインはMAN案より、よりT34に似かよったデザインだった。

一九四二年二月、ダイムラーベンツ社はVK3002（DB）を五月までに完成することを求められた。一方、MAN社もおなじ時期までに試作車両を完成できるよう、いそぎ作業を進めた。

ヒトラーは両案のうち、より斬新なダイムラーベンツ案にひかれていたようだ。その結果、シュペーアのすすめもあり、三月六日にVK3002（DB）二〇〇両の量産発注をおこない、量産化に必要な処置を取るよう命じるとともに、一週間以内に完全な報告書を提出することを求めた。

両案の設計図面は、五月はじめまでには完成した。これらの案を検討するため、兵器局第六課の監督下に戦車委員会が設立された。

同委員会は両提案にたいして、ふたつの点を要求した。そのひとつは、部隊には優れた武器をそなえたこの車両が、すくなくとも一九四三年夏、すなわちクルスク攻勢までには大量に装備されることが必要であること、そしてもうひとつは、数量的にまさる敵に対抗するためには、質的に優越した兵器が必要ということだった。

一九四二年五月一一日、検討の結果、最終的に戦車委員会はMAN案を支持する結論を出した。その決定の理由となったのは、なによりもダイムラーベンツ案の砲塔が完成しておらず、かわりにMAN案の砲塔を搭載する代替策も取れなかったからである。

また、ダイムラーベンツ案の予定したMB507ディーゼルエンジンは、必要数の生産ができそうになかった。さらに、ダイムラーベンツ案は履帯幅がせまく、不整地行動能力がおとると考えられること、そのリーフスプリングサスペンションは、MAN案のトーションバーサスペンションより緩衝性能がおとっていたからであった。

五月一三日、ヒトラーにたいする説明がおこなわれた。ヒトラーはまだダイムラーベンツ案を押していたが、決定打となったのは、ダイムラーベンツ案ではスケジュールが遅れるばかりで、必要な新型戦車が期日までに取得できないという事実であった。

翌日、ヒトラーは決断し、MAN案がのちのパンター戦車として製作することが決定された。

VK3002（MAN）は一九四三年五月までに最低二五〇両が必要とされた。パンター生産の緊急性から、MAN社の試作車体の製作は大いそぎで進められた。

軟鋼製のプロトタイプ第一号車（V1）は、一九四二年九月終わりに完成した。しかし、VK3002（MAN）の生産スケジュールは、技術者の努力にもかかわらず、全体に遅れ気味であった。

MAN社は一二月までに四両の完成車体を作り上げるはずであったが、第一号車が完成したのは一九四三年一月一一日であった。

量産型一、二号車は、一月二四日にグラフェンベーア訓練場で編成作業が進められていた初のパンター戦車装備部隊である、第五一戦車大隊に送られて部隊訓練に使用された。

編成されたパンター大隊

パンター戦車を装備する最初の戦車部隊、第五一戦車大隊が編成されたのは、一九四三年一月九日のことであった。ただし、大隊は新編されたわけではなく、第三三戦車連隊第Ⅱ大隊から改編されたものであった。

第三三戦車連隊は中央軍集団所属の第九機甲師団の基幹部隊であり、戦闘経験も豊富であった。もっとも新たな大隊の編成にあたっては、多くの補充兵員が送りこまれ、そのほとんどが戦闘経験のない兵士で占められていた。

一月一七日付けでパンター戦車大隊の編成にかんする特別命令が出された。それによって大隊は、つぎのように編成されることになった。

戦車大隊本部（偵察小隊パンター五両、通信小隊パンター三両）、パンター戦車中隊四コ（本部パンター二両、戦車小隊四コ各パンター五両）で、大隊の装備するパンターの総数は九六両であった。

つづいて二コ目のパンター戦車を装備する大隊、第五二戦車大隊が編成された。大隊は一九四三年二月六日に編成されたが、やはり新編ではなく、第一五戦車連隊第Ｉ大隊から改編されたものであった。

第一五戦車連隊は中央軍集団所属の第一一機甲師団の基幹部隊で、戦闘経験も豊富だが、新部隊はほとんど戦闘経験のない補充兵員で占められていた。

しかし、実際のパンター戦車の訓練は、まだ開始されていなかった。ようやく一九四三年三月一日にグラフェンベーアに教導センターがもうけられ、パンター戦車の訓練が本格的に開始された。

「新型戦車の訓練！」

胸おどらせた訓練生が見たものは……。なんとパンター戦車の生産が進まなかったため、訓練用の車両はⅣ号戦車だったのである。

のちにやっと新品のパンター戦車が届けられたが、ＭＡＮ社の技術要員もいっしょだった。生産をいそいだパンター戦車は初期故障が頻発し、のちに戦場でもおおくのトラブルを招いたが、そうでなくとも、これまでよりはるかに高度で複雑なパンター戦車には、専門要員の手助けは不可欠だった。

パンター戦車の訓練にあたって、隊員には新兵器の秘密を守るためのきびしい規則が定められた。

「訓練生はどの戦車の訓練を受けているか口外してはならない」

「戦車の隣で私的な記念写真を撮ることは禁止する」

「教習時間中にメモを書くことは許可しない」

訓練生はパンターのすべてについて、目をつぶってもわかるまで、みずからの頭にたたきこまなければならなかった。

もっとも極端な秘密主義は、なんとも滑稽な事態をひき起こした。

「イナーシャースターターを使用し……クラッチは……」

説明中、教官が口ごもっても、教官さえメモをもっていなかった。そして、訓練時間そのものが決定的に不足していた。

このため、とりあえず不要と思われる過程ははしょられた。パンター戦車には潜水装置が装備されていたが、その訓練はまったくおこなわれなかった。

両大隊は五月一〇日から三一日間で、やっと定数の九六両ずつのパンターとその他の所要装備を取得したが、隊員は訓練に専念するわけにはいかなかった。パンター戦車の初期の不具合を修正するため、必要な改造作業が工場ではなく、なんと大隊の現場でおこなわれたのだ。

「そこを押さえて……」

「カーン」と兵士がハンマーを打ちおろす。走行転輪のリベット打ち、照準器の調整、大隊の兵士は作業員としてかり出された。

パンターの初期故障は深刻だった。とくに問題となったのは、最終減速機であった。これはそもそも設計に問題があり、さらに材料にも必要な品質のものが使えなかったため、破損するのは当然だった。

エンジン関連機器の設計にも問題があり、燃料配管の接続部や、ガソリンタンクから漏れてエンジン室内にたまった燃料気化ガスが、熱い排気管に触れてエンジンが発火する事故があいついだ。悪いことに、エンジン室内がひじょうにこみいっていたため、修理しようにも、どうにも手のいれようがなかった。

六月、二つの大隊は第三九戦車連隊に編入された。連隊の戦車にはそれぞれ通し番号が描かれた。

連隊本部車両はRからはじまる番号、大隊本部車両は、第五一大隊はⅠ、第五二大隊はⅡから、大隊隷下の各中隊は、第五一大隊の中隊は一〜四、第五二大隊の中隊は五〜八からはじまる番号がつけられた。

二〇〇両の新型戦車パンターが勢ぞろいした光景は壮観であった。この部隊をもってすれば、ソ連軍など鎧袖一触。しかし、その実態はどうだったか。

出動までの一ヵ月に連隊内でおこなうことのできた戦闘訓練は、せいぜい小隊レベルにとどまっており、中隊、大隊レベルでの共同訓練など、まったく不可能だった。そのうえ、実弾射撃訓練もほとんどおこなえなかった。

こんな状態で出動しなければならないなんて……。それでも隊員は意気揚々と砲塔に「パンター（豹）」のマークを描きこんだ。

クルスクの戦いでデビューしたパンター戦車

豹マークは第五二戦車大隊で定められたもので、第五中隊は白、第六中隊は青、第七中隊は黒、第八中隊は赤と色分けされていた。

「こいつはいいなあ」

それを見た第五一戦車大隊のパンター乗員の何人かも、かっこいいマークに便乗して、砲塔にマークを描きこんだ。

当初、パンター戦車連隊は南方軍集団ではなく、中央軍集団戦区に派遣される予定であった。しかし、この計画は変更され、六月二一日には、連隊はグロースドイッチュラント機甲擲弾兵師団にくわわって行動するよう命令された。

二五日になって、グロースドイッチュラント戦車連隊とともに新たに機甲旅団が編成されることになり、二七日に正式に第一〇機甲旅団（デッカー大佐）が発足した。

もっとも、旅団本部は七月三日までベルリ

ンを離れることができず、旅団がどう使われるのか、そしてグロースドイッチュラント機甲擲弾兵師団との指揮権の関係などは、十分に調整されることはなかった。期待の新型戦車パンターの初陣は、あらゆる面でおざなりな準備しかなされていなかった。

さんざんだったデビュー

一九四三年六月二八日、ツィタデラ作戦が開始されるわずか一週間前、グラフェンベーアでは第五二戦車大隊のパンターの積みこみがおこなわれていた。九六両のパンター戦車と所要機材は、一九本の軍用列車に乗せられて東へと走りだした。ドレスデン、ゴールリッツ、オッペン、クラカウ、ラーンベルグ、さらにロシアの大地を走りつづける。ポルタウ、ハリコフそしてグレイヴォロンへ。

七月四日、なんとクルスク攻勢開始のわずか一日前、第五二戦車大隊はハリコフ北方のグレイヴォロン南東で降車した。

「パンツァー、マールシュ！」

隊形をととのえると、パンター戦車の大群は一列になって、ロシアの貧弱な道路を進みはじめた。北東に進み、ベルゴロドの西、ゴローヴィッチとボリソーフカのあいだのモシチョーノエの攻撃準備陣地に向かうのだ。

軽い爆発音のあと、一両の戦車のエンジンルームから火の手があがった。自動消火装置が

作動し、あわてて降りた乗員が消火にあたったが、戦車は全焼してしまった。なんと、たったの五〇キロもいかないうちに、六両のパンターが自然発火で全損となったのである。それだけではすまなかった。さらに二〇両ものパンターが機械的な故障で脱落し、パンター戦車の行軍の跡に点々ととりのこされた。

このように前線到着が遅れたことは、作戦発起に支障をきたした。指揮官も乗員も、車両の整備や補給におおわらわで、攻撃地区の偵察や地図の検討をする暇など、まったくなかった。

無線も封鎖されていたため、無線機の調整や周囲の部隊との連絡調整さえ、まったくおこなうことはできなかった。

そのうえ、夜半に降った豪雨は、ますます状況を悪化させた。悪いことはかさなる。もう初夏となっていたクルスクの気候は大陸性で、昼は暑いが、一転して夜ともなると、かなり冷えこむこともある。

「少佐、大丈夫ですか」

連絡に調整にと奔走した第五二大隊長のフォン・ジーフェルス少佐は、キューベルワーゲンのなかで突然倒れた。少佐は副官に助け起こされ、そのまま軍医のもとに連れていかれた。診断は肺炎だった。

少佐は無情にも病院送りとなったが、この時期に高級指揮官の一人がうしなわれたことは、なんとも痛かった。

　七月五日早朝、クルスクの戦いは開始された。激しい爆撃と砲撃につづいて、モシチョーノエからデッカー戦闘団（けっきょく第一〇機甲旅団は分割されて、統一運用されることはなかった）が出動する。

「パンツァー、フォー！」

　秘密兵器のパンター戦車が、ゆっくりと前進を開始した。しかし、突撃ははじめからうまくいかなかった。

「ズーン！」

　突然の爆発。先頭の戦車が停止し、切れたキャタピラが押し出されて垂れさがった。

　パンター戦車連隊は、敵の敷設した地雷原に真正面から突っこんでしまったのだ。偵察不足がたたった。

「ドーン、ドーン！」

　地雷原で行きづまった戦車を見て、ソ連軍はここぞとばかりに砲撃を浴びせる。

「後退！　後退！」

　残りの戦車は後退し、とりのこされた戦車は修理分隊が必死の行動で修理、回収をはかった。

「工兵隊、前へ！」

　戦闘工兵部隊が勇敢にもおどり出て、地雷原に戦車の通れる通路を作る。その間、パンターたちは、生身の歩兵たちが戦車の支援を受けることができずに、敵陣地に突入していくのを、指をくわえて見るしかなかった。

ようやくパンター部隊が地雷原を抜け、先行する歩兵に追いついたのは、なんと攻撃開始から六時間もたったあとだった。

五日午後、パンター戦車はようやく歩兵に追いつくと、ゲールツェフカ村の東を通り、第一目標のチェルカースコエ村へと向かった。

「戦車だ、新型戦車だ！」

ようやくあらわれた戦車に、歩兵たちは熱狂した。しかし、あっという間に熱狂は冷めた。村の前面に達したパンターは、あろうことか、前夜の豪雨でできた泥沼の湿地帯にはまりこんでしまったのである。

ふたたびアヒルよろしく標的となったパンターに、ソ連軍の砲撃が浴びせられる。そのなかで、またも工兵たちは必死でパンター戦車の通れる木道作りに取り組んだ。パンター戦車が湿地を脱出するには、たっぷり一〇時間は必要だった。

ただし、パンター戦車はたしかに敵戦車には無敵だった。

「気をつけろ！　敵戦車だ」

深夜、村をソ連戦車が襲撃してきた。

「フォイエル！」

パンター戦車が遠距離から、たちまち六両を血祭りにすると、敵戦車はしっぽを巻いて逃げ出した。

敵戦車にむけられるパンターの主砲

パンター戦車の七〇口径七五ミリ主砲の威力は圧倒的だった。あるときなどは、なんと三〇〇〇メートル（！）の距離からT34を破壊したのである。

こうして、ようやくチェルカースコエ村を占領したが、ここは早朝には占領しているはずの場所だった。また、その代償は大きかった。

パンター戦車は「地雷原」と「湿地帯」や「機械故障」によって、じつに三六両もがうしなわれたのである。修理部隊はおおわらわでこれらの車両を回収し、なんとか戦線復帰させようとしていた。彼らはなんと一日平均二五両を前線復帰させていたのである。

しかし、彼らの努力もむなしかった。六日、シュトラハヴィッツ戦闘団（シュトラハヴィッツ大佐が指揮を引き継いだ）のパンター戦車は、東のルハーニノへの攻撃を開始したが、この日は三七両のパンターがうしなわれた。

七日にはグレムーチーへ。この日朝には、まだ戦闘もはじまらないうちに、六両が火災でうしなわれた。そして、この日の終わりには、戦闘可能なパンター戦車は、たったの二二両しかなかった。この数は、一〇日の夕刻にはわずか一〇両にまで減少した。

戦闘はその後もつづき、戦闘団はノヴォショーロフカまで進出し、一三日にはベリョゾフカへの攻撃が発起されたが、もはやその戦いに意味はなかった。この日ヒトラーは、ツィタデレ作戦の中止を決定したのである。

パンター連隊は、一八日にはグロースドイッチュラント機甲擲弾兵師団の編成からはずされ、第四八機甲軍団の予備となり、その後のハリコフ攻防戦でほとんどすべてがうしなわれた。

第8章　射距離ゼロ！　世界最大の戦車戦

クルスク南東のプロホロフカめざし無人の対戦車壕を超越して進撃したリッベントロップ中隊の七両の戦車は、目前の窪地からつぎつぎと湧きだしたT34の波に呑みこまれてしまった！

一九四三年七月一二日　クルスクの戦い〈その3〉

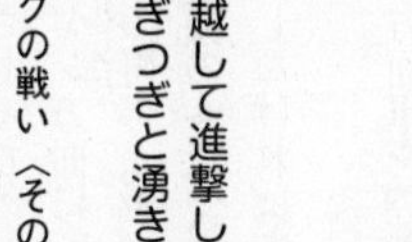

SS戦車軍団、前進せよ

クルスク突出部をめぐる戦いは、北部ではクルーゲの第九軍の不首尾、南部でも期待の「グロースドイッチュラント」機甲擲弾兵師団に配属されたパンター旅団は、その能力を十分に発揮することができず、クルスクへの道をきりひらくことはできなかった。

しかし、南部の第四機甲軍の中核となったハウサーSS大将のSS第二機甲軍団（SS第一機甲擲弾兵師団「ライプシュタンダルテSSアドルフ・ヒトラー」、SS第二機甲擲弾兵師団「ダス・ライヒ」、SS第三機甲擲弾兵師団「トーテンコプフ」）は、多大な犠牲をはらいながら、なんとかソ連軍戦線へクサビを打ちこむことに成功した。

攻撃部隊は最初から激しい敵の抵抗に直面した。濃密な地雷原、随所に掘られた対戦車壕、何線にもわたるパックフロント。そして、頑強に抵抗をやめないソ連兵。

彼らは、たとえ自分たちの上をドイツ戦車が通りすぎても手を上げなかった。戦車をやりすごすと、その後ろから射撃をくわえた。また、続行する歩兵の進撃をふせぎ、突破した戦車部隊を孤立させた。戦車はしばしば歩兵を待って、後退しなければならなかった。

初日、ドイツ軍の各部隊は、一〇キロていど前進することに成功した。これは当初に計画したスケジュールには、まったくおよばないものであった。しかも、ソ連軍の抵抗は激しくなるばかりで、いっこうに弱まる気配がない。

連続する防衛陣地線のため迂回機動のよちもなく、ドイツ軍は前進するためには、とにかく前面の敵を倒すしかなかった。戦いは、鉄と鉄、血と血のぶつかり合いになった。

三コのSS機甲擲弾兵師団は、六日にはルチキI村、七日にはルチキII村、グレスノエ、テテロウィノをおとした。攻撃の重点は、この強力なSS戦車軍団にうつっていった。第四戦車軍のホトは、東からくるソ連軍の予備の機甲部隊に対処させるため、戦車群がくるであろう東北方のプロホロフカ方面に前進させて、その後、オボヤン方面に転じさせることにした。彼らは、そこからわずかに北東に旋回し、プロホロフカの町へと近づいていった。

前進するSS戦車軍にとって問題は、右翼をいくケンプ集団のもたつきであった。彼らの前進は、重要な意味をもっていた。マンシュタイン軍が対決しなければならないソ連軍部隊は、目前にいるヴァトゥーチン軍だけではなかった。

ソ連軍はクルスクのはるか東に、予備兵力としてステップ方面軍を控置しており、時期を見てクルスクに投入されることになっていた。その兵力は歩兵四コ軍と戦車一コ軍からなり、この増援が陣地を守るヴァトゥーチンの部隊と合流することは、絶対にはばまねばならなかった。

その任務こそ、ケンプ集団に課せられたものだった。ケンプ集団にとっても、ソ連軍陣地線の突破が容易でないことはおなじだった。それでもハウサーの戦車集団は優秀な装備と戦力を生かして突破をつづけることができたが、兵力におとるケンプ集団が、それと歩調を合わせることはむずかしかった。

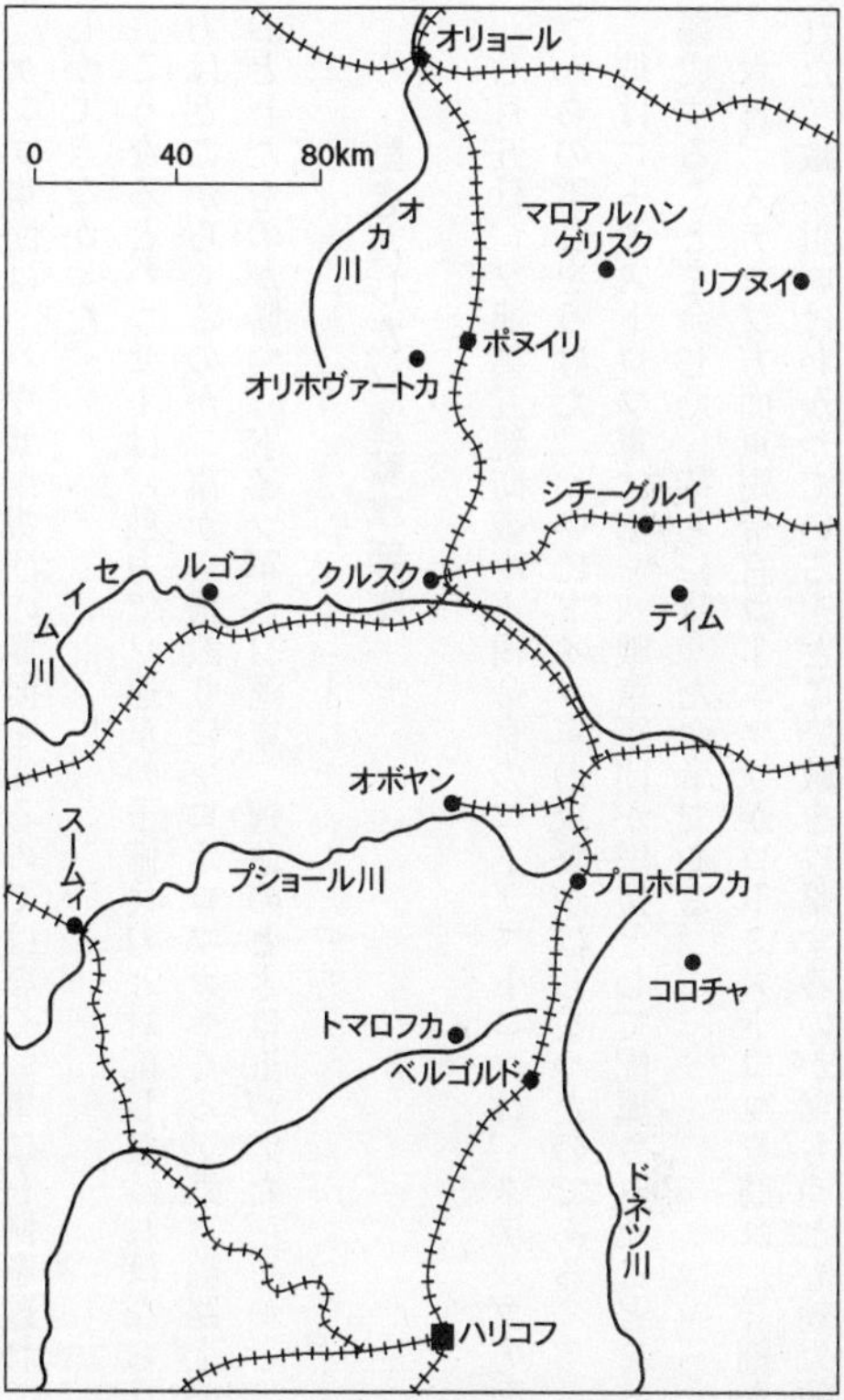

ケンプ集団は、ハウサー集団の側面を守るのではなく、単に右側を遅れてついていくことしかできなかった。

こうなるとハウサーは、独力でソ連軍の予備兵力と対抗しなければならなかった。予備兵力はどこからくるのか。東から横殴りにプロホロフカへくる。鉄道線路上の重要拠点を先におとしたものが勝つ。ドイツ軍とソ連軍、運命のときは近づいた。

動きだしたソ連戦車部隊

七月五日、ソ連第五親衛戦車軍司令官のロトミストロフは、ステップ方面軍参謀長ザハロフからの電話をうけた。ついにドイツ軍の攻撃がはじまったのである。

彼はロトミストロフ軍に第一八戦車軍団が増援として配属されたことを告げ、反撃部隊を編成することを命じた。待ちに待った命令である。

六日、ステップ方面軍司令官コーニェフがロトミストロフを訪れ、詳細な反撃計画がねられた。敵の狙いはわかっている。どこで敵を攻撃するのが、もっとも効果的か。

ここにいるのは、ドイツ軍の奇襲にあわてるかつてのソ連軍将校たちではない。コーニェフは冷静にクルスク南部戦域の戦局を説明すると、地図上の赤鉛筆でしめされた地点を指さした。

「君はここ、スターリィ・オスコルの南西にすみやかに部隊を集結させるのだ」

まさにそれこそ、プロホロフカの前面であった。コーニェフが去ると今度はスターリンからの直通電話がかかってきた。スターリンはロトミストロフの行動計画について問いただした。これだけの長距離移動が急速にできるものかどうか。

スターリンは鉄道での移動を提案した。しかしロトミストロフは、鉄道は敵の爆撃でおそらく使えないだろうと判断していた。このため、彼は戦車隊自身による長距離移動をえらんだのである。

ほんらい、これは愚策であった。戦車はもともとそんなに耐久力のあるものではない。そんなことをすれば、戦場につく前におおくの車体が落伍するだろう。しかし、ロトミストロフは断固として主張した。これが現在、最善の方法であると。

実際、ドイツ軍の爆撃で重要な鉄道橋は破壊されていたし、線路もあちこちで切断されていた。ロトミストロフの主張はとおり、戦車隊は昼夜連続してプロホロフカ前面に急行する。だから、ソ連空軍による航空援護を、どうしてもお願いしたい。スターリンは強力な援護を約束して電話を切った。

ロトミストロフは部隊の進行計画をねった。もし戦車軍団がひとつのルートしか使えなければ、その段列の長さは六〇キロにもおよんでしまう。これではチューブの先から練り歯磨きを押しだすようなもので、戦力は各個撃破されてしまう。

その代わり、二、三列のルートを使えばその長さは二〇〜三〇キロですむ。結局、三つの進撃ルートが作られ、その幅は三〇〜三五キロにのぼった。

七月七日午後一時三〇分、戦車軍の前進は開始された。先頭梯団は二コの戦車軍団、そのあとに機械化軍団がつづいた。

夏の暑さ、不眠不休による疲労、長時間の行軍の無理にもかかわらず、部隊は四八時間で二四〇～二八〇キロを走破し、スターリィ・オスコル南西の集結地に到着した。機械故障により多数の戦車が置き去りにされたが、問題とはされなかった。それらの戦車は回収、修理のうえ、すぐ部隊の後を追っていた。

七月九日早朝、ロトミストロフは同日中にプロホロフカの北方まで進み、戦闘態勢をととのえるよう命令された。戦車軍はヴォロネジ方面軍の指揮下にうつされ、ヴァトゥーチン司令部から攻撃準備のために出頭を命じられた。

ヴァトゥーチンはドイツ軍の状況について説明した。ホトの第四八軍団は、オボヤンまであとわずかに迫っていたが、大損害をうけて前進はストップした。どうやらドイツ軍は攻撃の主軸をSS第二戦車軍団にうつしたらしい。彼らはプロホロフカに向かっている。

ヴァトゥーチンはペンで地図をさししめした。さらに南からは、ケンプ集団が近づきつつある。

「同士ロトミストロフ、君の任務は第五親衛戦車軍をひきいてSS戦車軍団を破砕することだ」

問題となるのはドイツ軍に装備されている強力な新兵器である。これにどう対処するつもりなのか。ヴァトゥーチンの問いに対して、ロトミストロフは答えた。

「T34の機動性を生かして、接近戦に持ちこみます。敵の側面にまわりこんで、討ちとります」

ヴァトゥーチンはこの答えに満足した。

ロトミストロフ隊の戦い

その間にも、プロホロフカ方面では戦闘がつづいていた。ドイツ軍は一メートル、一メートル、血であがないながら前進をつづけていた。

一〇日、SS第一機甲擲弾兵師団「ライプシュタンダルテSSアドルフ・ヒトラー」はプショール川屈曲部の直前に到達、一一日にはボゴロディスコエの南東へ到着した。

SS第二機甲擲弾兵師団「ダス・ライヒ」は、プロホロフカ南方の防衛陣地帯を迂回しようと東に機動し、SS第三機甲擲弾兵師団「トーテンコプフ」は、左翼からクラースヌイ・オクチャブリでプショール川渡河点を奪取し、ウィルセイへと進出していた。

一方、南から進出するケンプ集団は、まだプロホロフカ地区には到着していなかった。

七月一一日、ロトミストロフは、出撃命令を受けとった。全戦力をあげて、プロホロフカ南西に近づいた敵戦車戦力を撃滅すること、そのために、夜のうちにクラスナヤ・ドゥブルバとヤコレバに到達する。

ロトミストロフは、すぐに行動にうつった。戦闘地域の偵察を命じるとともに、部隊の戦闘隊形をととのえた。情報によればドイツ戦車は七〇〇両にものぼるらしい。わが軍は八五〇両である。

彼は四コ戦車軍すべてを第一梯団に集中することにした。そして、第二梯団には機械化軍団と自走突撃砲連隊をおき、副司令官のトルファノフに指揮させた。

一二日早朝、ヴァトゥーチンから緊急連絡がはいった。ケンプ集団がプロホロフカ南方の第六九軍団を圧迫し、途中の三つの村を占領したのである。

なんとしても、これは支えなければならない。ロトミストロフは第二梯団から自走突撃砲連隊をひき抜き、増援として送った。

午前六時、ロトミストロフははるかにプロホロフカを見とおす丘に立った。これから眼下の平原で、独ソの戦車部隊が史上最大の激突をするのだ。この戦場は彼がえらんだ場所であり、彼の流儀でやるのだ。

まるでパレードのように編隊を組んだドイツ空軍機がやってきて、爆弾を落としていった。それを迎え撃つソ連空軍戦闘機。戦闘の開幕である。

爆撃につづくのは砲撃。ドイツ軍の砲撃にたいしてソ連軍の砲撃、そして甲高いカチューシャ・ロケットの伴奏。

あれほどの砲爆撃があったにもかかわらず、なにごともなかったかのようにドイツ戦車が縦隊を組んで進みくる。先頭は「缶切り」役のティーガー戦車、後方にはⅣ号戦車。

ロトミストロフは第二親衛戦車軍団を予備として、第一八、第二九戦車軍団に突撃を命じ

ツィタデレ作戦中のティーガー戦車

た。彼らの戦車はカモフラージュされたポジションから、いっせいに踊り出る。ダッシュ、ダッシュ。間合いをつめるのだ。

ドイツ軍は大量のソ連軍戦車の奇襲に驚いたようであった。ソ連戦車はドイツ戦車の隊列に踊りこみ、乱戦となった。

戦車同士はまるで闘犬のようにおたがいのしっぽを追いかけ、かみつきあった。射撃距離はほとんどゼロであった。ロトミストロフがねらったとおり、ドイツ戦車は長射程とぶ厚い装甲の利点を生かすことができなかった。

大隊長のP・A・スクリプキン大尉は命令をくだした。

「前進、われにつづけ！　撃て、撃て！」

大隊長車の最初の射弾は、ティーガーの側面装甲板をつらぬいた。同時に別のティーガーがスクリプキンのT34に発砲した。

「ガーン！」

一発が側面装甲板を貫徹し、二発目は大隊長を負傷させた。操縦手と無線手は、大隊長を戦車からひきずりだし、彼を砲弾穴に横たえた。

ティーガーが彼らに向かって動きはじめたとき、大隊長車のアレクサンドル・ニコラエフは撃破され、すでに煙をふいている戦車に飛びこんだ。彼はエンジンをかけ、攻撃したティーガーに突っ込んでいった。

炎をふきだし火の玉となったT34は、煙と埃につつまれた戦場を横切って突っ走った。ティーガーは停止した。しかし、遅すぎた。

燃えあがる戦闘車両は高速でドイツ戦車に突っ込んだ。両者はもつれあって爆発した。

午前中、第一八、第二九戦車軍団は鉄道線路に沿って進み、SS第一、SS第二機甲擲弾兵師団の突破を許さなかった。

むしろ問題となったのは、第六九軍団の戦区であった。ドイツ軍はすでに七〇両の戦車を展開し、北に攻めのぼってきた。

トルファノフはプロホロフカの南に防衛線を敷いたが、戦力が足りそうになかった。ロトミストロフは二コ機械化旅団を送るとともに、万一にそなえて第二親衛戦車軍団を左翼に配置した。

昼ごろには、ソ連軍の攻撃が成功したことが明らかになった。敵のプロホロフカへの突破はならず、ソ連軍は敵をアンドレーフカとベレニキノ方向に、二キロばかり押し返しさえした。遅れてSS第三機甲擲弾兵師団も戦闘に介入したが、大勢はかわらなかった。

戦場は燃えあがり、あるいは爆発して吹き飛んだ両軍戦車で埋まっていた。双方ともに、弾薬のつきるまで戦いつづけた。夜のとばりが降りて、ようやく戦闘は下火になった。

これはロトミストロフにとっても、きわどいタイミングだった。彼にしても、ドイツ軍の進撃を止めはしたが、犠牲は大きかったのだ。とくに、最前線での戦闘にあたった戦車軍団の損害は大きかった。

第一八戦車軍団は戦車の三〇パーセントをうしない、第二九戦車軍団にいたっては、戦車の六〇パーセントをうしなっていた。

ロトミストロフ軍はその後、三日間プロホロフカで防衛戦をつづけ、一七日には後退するドイツ軍の追撃を開始したが、損害のため進撃は緩慢で、この夜、部隊は再編成のため後方に下げられた。

こうして、ロトミストロフにとってのクルスクの戦いは終わった。

プロホロフカの大戦車戦

と、ここまではかなりプロパガンダ臭をふくんだソ連側から見たプロホロフカの戦い。ドイツ側から見ると、この戦いはずいぶん違ったものだったようだ。

ドイツ軍SS第一機甲擲弾兵師団「ライプシュタンダルテSSアドルフ・ヒトラー」の有名なヨッヘン・パイパー麾下の機甲擲弾兵は、七月一一日の朝、プロホロフカ前面への攻撃を開始した。第Ⅱ大隊は突撃砲の支援をうけて前進した。

意外なことに敵の抵抗は軽微だった。「ロシア軍も種切れか」と擲弾兵たちは疑いつつも、ほっとした。

昼ごろになって、ドイツ軍はこれまで確認されていなかった対戦車壕に遭遇したが、なんとここは防衛されていなかった。もしかして、ここがロシア軍の「最後の防衛地点」だったのかもしれない。だとすれば、ヴァトゥーチンがあれほどドイツ軍の進撃にあわてたのも、わかろうというものである。

大隊はさらに対戦車壕を越えて前進し、プロホロフカ前面の高地を占領した。プロホロフカはまさに指呼の間にあった。しかし、まだ隣接する部隊が前進していなかった。

「右翼の友軍が追いつくことが必要だ」

サンディヒ大隊長はここで進撃を中止した。あたりはすべてステップ（草原）であり、戦車戦にはぴったりだった！

七月一二日早朝、ドイツ軍の擲弾兵たちはなにか異様な雰囲気を感じとっていた。プロホロフカ方面になにかがいる。

「ボボボボボ……キュラキュラキュラ」

あの音は戦車にまちがいない。ソ連軍の戦車の反撃である。前線からの連絡が飛ぶ。

「中尉殿、中尉殿！」

ぼんやり声が聞こえる。うるさい、私は疲れているのだ。ＳＳ第一戦車連隊「ライプシュタンダルテSSアドルフ・ヒトラー」第六中隊のルドルフ・フォン・リッベントロップ中尉は、夢うつつで何度も何度も叫び声を聞いた。

「ゴツン！」

とび起きた中尉は、頭を戦車の車体にしこたま打ちつけた。ソ連軍の砲爆撃を避けるために、戦車の下に掘ったタコツボで寝ていたことを忘れていたのだ。

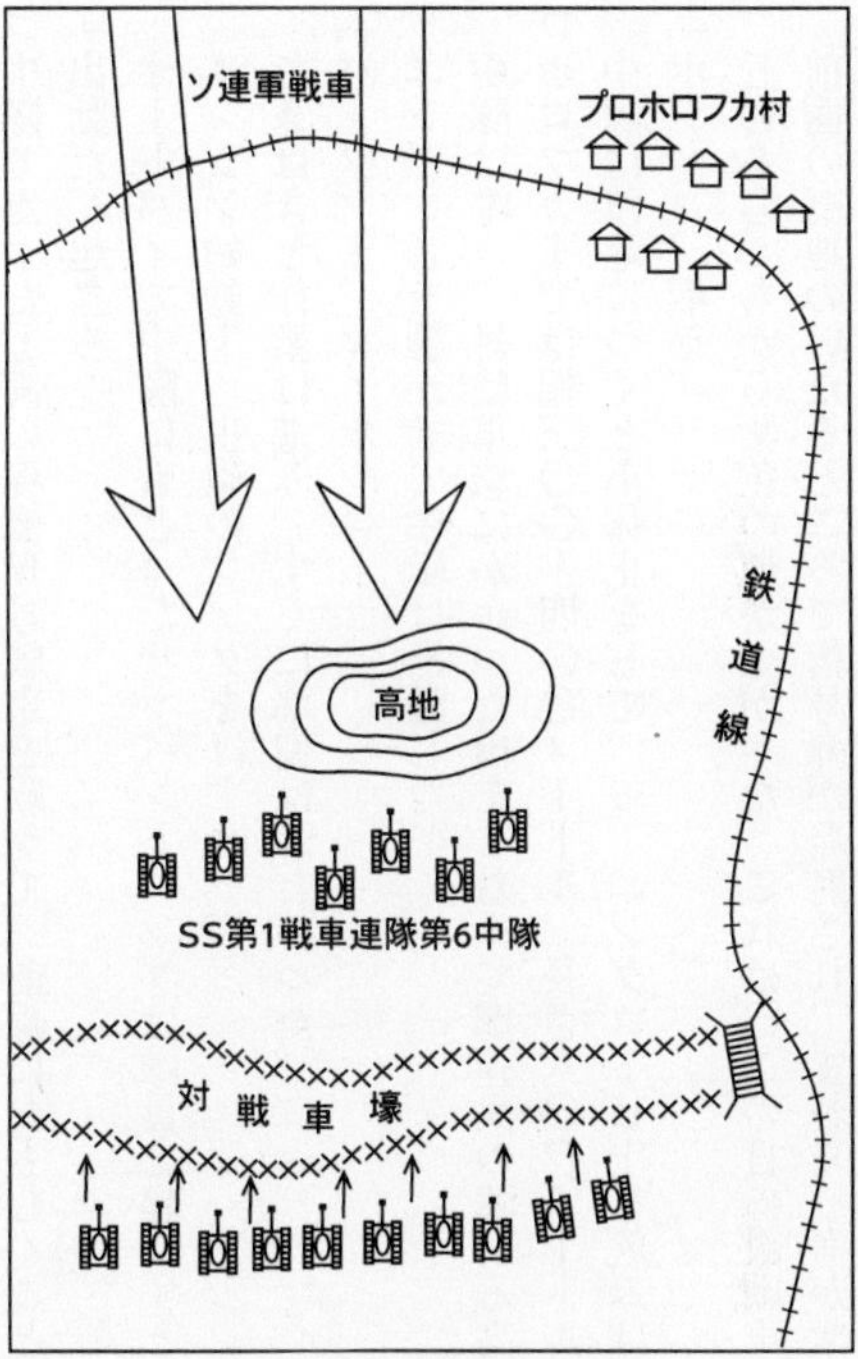

「中尉殿、大隊長のところへ出頭してください」

オートバイに乗った伝令が、こう言った。大隊本部につくと、大隊長は不愉快な命令を告げた。

「前進して擲弾兵の支援にあたれ！」

中隊はすでに甚大な損害をこうむっていた。リッベントロップは一コ中隊でたった七両の稼働Ⅳ号戦車を駆って、前線におもむくことになった。

「出動だ、起きろ！」

オートバイで中隊にもどったリッベントロップは隊員を起こすと、出動準備をはじめた。

「エンジン始動！　主砲のロックをはずせ」

てきぱきと作業は進み、すぐに準備はととのった。

「パンツァー、マールシュ！」

エンジン音を響かせて中隊は出動した。

中隊は唯一、対戦車壕にかかった橋をとおって擲弾兵の陣どる高地へ向かった。壕からプロホロフカまでは幅三〇〇～四〇〇メートル、長さ八〇〇メートルの斜面がつづいていた。

中隊は陣地につくと小休止をして、モーニングコーヒーを飲みはじめた。そのときだった。

「ボシュッ、ボシュッ」

丘のあちこちから紫色の煙が上がった。これは、この日の敵戦車発見の合図だった。

前面の高地のいたるところで信号弾が発射され、まわり一面が紫の煙りでつつまれた。これはただごとではない。ロシア軍戦車の大規模な攻撃が開始されたのである。

リッベントロップはコーヒーカップを捨て叫んだ。

「エンジン始動！　われにつづけ！」

「われわれは斜面の線まで移動する。マルチョウの小隊で左翼に梯隊をつくれ。私は中央につく。右翼には他の三両の車両」

リッベントロップは自分を中央にした楔型隊形をとった。

「われわれの位置は反斜面にとり、ロシア軍戦車を撃破せよ!」

そうして、前方の反斜面に陣どって、高地をのぼりつめたソ連軍戦車を待ち伏せする態勢をとることにした。

事態はそれどころではなかった。リッベントロップは戦場全体を見まわし、唖然とした。およそ一五〇~二〇〇メートル前のわずかな窪地から、数えきれないくらいのT34がわき出してきたのである。彼らはでき得るかぎり速くドイツ軍に迫ろうとし、車上には多数の歩兵を載せていた。

このとき、たった七両の中隊にたいして、一五〇両ものT34がいっせいに襲いかかったのだ。操縦手のシューレは叫んだ。

「中尉殿、右側です、奴らがくる!」

リッベントロップは砲手を蹴とばし、砲塔を右旋回させた。必殺の弾丸が飛び出すやいなや、敵戦車は爆発した。

と同時に、隣の戦車が直撃弾をうけ、戦車はすぐに炎をふきあげた。その右の戦車も命中弾をうけ炎につつまれた。

リッベントロップはやみくもに撃ちつづけた。この距離では外すことなどない。目標はいくらでもある。

ソ連戦車は全速力で突っ走り、主砲を撃ちまくりながら、リッベントロップたちを追い越していった。そのとき即用弾がなくなった。ここにむなしくとどまることは、死を意味した。

「後退!」

リッベントロップは戦車を回れ右すると、つぎの窪地に逃げこんだ。

窪地で弾薬を取りだしていると、一両のT34が右側に停止し、砲塔を旋回させた。リッベントロップは叫んだ。

「前進!」

Ⅳ号戦車はT34に近づき、背後で旋回した。T34も必死で砲塔を旋回させたが、追いつくことはできなかった。リッベントロップは一〇メートルの距離から徹甲弾を撃ちこんだ。敵戦車は吹き飛び、砲塔は三メートルの高さまで舞いあがって落ちた。

リッベントロップにできることはひとつだけ。逃げること!

リッベントロップは全速力で戦車を走らせると、T34の集団と一緒になって突っ走った。T34の背中に乗った歩兵たちは、彼らといっしょになって走るドイツ戦車を見つけると、目を丸くして驚いた。

リッベントロップは主砲に徹甲弾が装填されしだい停止して、かたわらを通りすぎるT34を零距離から撃破した。なぜ彼らがロシア戦車に捕まらないかは、彼らにとっても謎だった。

「徹甲弾がありません!」

リッベントロップは対戦車戦闘をあきらめ、榴弾でロシア軍歩兵を始末することにした。

「ガーン!」突然の衝撃。

「目が、目が」

砲手が頭をかかえてうずくまった。砲塔前面に命中した小口径弾が、なんと照準器の開口部に飛びこんだのだ。

「後退しろ」

リッベントロップは、朝越えた橋を通って戦車を戦線後方に離脱させた。

その間、ロシア軍戦車は斜面を駆け降り、ドイツ軍が主戦線をひいた対戦車壕の前面に殺到していた。しかし、T34は対戦車壕を越えることができずに右往左往したあげく、あちこちでぶつかり合っていた。

彼らはまるで射的の的だった。防衛線のティーガー、Ⅳ号戦車、Ⅲ号突撃砲、自走砲は、目の前に飛び出すT34をつぎつぎと撃ちとっていった。

斜面は燃えるT34で埋めつくされた。ソ連軍は一五〇両の戦車による二波の攻撃をしかけ、さらに第三波を予備としていた。しかし、先行する二波が重大な損害をこうむったため、第三波は投入されなかった。

はたして、どちらがこの戦闘の勝者だったのだろうか。ソ連軍の損害にくらべて、ドイツ軍の損害はきわめて軽微だった。すくなくとも戦闘においては、ドイツ軍が勝ったようだ。しかし、戦争では？

この日、ロトミストロフがはたした役割は大きかった。

一二日、ソ連軍はクルスク北翼を攻撃するドイツ軍の背後を衝いて、オリョールをめざした大攻勢を開始した。そのうえ、一〇日にはシチリアに連合軍が上陸作戦を開始していた。

ヒトラーはこれらの情報を得て、この日、正式に作戦の中止を決定したのである。マンシュタインはあくまでも攻勢継続を主張したが、受けいれられなかった。ドイツ軍は後退し、このあと、ドイツ軍が戦争の主導権をにぎることは、二度となかったのである。

【第2部　イタリアの戦い】

第9章　連合軍vs独伊軍〝イタリア戦線〟第一章

アフリカ軍団との戦闘にケリをつけた連合軍がつぎに狙ったのはイタリア半島先端、地中海に浮かぶシチリア島——ここを守るのは名にし負う弱兵軍、連合軍の怒濤の上陸がはじまった！

一九四三年七月一〇日～八月一七日　シチリア上陸戦

連合軍のつぎなるエモノ

一九四三年五月一二日、チュニジアのドイツ軍は降伏し、三年にわたった北アフリカの戦いは終わった。連合軍はどうするか？

すでに、それはもう決まっていた。目標はイタリアである。一九四三年一月一二日から二三日まで、モロッコのカサブランカで米英首脳会談がおこなわれた。そこで議題のひとつとなったのが、北アフリカの戦いが終わったあとの、連合軍のつぎの目標であった。

アメリカは早くフランスに上陸するために、イギリスに軍を集結させることを主張した。

北アフリカを取ったのだから、地中海の制海権は完全に掌中にできた。これ以上の作戦は不要である。彼らはもともと、北アフリカでの作戦さえ不承不承だったのだ。

しかし、イギリスはちがった。どうせフランス上陸作戦は、すぐには実行できない。それなら、北アフリカにいま集結している軍をそのままイタリアに上陸させた方がかんたんで、さらに枢軸側からのイタリアの脱落をはかることもできる。

最後はアメリカが折れて、まず手はじめにイタリア半島が「蹴り上げた石」であるシチリア島に上陸することになった。このとき、まだチュニジアの占領も終わっていなかったにもかかわらず、はやばやと上陸作戦は七月に決行することも決定された。

枢軸国の方でも、チュニジアが陥落したあと、つぎはイタリア本土が狙われることは予想された。ヒトラーは、イタリア防衛のために機甲部隊を送ることにしたが、ムッソリーニは多数の部隊が国内にはいるのを嫌った。

「イタリア本土は自分たちで守る」

しごく当然の発言である。

ただし、本当に自分たちだけで守ることができるなら……。そして、もっと重要なのは、守る気があれば。

実際、イタリア人はムッソリーニをひきずり降ろして、連合軍と単独講和するのだが、これはほんのすこし先の話である。かくてイタリアには、いくつかのドイツ軍部隊が派遣されることになった。

シチリア島上陸戦

シチリア島は東西二〇〇キロ、南北一八〇キロの三角形をした島である。その北東端で、約五キロとせまいメッシナ海峡でイタリア本土とへだてられている。

全体に山がちで平地はすくなく、山と深く切れこんだ谷によって交通は困難である。天然の要害といえる島ではあったが、そこを防備するイタリア軍は、野戦師団四コと警備師団六コに過ぎず、装備も士気も貧弱であった。

ドイツ軍は二コの機械化師団を送った。といっても、じつはこれらの部隊は、北アフリカに輸送する予定だった部隊をかき集めて編成されたものだった。

そのひとつはシチリア機甲擲弾兵師団（のちに第一五機甲擲弾兵師団に改称）である。シチリア機甲擲弾兵師団の基幹となったのは第二一五戦車大隊である。

第二一五戦車大隊にはⅣ号戦車を装備した戦車三コ中隊に突撃砲一コ中隊、さらにはなんとティーガー戦車を装備した戦車小隊一コも配備されていた。

よせ集め部隊に、なぜ虎の子のティーガーが？　それはよせ集めゆえであった。

チュニジアでのティーガーの活躍については以前に紹介した。チュニジアには第五〇一重戦車大隊と第五〇四重戦車大隊が送られたが、あとから送られた第五〇四重戦車大隊は第一中隊しか渡ることができず、第二中隊はイタリアに残置されていた。

一九四三年四月一三日にシチリア防衛のため、第二一五戦車大隊の編成が命じられたが、そのとき、「チュニジアに移動するまで」第五〇四重戦車大隊第二中隊が配属されることになったのである。

第二中隊にはパーダーボルンの第五〇〇戦車補充大隊からの一コ小隊のティーガーと、第五〇一重戦車大隊に送られるはずだったティーガーも配属され、一七両のティーガーと六両のⅢ号戦車がそろった。

もうひとつシチリアに送られたのが、ヘルマン・ゲーリング機甲師団であった。ヘルマン・ゲーリング師団は、もともとナチの警備部隊として編成された部隊であったが、やがて降下猟兵部隊となり、旅団から師団へと拡大された。

師団は一九四二年一一月にチュニジアに送られたが、師団の全部は渡ることができず、イ

シチリア島の攻防戦で破壊されたティガー戦車

タリアに残置された。とくに、その戦車連隊は人員だけが送られ、装備はイタリアに残されたままだった。

一九四三年六月、残置部隊や補充部隊はまとめられ、ヘルマン・ゲーリング機甲師団となってシチリアに送られた。

師団の基幹となったのはヘルマン・ゲーリング戦車連隊で、Ⅲ号戦車、Ⅳ号戦車を装備した二コ大隊に、Ⅲ号突撃砲を装備した第三大隊が配備される強力な部隊だった。そして七月九日（なんと連合軍上陸の前日）、一七両のティーガーを装備した第五〇四重戦車大隊第二中隊は、第一五機甲擲弾兵師団から離れ、ヘルマン・ゲーリング機甲師団に配属されて、そのティーガー中隊となった。

しかし、ムッソリーニはこれらの部隊を、ドイツ軍の指揮下の軍団に編成することを許さず、イタリア第六軍司令官グッゾーニ将軍の直轄とした。ただし、グッゾーニ将軍はイタリア軍にめずらしく、戦争のやり方を知っている将軍だった。ただ、その彼さえも、連合軍の陸海空兵力に対抗できるものかどうか、それは神のみぞ知るのである。

「ハスキー作戦」準備完了

連合軍のシチリア上陸作戦は「ハスキー作戦」と命名され、はやくも一月二〇日には作成されていた。総司令官はアイゼンハワー、副司令官はアレクサンダー、二月には計画スタッフも集められ、アルジェに司令部がおかれて準備がはじめられた。

しかし、準備とは名ばかりだった。というのも、アイゼンハワーもアレクサンダーも、目先のチュニジア作戦に忙殺され、シチリアのことを考える暇などなかったからだ。

これは、実際に部隊をひきいることになるパットンとモントゴメリーにとってもおなじだった。作戦計画は店ざらしにされ、彼らが草案を見たのは四月末のことであった。その後、ようやく修正の手がはいり、最終決定となったのは五月一三日のことであった。

五月はじめ、チュニジアは陥落した。もし、その直後に連合軍がシチリアに上陸していれば、ほとんど一戦もまじえることなく、島を占領できただろうに……。

チャーチルは、六月には上陸しろと作戦をうながしたものの、準備の遅れはどうしようもなかった。どんなに頑張っても、七月一〇日まで作戦は実施できなかった。これでも、当初

シチリア島に上陸した連合軍はほとんど抵抗をうけなかった

予定の七月決行には間に合っている。

しかし、戦争は役所の予算獲得のための年度計画ではない。勝利のためには、状況の変化に応じた臨機応変な計画変更も必要なのだ。

シチリア上陸作戦は、第一五軍集団（アレクサンダー）隷下にイギリス第八軍（モントゴメリー）とアメリカ第七軍（パットン）がならんで上陸することになった。さらに、上陸に先だって九日の夜に、海岸堡の防衛と海岸からの交通路の確保のために、イギリス第一空挺師団とアメリカ第八二空挺師団が、それぞれ降下することになっていた。

パットンの第七軍はシチリア島中南部のジェラ湾周辺で、ブラッドレーの第二軍団主力はスコグレッティからジェラにかけての海岸に上陸し、一部はその西のリカタに上陸することになっていた。

モントゴメリーの第八軍は、南東端のパッセロ岬からその北東の海岸部で、リースの第三〇軍団がパッセロ岬に、デンプシイの第一三軍団がアヴォラとカッシビレに上陸することになっていた。

南岸からの道路はすべて北に向かっており、パットン軍は北に進み、島の中央部を東西に走るカタニヤ~パレルモ道、そして島の北部を海岸に沿って走るメッシナ~パレルモ道に達する。

一方、モントゴメリー軍はシラクサから、一気にメッシナに北上する。決戦部隊の役まわりはモントゴメリーがいただくという、例によって「政治将軍」モントゴメリーらしい、いいとこどりのやり方である。

連合軍はシチリアを防衛しているのは、弱体なイタリア軍部隊だけだと思いこんでいた。いや正確には、直前になって暗号解読で、ドイツ軍の二コ戦車師団が配備されたことを知っていたが、そのことは暗号解読の事実を知られるのをふせぐため、前線の部隊には伝えられず、特別な手当てもなされなかった!

シチリア島に降下せよ!

連合軍のシチリア上陸作戦は、空挺部隊の大規模降下作戦から開始された。七月九日、チュニジア各地の飛行場では、日没とともにグライダーや輸送機への空挺兵の搭乗が開始された。

イギリス第一空挺師団は、カイルーアン周辺の六ヵ所の飛行場から、一〇九機のC-47輸送機と二八機のアルベマール、七機のハリファックス曳航機、そして一三六機のワコ・グライダーと八機のホルサ・グライダーで飛びたつのだ。

彼らはシラクサ周辺に降下することになっていたが、とくにシラクサ郊外のポンデ・グランデ橋を確保することが任務であった。

一方、アメリカ軍の第八二空挺師団も、カイルーアン周辺の飛行場で二六六機のC－47輸送機への搭乗をはじめていた。彼らはジェラ北部および北東部へ向かうことになっていた。

午後六時四二分、イギリス空挺部隊は発進を開始した。一機また一機と飛行場を飛びたつ輸送機とグライダー。八時二〇分、全機が離陸した。つづいて八時三五分、アメリカ空挺部隊は発進した。

空挺部隊には運がなかった。この日、上空には地中海特有の強い北風ミストラルが荒れ狂っていたのである。風速は二〇メートルを越え、輸送機は予定コースからはずれ、空挺部隊はてんでんばらばらになってしまったのである。

イギリス空挺部隊一六〇〇名は、なんとシラクサの四〇キロ南のパッセロ岬に降りるもの、二〇キロ北のアウグスタに降りるものまであった。

最重要目標のポンデ・グランデ橋の近くに降りることができたのは、ウィザース中尉の乗ったホルサ・グライダーただ一機だけだった。中尉は声を殺して命令した。

「俺たちだけでやるんだ」

橋を守るイタリア兵に近づくと、激しい射撃戦がはじまった。短時間の戦闘でイタリア兵は逃げだした。ウィザース中尉はたった二八名の兵士だけでこの任務をやってのけた！

アメリカ空挺部隊の状況もおなじだった。ギャビン大佐指揮の第八二空挺師団第五〇五空挺連隊の二〇〇〇名は、ほとんど一〇〇キロの範囲に、なんとシラクサの南にまでちりぢりに降下し、多数が海上に不時着したのである。しかし、彼らは二人、三人と集まり、命令を待たずに自分たちのやるべき任務を遂行した。

上陸地点前面のポンデ・ディリロの橋の確保、海岸近くの防御トーチカの破壊、そして上陸部隊を誘導用するための篝火《かがりび》。一方で彼らがバラバラに降下したことは、枢軸軍部隊にははるかに多数の空挺部隊が降下したと誤解させる結果ももたらした。

〝虎の子〟機甲師団の反撃

連合軍の空挺降下がせまっていたころ、イタリア軍のグッゾーニ将軍は、すでに連合軍船団を発見した偵察機からの報告で、シチリアへの上陸がせまっていることを察知していた。彼は連合軍の上陸地点がリカタの西ではないと判断して、リカタより西にあったドイツ軍第一五機甲擲弾兵師団とイタリア軍機械化部隊を東方に進出するよう命令した。

ドイツ軍のコンラート将軍は、ジェラから四〇キロ北東のカルダジロネにある司令部から、隷下のヘルマン・ゲーリング機甲師団にたいし、ジェラとスコグレッティの海岸に進出せよと命じていた。カルダジロネからジェラとスコグレッティには良好な道路が通じており、将軍は連合軍がここに上陸することを確信していたのである。

「敵はかならずジェラとスコグレッティにくる。戦車と擲弾兵で、奴らを海に叩き落とすんだ」

しかし、海岸のイタリア軍には、警報はとどかなかったようだ。

午前二時四五分、アメリカ第一歩兵師団の最初の連隊はジェラの海岸に到達し、上陸用舟艇から飛び降りた。その右翼には第四五歩兵師団がつづく。海岸ふきんのイタリア軍の抵抗は軽微だった。

「奴ら、眠りこけてやがんのか」

なんと上陸後三〇分間は、一発の銃弾の音も聞こえなかったという。アメリカ軍の上陸は完全に奇襲となり、驚いたイタリア兵は、持ち場を捨てて退却してしまった。

アメリカ軍はなんの抵抗もうけずに海岸堡を確保し、部隊をつぎつぎと陸揚げすると、内陸部への進撃を開始した。

シラクサの南、パチノ半島に上陸したイギリス軍も同様だった。四群にわかれたイギリス軍部隊は、やはり軽微な抵抗を排除すると、内陸部への進撃を開始した。このまま、すべてはうまくいくのか？

夜明けとともに、ジェラ沖の巡洋艦部隊からは観測機が射出された。地上の敵部隊を発見したら、その必殺の射弾をお見舞いしようというのだ。彼らはメッサーシュミットに迎撃され、ほうほうのていで逃げまわったが、地上を走るあるものを発見した。

「ニセミス道を南下中の敵戦車部隊と車両を認む！　ジェラ海岸に近づきつつあり」

これこそ、コンラート将軍が前日夜に発進させたドイツ軍の迎撃部隊、ヘルマン・ゲーリング機甲師団であった。師団の第二戦車大隊は午前三時一〇分には、ニシチェミで出動準備をととのえた。

午前五時、大隊に出動命令がくだった。戦車はカルダジロネから海岸にすすむ道を驀進する。彼らの前に立ちはだかったのが、前夜降下した空挺部隊であった。

空挺部隊はカルダジロネから海岸に向かう道と、ヴィットリアからジェラに向かう二つの道が交差するピアノ・ルポ十字路の高地のイタリア軍トーチカを奪取し、そこに陣取っていた。指揮するのは第一大隊長のゴーラム中佐であった。

午前七時、一人の兵士が大隊長のもとに走りよってきた。

「大隊長殿、ニセミス方面から車両がこちらに向かってきます！」

中佐が双眼鏡で見ると、オートバイとワーゲンを先頭にした装甲車と戦車の隊列であった。

「できるだけ引きつけて、すべての火力を発揮するのだ。命令するまで撃つな」

ドイツ軍はなにも気づかずに近づいてくる。空挺兵たちは緊張して発射の命令を待つ。

「いまだ、撃て！」

小銃、機関銃がいっせいに火を放ち、ドイツ軍の車列に飲みこまれていく。

「味方だ！　撃つな！」

ドイツ兵はイタリア軍だと思い、声をかぎりに叫んだが、つぎつぎと撃ち倒された。いったんドイツ軍は後退したが、しばらくすると歩兵が散開して前進してきた。

「撃ち方はじめ！」

ふたたび、小銃と機関銃が吠える。イタリア軍から捕獲した機関銃が空挺兵を助けた。

攻撃に失敗したドイツ軍は、やり方を変えた。

「ドカーン、ドカーン！」

空挺兵の陣地に砲弾が炸裂する。重火器を持たない空挺兵は、どうすることもできない。

さらにドイツ軍は、戦車を右翼に迂回させて攻撃をしかけた。

そこには対戦車分隊のバズーカが待ちかまえていた。バズーカを肩にかついだ砲手は、迫りくる戦車に狙いをつけた。

「ポンッ」

装塡手が肩をたたいた。弾薬を装塡して点火コードをつないだ合図である。

「グオッ！」

ものすごい煙をひいて弾丸が飛びだした。装甲板に突きあたり、成型炸薬が爆発した。攻撃をしかけた六両の戦車のうち二両が撃破され、残りの四両は後退した。

後退した戦車は、遠くから機関銃射撃をくわえて対戦車分隊を制圧し、彼らは捕虜となった。残りの空挺隊員は、西に逃れて後退した。

彼らの妨害で、ヘルマン・ゲーリング機甲師団主力はこの日、海岸に到達することができなかった。ただ、ハイム少尉車ほか師団のティーガー数両が、海岸まで到達することに成功して、海上の艦艇と撃ちあったともいわれる。

行動不能になったティーガーが、八八ミリ砲で駆逐艦と一騎打ちをしたなどという話も伝えられたりする。しかし、ドイツ軍の記録では、上陸用舟艇を射撃したことはあるらしいが、駆逐艦との撃ちあいも、擱座したティーガーも存在しない。これもティーガー伝説のひとつだろうか。

海岸への突破成功せず！

初日に連合軍の海岸堡を撃滅できなかったことで、コンラート将軍は激怒した。なんたる不手際、なんたるていたらく。これが精鋭ヘルマン・ゲーリング機甲師団のやることか。

彼は数名の高級士官を解任するとともに、翌早朝の攻撃再開を命じた。

一方、上陸した第一歩兵師団第一六歩兵連隊と合流した第五〇五空挺連隊の空挺隊員は、七月一一日早朝、ジェラ前面の高地を占領し、ただちに壕を掘りはじめた。

ちょうどそこに、ヘルマン・ゲーリング機甲師団の攻撃が開始されたのである。攻撃にあたったのは、第一、第二大隊の戦車であった。戦車はジェラ前面の高地を攻撃する。

土埃をあげて戦車はアメリカ軍の塹壕に近づく。ティーガーとⅣ号戦車六両が真っすぐ突進する。第五、第六中隊の車両である。

約四〇〇メートル左をまわりこんで第二大隊の二一両の戦車が突っこむ。アメリカ軍陣地

胴体着陸したホルサ・グライダーとイギリス陸軍の空挺部隊

には、ほとんど零距離射撃で八八ミリ、七五ミリの戦車砲弾がつるべ撃ちに撃ちこまれた。

おびえきった歩兵師団の兵士たちは、塹壕を捨てて逃げだした。なんと兵の三分の二が逃げだしてしまったという。彼らのほとんどは、まだ実戦経験のない補充兵だった。

戦車は高地によじ登り、残ったアメリカ兵の塹壕を、その履帯で踏みにじった。踏みとどまった空挺隊員は、バズーカと対戦車砲で戦いつづけた。

ゴーラム中佐はみずからバズーカをひっつかむと、ドイツ戦車に立ち向かった。

「くそったれ」

轟音とともに弾丸が飛びでると、わずか数メートル先の戦車に命中して爆発した。第一歩兵師団の将校二人は、兵士が逃げだして放置された五七ミリ対戦車砲を押して高地に進出した。彼らはなんとか射撃位置についたが、使い方がよくわからない。

なんとかして砲弾を発射した。外れ、また外れ。

やっと弾丸が命中した。

しかし、なんとしても多勢に無勢である。彼らは高地を放棄して撤退した。

ジェラの海岸へ突破の一大チャンス到来である。

「攻撃を中止せよ！」

なんとこのチャンスに、攻撃は中止されたのである。どういうことか。空挺隊員の激しい抵抗のせいで、ヘルマン・ゲーリング機甲師団は弾薬、燃料不足におちいったのだ。

師団のこの日の損害は、Ⅲ号戦車一両とⅢ号指揮戦車一両が対戦車砲により撃破、Ⅲ号戦車一両が艦砲により撃破となっている。空挺部隊の主張する戦果と損害が一致しないのは、誤認か撃破された車両が、全損ではなかったためだろう。

戦闘のてんびんは、しだいに連合軍に有利になってきた。損害にもかかわらず、連合軍は海岸から新戦力を送りこむ。これにたいしてドイツ軍には、補給も増援もなかった。

イタリア軍は？――イタリア軍すべてが腰抜けだったわけではなかったが、どちらにしてもあまり役にはたたなかった。

七月一二日午前三時、アメリカ軍は高地に反撃をしかけた。ヘルマン・ゲーリング機甲師団第二大隊は夜のうちに敵との接触を断ち、午後にはもとの出撃準備陣地のニシチェミに後退した。

これは、無用な損害をふせぐためだった。彼らは、すでに防御の態勢にはいっていたのである。ドイツ軍にとって、連合軍を海岸から追い落とすチャンスは、永久にうしなわれた。

シチリア攻防戦は、ドイツ軍による遅滞戦闘と、イタリア本土への撤収作戦となった。連合軍の進撃は、例によってモントゴメリーがもたつき、七月一八日にカタニヤで阻止されたが、パットンの戦車部隊が破竹の進撃で、二〇日にはテルミニで島の北岸にでることに成功し、海岸沿いを東のメッシナへの快進撃を開始した。

追いつめられたドイツ・イタリア軍は、メッシナ海峡を通ってイタリア本土へと撤退を開始した。八月一七日、最後の艀《はしけ》が渡り、シチリアの戦闘はおわった。ドイツ軍がシチリアから脱出させられた戦車は四七両、そのうち「虎」はわずか一両だけだった。

第10章 シャーマンに挑んだ突撃砲の無謀な戦い

統領ムッソリーニが罷免されてファシスト党支配にピリオドが打たれた、まさにそのとき、連合軍によるイタリア本土上陸作戦が開始され、旧式装備のドイツ軍は必死の防衛戦を展開した！

一九四三年九月三日～一〇月八日　イタリア本土上陸戦

突然のムッソリーニ失脚

一九四三年七月、シチリアの戦いがつづいているころ、ローマでは大変な政変が勃発していた。七月二四～二五日、イタリアのファシスト大評議会は会同して、あろうことかその統領ムッソリーニの戦争指導を非難した。

そして二五日夕刻には、復位したイタリア国王のヴィットリオ・エマヌエレ三世はムッソリーニを罷免し、かわってピエトロ・バドリオ元帥をイタリア政府首相に任命した。国王の前から退出したムッソリーニはただちに逮捕され、二一年間にわたるファシスト支配はあっけなく終わりを告げた。

バドリオ元帥はイタリアが枢軸側に残ることを宣言したが、実際に彼が就任したことの意味するところは明らかだった。イタリアは連合国と単独講和しようというのである。七月三一日、バドリオ元帥は連合国との和平交渉を開始した。

当時すでにシチリアの戦いは終局にちかづいていた。連合軍は八月一一日から二四日にかけてカナダのケベックで首脳会談をおこなったが、ここで話しあわれたのは、イタリアからの和平提案をどう取りあつかうかだった。

もう、そのときまでにつぎの作戦、シチリアにつづいてイタリア本土上陸作戦をおこなうことは決定されていた。アメリカはフランス上陸作戦を重視していたが、結局イギリスに押しきられてしまったのである。

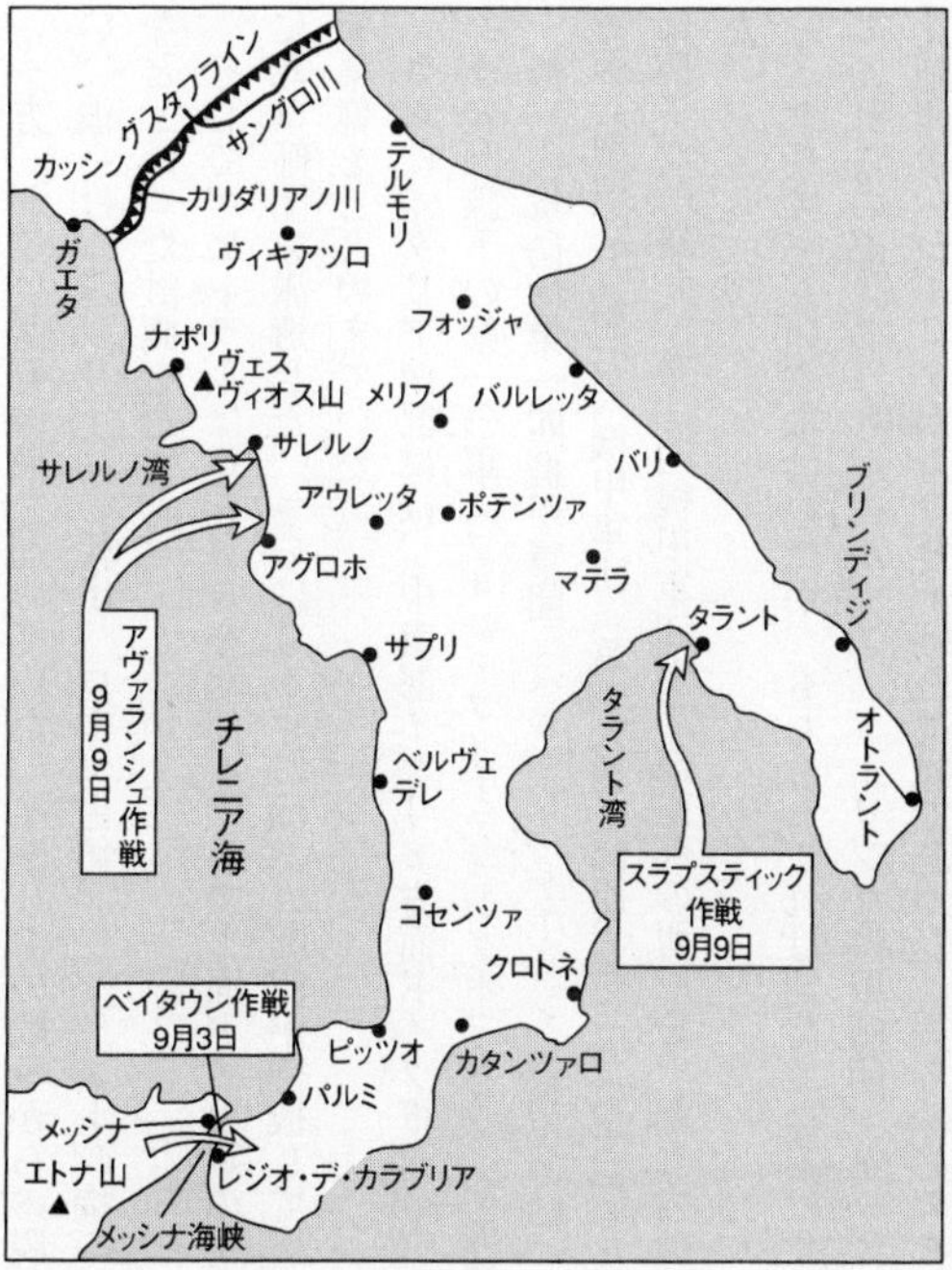

一方、ドイツ側も準備を進めていた。イタリアの戦争からの脱落を阻止しなければならない。彼らはムッソリーニの救出、ローマ占領、ファシスト政権の復活、イタリア艦隊の捕獲などといった計画をたてた。

そして、ヒトラーはロンメルを北部イタリア方面ドイツ軍の司令官とし、九月はじめまでに八コ師団を派遣した。さらにローマには二コ師団が待機して、いつでも出撃できるよう占領準備をととのえていた。

さらにイタリア南部には、中南部イタリア方面ドイツ軍司令官のアルベルト・ケッセルリンク元帥隷下の第一〇軍（フォン・フィーティングホフ大将）が展開していた。

第一〇軍には第一四機甲軍団（ヘルマン・ゲーリング機甲師団、第一六機甲師団、第一五機甲擲弾兵師団）と第七六機甲軍団（第二六機甲師団、第二九機甲擲弾兵師団、第一降下猟兵〈空挺〉師団）が所属し、第一四機甲軍団が半島南部の西岸を、第七六機甲軍団が南岸を防衛していた。

イタリア軍もいるにはいたが、もちろんこれは期待できるはずもなかった。

これらの部隊のうち、ヘルマン・ゲーリング機甲師団、第一六機甲師団、第一五機甲擲弾兵師団は、シチリアからひき上げた部隊であった。彼らはそのまま休む間もなく、イタリア本土での防衛任務につかなければならなかった。

しかし、連合軍ののろのろとした行動は、彼らに補給と再編成の時間をあたえた。隷下戦車部隊の戦力は、八月末には以下のようなものであった。

ヘルマン・ゲーリング機甲師団：ヘルマン・ゲーリング戦車連隊、三コ大隊編成（第三大隊は突撃砲装備）、Ⅲ号戦車（五センチ長砲身）二五両、Ⅲ号戦車（七・五センチ砲）三両、Ⅳ号戦車（七・五センチ長砲身）三二両、指揮戦車三両、Ⅲ号突撃砲一六両、Ⅲ号突撃榴弾砲六両（機甲師団として突撃砲装備は珍しい）。

第一六機甲師団：第二戦車連隊、二コ大隊編成（第二大隊は突撃砲）、Ⅳ号戦車（七・五センチ長砲身）九二両、Ⅲ号突撃砲四〇両、指揮戦車一二両、火炎放射戦車七両（やはり突撃砲を装備しているが、さらに火炎放射戦車の装備は珍しい）。

第二六機甲師団：第二六戦車連隊、一コ大隊編成（第二大隊のみ）、Ⅲ号戦車（七・五センチ砲）一六両、Ⅳ号戦車（七・五センチ短砲身）一七両、Ⅳ号戦車（七・五センチ長砲身）三六両、指揮戦車九両、火炎放射戦車一四両（いまだにⅣ号戦車の短砲身型を装備しており、また火炎放射戦車も装備している）。

第一五機甲擲弾兵師団：第二一五戦車大隊、Ⅲ号戦車（五センチ長砲身）一両、Ⅳ号戦車（七・五センチ長砲身）一五両（わずか一六両の戦車しか保有していなかった。シチリア戦前には五三両の戦車を保有していたのだが）。

第二九機甲擲弾兵師団：第一二九戦車大隊、Ⅲ号突撃砲三八両、指揮戦車三両（戦車でなく突撃砲装備であった）。

戦車の数は少なく、強力なパンター（直前のクルスクの戦いでデビューしたばかりなのだからあるはずもないが）やティーガーも存在しない。はたして、この戦力でイタリアを守り切れ

イタリア戦線において連合軍との戦闘で破壊されたドイツ軍のⅢ号突撃砲

るのだろうか。

ケッセルリンクは頭を悩ませた。連合軍の上陸そのものを防ぐのは困難だ。彼はできうるかぎり防備をかためて、連合軍を遅滞させせることにした。

三方向からの伊本土上陸

連合軍のイタリア本土上陸作戦は、三つの別個の上陸作戦からなっていた。

そのひとつ目は「ベイタウン」作戦であった。これはシチリアからのドイツ／イタリア軍の撤退ルートとおなじく、せまいメッシナ海峡を通ってイタリア本土へと渡るものであった。

上陸作戦としてはかんたんだが、上陸地点はイタリアの「靴」のつま先であり、イタリア半島を攻めのぼるには、あまりに時間がかかる。だからこの作戦は、あくまでも本命の上陸作戦をごまかすための陽動作戦であった。本当の主力部隊の上陸作戦は、さらにイタリア半島を三〇〇キロ近く北上した場所、ナポリの南のサレルノ湾に指向されることになっていた。作戦名は「アヴァランシュ」作戦。

さらに、イタリアの「靴」のかかとにあるタラント港（イタリア海軍の主要軍港でもあった）を押さえ、連合軍の補給基地とするための「スラプスティック」作戦が予定されていた。

八月三一日、イギリス海軍の戦艦「ネルソン」と「ロドネー」は、メッシナ海峡の対岸、イタリア本土のレジオ・デ・カラブリアにたいする四〇センチ主砲による砲撃を開始した。連合軍の上陸に先立つ準備射撃である。

砲撃には軽巡洋艦「オリオン」に駆逐艦もくわわった。ドイツおよびイタリア空軍、海軍による反撃はまったく考えられず、連合軍艦艇は計画にのっとって、整然とその「仕事」をつづけた。九月二日には、戦艦「ウォースパイト」と「バリアント」もこの競演にくわわった。

三日にはシチリア島に布陣したイギリス第八軍の重砲隊も、メッシナ海峡越しに砲撃を開始した。

砲撃が止むと、連合軍の戦車揚陸艦二二隻と大小二七〇隻の上陸用舟艇が、いっせいに波を蹴たてて海峡を渡りはじめた。乗船しているのはイギリス第一三軍団の二コ師団、第五師団と第一カナダ師団の兵士たちである。

上陸用舟艇の底が海底を噛んで行き足が止まる。いっせいに艇首の扉がひらいて、兵士が飛びだした。飛びだした兵士たちは、ダッシュして海岸にとりつく。

「……」

なにも起こらない。不思議なことに、海岸は静寂につつまれていた。イギリス兵たちは、不思議そうにお互い顔を見あわせた。

イタリア兵は猛砲撃で戦意をうしない降伏したのである。そう、じつはまさにこの日、イタリアは連合軍への降伏文書に調印していた。

もっともそれが発表されたのは八日であり、秘密を守る意味でも、前線部隊にはまだ知らされていないはずだ。だから彼らは、勝手に降伏したのだろう。

一方、ドイツ軍はこの地域には第二九機甲擲弾兵師団が展開していたが、彼らは海岸で戦うことは無駄と考え、すでに内陸部に後退していた。ケッセルリンクには、レジオ・デ・カラブリアへの上陸が連合軍の陽動作戦であることはわかっていた。

ドイツ軍を上陸部隊撃滅に誘いだして、空っぽの後方に上陸しようというのだろう。彼は、連合軍の上陸地点がサレルノであろうことも見抜いていた。

イギリス軍はすぐにレジオ・デ・カラブリアの港を占領した。しかし、付近の地形は山がちで、部隊の進撃は容易ではなかった。

このため、上陸した部隊を「つま先」の西岸に沿って北上させる一方で、一〇〇キロほど北のピッツオに第二三一旅団を海から上陸させることにした。

八日早朝、第二三一旅団はピッツオに上陸した。今度は、レジオ・デ・カラブリアのときのようにはいかなかった。なんとここは、ドイツ軍第二九機甲擲弾兵師団の撤退ルートにあたっていたのである！

上陸部隊は激しい戦闘にまきこまれた。幸いなことに、ドイツ軍は撤退したいだけで、彼らを撃滅するつもりはなかった。

第二三一旅団は夕刻には海岸堡を確保し、北上してきた第五師団と握手することができた。一方、第一カナダ師団は、レジオ・デ・カラブリアから「つま先」の足の裏側、南岸を進撃した。彼らは九日にはカタンツァロに近づいた。

南部を制圧した連合軍

九月九日午前三時三〇分、連合軍のサレルノ上陸作戦が開始された。上陸したのはアメリカ第五軍（クラーク将軍）隷下の第六軍団（トーリー将軍）、イギリス第一〇軍（マックリー将軍）の部隊である。サレルノ湾をちょうど真ん中でわけて、南側に第六軍団の第三六師団（第四五師団は予備として一〇日に上陸）、北側にイギリス第一〇軍団の第四六師団、第五六師団およびアメリカ・レンジャー部隊とイギリス・コマンドウ部隊が上陸した。

ドイツ軍の反撃は激しかった。温存されていたドイツ空軍が出撃し、上陸部隊を支援していた戦艦「ウォースパイト」は、フリッツX誘導爆弾を浴びて大破した。

サレルノ湾周辺の高地を占めたドイツ軍は、激しい砲撃で連合軍を足止めした。このため、連合軍は四ヵ所のせまい海岸堡にとじこめられてしまった。

ドイツ軍は九月一二日に強力な反撃を発動した。第一〇軍のヘルマン・ゲーリング機甲師団、第一六、第二六機甲師団、第二九機甲擲弾兵師団、そして駆けつけた第三機甲擲弾兵師団もくわわる。

「パンツァー、マールシュ！」

進撃命令がくだる。戦車の集団は、サレルノ湾を取りかこむ北、東の山から、海岸の連合軍に向かってさか落としに襲いかかる。戦車は主砲、機関銃を撃ちながら前進する。つるべ撃ちに撃ちこまれる砲弾で、海岸堡は大混乱となった。

連合軍の海岸堡はほとんど分断され、上陸部隊は海に追い落とされる寸前となった。

「ドイツ軍の攻撃だ！　援護射撃を求む！」

連合軍は同士討ちの危険をおかして、海岸堡の頭越しに強力な艦砲射撃をおこなった。ドイツ軍戦車の隊列に巨弾が襲いかかる。あちこちでものすごい土煙があがり、隊列は大混乱となった。

四〇センチ、二〇センチ、一五センチの巨弾を食らっては、さすがの戦車といえども無事ではいられない。

「後退！　後退！」

ドイツ軍部隊は攻撃を中止し、連合軍海岸堡は救われた。一四日にもドイツ軍は攻撃をしかけたが、連合軍には増援が到着し、ドイツ軍を撃退することができた。

一八日には海岸堡の防備はかためられ、もはや上陸部隊撃滅のチャンスは永久にうしなわれた。

この間、連合軍はイタリア半島の「踵」のタラントに、第一空挺師団の約六〇〇〇名を「海」から上陸させた。

どうして「空」からでなかったのか。どうやら連合軍も、シチリアでの損害におそれをなしたらしい。そのうえ、彼らは専用の輸送船が手当てできなかったため、巡洋艦など六隻が使用された。

上陸は順調にいった、といいたいところだが、不運にも港内で敷設艦「アブディール」が機雷に触れて沈没した。

彼らの敵となったのは、おなじ空挺の第一降下猟兵師団であった。精鋭の空挺部隊対空挺部隊の対決、幸いなことにドイツ軍は無理に抵抗をつづけず、遅滞行動をとって後退した。

イギリス軍は第八軍が北上して、一六日にはサレルノから進撃した部隊との連絡を確保した。「踵」では、ブリンディジとバリにも上陸部隊を送り、地歩をかためた。

隘路をはさんだ両軍戦車

一〇月一日、ナポリを占領し、イタリア南部全土を確保した連合軍は、ようやく北への進撃を開始した。その進撃は、きわめてゆっくりしたものであった。

1943年９月、イタリア南部で作戦中のドイツ第16機甲師団のⅣ号戦車Ｈ型

イタリア半島のけわしい地形と、それをうまく活用したドイツ軍の遅滞行動によるものだ。ここでの戦車戦闘は、ロシアや北アフリカの砂漠とは、ずいぶん異なるものとなった。

一〇月二日、ヘルマン・ゲーリング戦車連隊第一一中隊（突撃砲装備）は、ロスマン大隊に配備されてカルディト地区で戦闘に参加した。

二両の突撃砲が、ベーナー上級軍曹の指揮する前哨地点の支援のため、ナポリの北のカルディト〜アフラグラ〜コソヴィアの道路交差点に進出した。

また、シュルツ・オストヴァルト上級曹長が指揮する小隊は、カルディトの南端に陣どった。そして、二両の突撃砲からなるバルハウサー小隊は、カルディトの東二キロで警戒任務についた。さらにシュルテの指揮する突撃砲は、南東方向の警戒のため、カルディトの一キロ東で配置についた。

M4シャーマン戦車

一七時四五分まで、中隊のまわりではなにも起こらなかった。

「アハトゥンク！　パンツァー！」

一七時四五分、偵察大隊のヴィンクラー少尉は、アフラグラの方向から敵戦車が近づいてくることを報告した。

「ベーナーに知らせるんだ」

一八時に中隊長のイェコシュ中尉とレービッヒ少尉は、ベーナー小隊の突撃砲と連絡をつけるため、サイドカー付きオートバイに乗ってでかけた。

しかしベーナー小隊は、すでに後方を敵に切断されて包囲されていた。イェコシュ中尉らは、なんとかして敵の警戒線を突破しようとしたが、カルディトの南六キロで敵につかまった。

シャーマン戦車だ。砲塔が旋回し、こちらを向く。砲口から閃光が見えた。

と同時に、中尉の体は宙に舞いあがった。敵戦車が、彼らの乗ったオートバイに向かって発砲したのである。榴弾が炸裂し、彼らはオートバイとともに、ちりぢりに吹き飛ばされた。レービッヒ少尉は戦死し、イエコシュ中尉とオートバイのドライバーは負傷した。

ベーナー小隊は、なんとかして活路を切りひらかなければならなかった。ベーナーは二両の突撃砲をゆっくり前進させる。

突撃砲の小さなシルエットは、敵から身を隠すのに役にたつ。ここイタリアならどこにでもある、藪や石塀のかげに容易に隠れることができる。進撃は、道路上でなければ不可能だった。

前方に見えるあれはなんだ。敵のシャーマン戦車だ。

「徹甲弾。安全装置解除。フォイエル！」

「命中！」

弾丸をうけたシャーマンが、煙をあげて擱座した。オストヴァルト車が仕留めたシャーマンは、レービッヒ少尉を殺した車体であった。こうして小隊は、二両の敵戦車を撃破してカルディトに逃げのびた。

イエコシュ中尉が負傷したため、オストヴァルト上級曹長がオストヴァルト小隊とベーナー小隊の指揮をとり、カルディト南方の突撃砲部隊を掌握することになった。

一九時から二〇時にかけて、継続的にキャタピラの音が聞こえた。おそらく敵の戦車だ。数は二五両から三〇両といったところだろう。偵察パトロールはなんの報告ももたらさなかった。

オストヴァルトみずからが偵察に出たが、遠くまでいかないうちにシャーマン戦車が先導する敵部隊に出くわした。

「徹甲弾。フォイエル！」

たちまち三両のシャーマン戦車と二両の歩兵を満載した装甲兵員輸送車が破壊され、後につづく歩兵も機関銃火で追いはらわれた。

Ｍ４戦車と突撃砲の対決

三日も第一一中隊はロスマン大隊に配属されたままで、おなじ戦区で頑張りつづけた。朝、米英軍はカイボノの近くで戦線の突破をこころみた。これにたいしてバルハウサー少尉の突撃砲が反撃し、側面から攻撃してシャーマンと装甲車を撃ちとると、敵は攻撃を中止した。

一六時ごろ、敵の強力な戦車と歩兵部隊が、カルディトの近くを突破した。警戒陣地にいた二両の突撃砲は、激しい砲撃で乗員が負傷したため後退した。

リュビケ大尉の命令で部隊は反撃のためカイボノの北に集められた。反撃は成功し、ドイツ軍はカイボノの南端に到達した。

そこからさらに攻撃を続行し、カルディトの北端に向かったが、そのとき悲劇が起こった。リュビケ大尉の命令で二両の突撃砲が、突撃砲には不向きな場所に配置されたのである。

敵はなにものにもさえぎられることなく、突撃砲を狙い撃ちすることができた。バルハウサー少尉車は三発の命中弾で完全に破壊された。もう一両も二発をくらったが、なんとか自力で後退することができた。かわりに、三両目の突撃砲がカルディト道に送られて後退を掩護した。

突撃砲はカルディトの東二キロの位置に夜まで頑張り、二一時一五分にカルディトに帰還した。第四の突撃砲がカルディトの南東七〇〇メートルに送られ、農道を監視していたが夜に帰還した。

一〇月四日夕方、大隊長のリュビケ大尉は、オストヴァルトに使用できる突撃砲を集めて反撃するよう指示した。

オストヴァルト小隊の三両の突撃砲とかき集められた歩兵は、カイボノからカルディトへと前進した。途中、道路はS字にカーブし、視界は二メートルの高さの石垣でさえぎられていた。突撃砲は角の一〇メートル手前に停止した。

オストヴァルトは歩兵を送って、道の向こうをさぐらせた。なんと、そこには敵のシャーマン戦車が一列にならんで待ち伏せしていた。

待ち伏せするのが突撃砲で、されるのがシャーマン。しかし、今回は役者が逆転している。大尉はオストヴァルトに、草地を迂回してシャーマンを攻撃するよう命じた。

オストヴァルトはこの命令に猛反対した。そんなことをすれば、突撃砲は敵シャーマン戦車の目の前に横腹をさらすことになる。敵は容易にこちらを撃ちとれるのに、砲塔のない突撃砲は、旋回をおえるまで敵に一発も撃つことはできない。

しかし大尉は、あくまで攻撃することを主張した。

「すぐに行くんだ！」

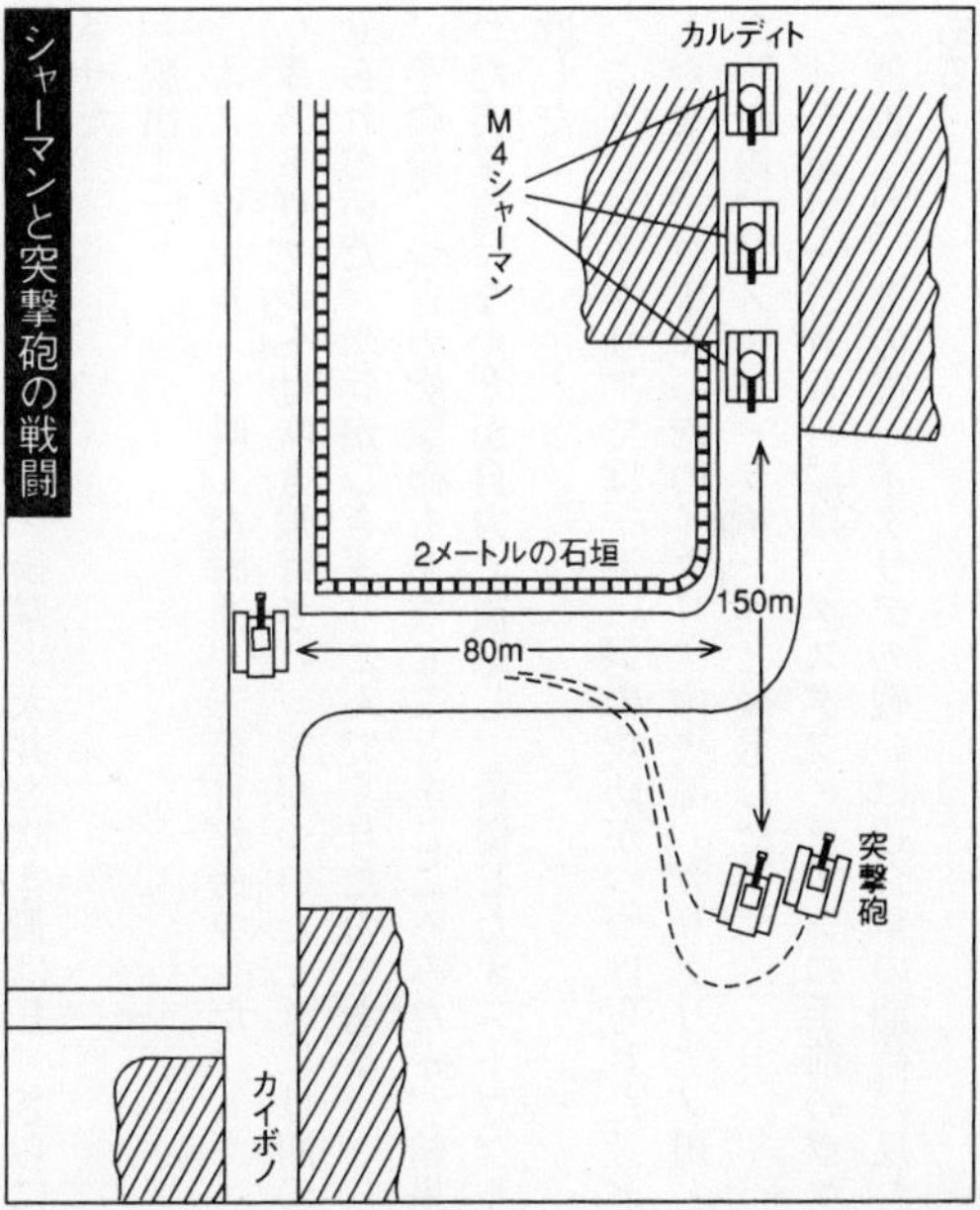

しかたなくオストヴァルトは突撃砲を走らせた。草地を横切り、敵シャーマンの一五〇メートル前に躍りでる。見えた。しかし、突撃砲はじりじりとしか旋回できない。オストヴァルトが初弾を撃つのと、シャーマンが初弾を撃つのとはほとんど同時だった。オストヴァルト車は命中弾をうけ、即座にエンジンが停止した。

オストヴァルトが発煙弾を発射しようとした刹那、第二弾が命中した。第二弾は操縦手席の前上面に命中して、衝撃で天井を吹き飛ばし、さらにキューポラに命中してひしゃげさせた。

「脱出！」

オストヴァルトが叫んだ瞬間、三発目が命中した。

オストヴァルトは吹き飛ばされ、気がついたときには四〇メートル離れた溝のなかに寝かせられていた。歩兵がひきずりこんでくれたのである。

その後、つぎの突撃砲もおなじことをこころみたが、結果はおなじだった。命中弾をくらった突撃砲はなんとか自力で後退し、負傷したオストヴァルトを乗せて退却した。反撃は失敗した。

こうしてイタリアでは一進一退の攻防がつづけられた。ドイツ軍はまだ十分な戦力を保持したまま、ローマの南のイタリア中央部、ガリグリアノ川とサングロ川に沿うように築かれた防衛線、グスタフ・ラインへと後退した。

連合軍は一〇月八日には、グスタフ・ラインの手前のヴァツルノ～テルモリの線でいったん停止した。この後、イタリアの戦いは連合軍の期待に反して、長くつづくことになるのである。

第11章　山岳地帯で激突した英独軍

イタリア本土に上陸した連合軍は東西の海岸線に沿って北上をつづけたが、ナポリ北方の山岳地帯に半島を横断するようにドイツ軍の防御ライン「グスタフ線」が彼らを待ちうけていた！

一九四三年一一月二〇日〜一二月一八日　グスタフ線の攻防

難航つづく連合軍の進撃

一九四三年九月はじめ、イタリアに上陸した連合軍の前進は、まったくもって期待にそぐわぬゆっくりとしたものであった。その原因は、中央部にほとんど道路のない峻険な山岳地帯がそびえるイタリアの地形と、巧妙なドイツ軍の遅滞戦闘であった。

イタリアの戦場は、フランスやロシアといった機械化部隊がフルスピードで突進する戦場とは、まったく異なる戦場であった。陸戦の主力「戦車」は、ここでは主役にはなれず、主役となったのは足で進む歩兵であった。

しかし、だからといって戦車の仕事がなくなったわけではない。戦車には歩兵支援という重要な任務があった。

まるで第一次世界大戦中みたいな話だが、もともと戦車はそのために作られたのだ。もっとも、いまや主戦兵科となった戦車兵にとって、脇役となるのは、はなはだ不本意だったかもしれないが……。

しかも、悪いことにこの戦場は、戦車にとって、なんともやりにくい戦場であった。山岳地帯の隘路での行動は、すぐに行動不能となる危険があり、対戦車砲や携行対戦車火器による待ち伏せも容易であった。

このため、両軍ともに、耳目をひくはなばなしい戦車戦のない一方で、犠牲のみ多い血みどろの戦いがくりひろげられたのである。

一九四三年一〇月一二日、ナポリの北でいったん停止していたアメリカ第五軍（クラーク将軍）の進撃が再開された。

アメリカ軍の最初の障害はヴォルツルノ川であった。川は秋の降水で増水し、架かる橋は当然ながらドイツ軍によって破壊され、河岸には地雷が埋められていた。アメリカ軍は一五日までかかって、なんとか対岸に渡ることができたが、その後も峻険な地形とヴォルツルノ線、バルバラ線、ラインハルト線と後退しつつ抵抗をつづけるドイツ軍にはばまれて、前進ははかどらなかった。

半島東側をいくイギリス第八軍（モントゴメリー将軍）も、進撃を再開したものの、状況はたいして変わらなかった。

一〇月二二日にトリグノ川を強行渡河したものの、やはり前進は緩慢だった（もっともモントゴメリーの進撃ぶりはいつもこんなものだったが）。損害は増し、兵士は疲弊したため、けっきょく一二月一五日に連合軍司令官のアレキサンダー将軍は、いったん攻勢を中止するしかなかった。

この間、得られた時間を利用して、ドイツ軍のケッセルリンク元帥は、イタリア中央部の防衛線「グスタフ線《ライン》」の建設、強化に取り組むことができた。

グスタフ線はイタリア半島中央部を、西はティレニア海のガリグリア川河口からガリグリア川、そしてラピド川に沿って東にのび、アペニン山脈を抜けてサングロ川の北をアドリア海にたっしていた。

防衛線は単一ではなく、縦深をもった防御陣地帯で、その幅は、場所によっては一五キロもあった。とくに西側が強力で、リーリ川両岸の高地とモンテ・カッシノ（カッシノ山）が要害としてそびえたっていた。

この陣地線にはいったのは、ハインリッヒ・ファーティングホフ大将の指揮するドイツ第一〇軍であった。

前線には西から東に、第九四歩兵師団、第一五、第三機甲擲弾兵師団、中央軍として第二九機甲擲弾兵師団とヘルマン・ゲーリング機甲師団、第三〇五、第三三四歩兵師団、後詰めとして第九〇機甲擲弾兵師団、さらに増援として第四四歩兵師団と第五山岳猟兵師団、第二六機甲師団、第一降下猟兵師団、第一六機甲師団、その後詰めとして第六五歩兵師団が配置されていた。

連合軍グスタフ線に到達

一一月二〇日、連合軍のグスタフ線への攻撃が開始された。西側のアメリカ軍は、グスタフ線への接敵行動を開始したものの、それだけで被害は甚大で、攻撃はほとんど進捗しなかった。

これにくらべて、ドイツ軍の防御が弱い東側のイギリス軍戦区では、もう少しうまくいった。モントゴメリーは左翼から二コ師団を抽出して右翼を強化し、サングロ川を強行渡河するると、グスタフ線へととりついた。

米軍の攻撃により破壊された長砲身型Ⅳ号戦車

突破の焦点となったのは、ランシャノであった。ランシャノ周辺には、ドイツ軍の第二六機甲師団が展開していた。

一一月三〇日から一二月一日の夜、第二六機甲師団の第二六戦車連隊第五中隊第一小隊の五両の四八口径長砲身砲装備型Ⅳ号戦車は、ランシャノの南で警戒任務についていた。

「ふぁーぁぁぁ」

前方を見張る戦車兵は、あやうくあくびをかみ殺した。戦車はこれまでここで丸四日間、ここでおなじことをしていたが、まったく敵の活動は見られなかったのだ。

一二月一日の午後四時ごろ、これらの戦車はカステロフロンテノの方向へ偵察に出動したが、ここでも敵の活動は見られなかった。一日から二日の夜、さらに第五中隊から抽出された四両の四八口径長砲身型Ⅳ号戦車と三両の二四口径七・五センチ砲装備型Ⅲ号戦車

ぶあつい装甲をまとったイギリス陸軍のチャーチル戦車はやっかいな存在だった

がランシャノへと前進した。

夜の間にランシャノの東縁に布陣した擲弾兵は、インド兵偵察隊員によって追いはらわれてしまった。戦車部隊に警報が走る。

「すぐに陣地を取りかえすんだ！」

命令で、夜の闇をついて戦車が出動する。擲弾兵をしたがえて四両の戦車が、インド兵のものとなった元の自分たちの陣地に近づく。

「榴弾、フォイエル！」

戦車の射撃につづいて擲弾兵が飛びこみ、夜明けには元の陣地は取りもどされた。

「いそげ！　いそげ！」

突貫作業で穴が掘られる。陣地を強化するため、三両のⅣ号戦車が車体を埋めこんで配備されたのだ。その効果はすぐにあらわれた。

「警報！　敵襲！」

午前一〇時ごろ、敵が戦車をともなって攻撃をしかけたのである。

「パンツァー、フォー！」

二両のⅣ号戦車と三両のⅢ号戦車が反撃に出撃した。

「徹甲弾！　フォイエル！」

Ⅳ号戦車の強力な七・五センチ砲弾が空をつらぬく。射距離一二〇〇メートルで初弾から命中！

命中弾をうけたシャーマンが擱座し、すぐに煙を吹きあげた。さらにもう一発。シャーマンは燃えあがった。

のろのろと近づいてくるのはチャーチルだ。こいつはやっかいなことに、装甲がひじょうに強力だった。

「フォイエル！」

射距離六〇〇メートルで初弾が撃ちだされた。こいつも一発で破壊され、すぐに煙を吹きだす。もう一発撃ちこむと、この戦車も炎上した。

敵戦車には、さらに何発かが撃ちこまれ、激しく炎を吹きあげた。これらの戦車は、その後一時間以上も赤々と燃えつづけた。この二両は、ともに埋められたⅣ号戦車の戦果であった。さらに、この戦闘では一両のチャーチルが、Ⅲ号戦車から発射された六発の成型炸薬弾で、なんとか仕留められた。

反撃するドイツ軍は一〇キロも前進したが、彼らをさまたげたのは砲兵射撃だけであった。

「止まれ！」

午後二時ごろ、目標に到達した先導戦車は停止すると、車長は前方の敵方向を注視した。一瞬、息がとまる。彼が見たものは、一五〇〇メートル先に蝟集《いしゅう》した各種の戦車の大群であった。

ドイツ戦車のまわりには、砲兵、戦車、対戦車砲の射弾が集中して飛来した。

先導戦車は、右側面に何発も命中弾をうけて燃えあがった。

「脱出！」

乗員はなんとか脱出に成功し、運よく一名が軽い火傷を負っただけですんだ。

もう一両のⅢ号戦車が、走行装置にたてつづけに命中弾をうけ、片側の履帯が駆動できず行動不能となった。二両のⅢ号戦車と一両のⅣ号戦車の援護射撃のもと、擱座した戦車の車長と無線手が飛びだすと、敵砲火をかいくぐってワイヤーロープをかける。

「ボッボッボッボッボッ」

エンジンが唸りをあげ、僚車のⅢ号戦車に牽引されて、擱座した戦車は引っぱりだされた。

しかし、数メートルもいくと戦車の履帯がはずれて、ワイヤーロープもはじけ飛んでしまった。乗員はふたたび飛びだすと、すぐにロープをつなぎ直す。

敵の砲兵、戦車、対戦車砲の射撃は激烈だったが、シェルツェン、アンテナなど、外部装備品に軽微な損害が生じただけですんだ。

後退する戦車は、その途上ずっと砲兵射撃をうけたが、損害はなかった。

だが、山中のヘアピンカーブを曲がるため、速度を落としたときに、待ち伏せていた対戦車砲の射撃を浴びた。

Ⅲ号戦車の走行装置に命中した。装甲板がへこみ、車内の弾薬庫がゆがんだが、戦車は走行することができた。

その後、さらに砲兵射撃で牽引車の車体に大穴があき、被牽引車の燃料ポンプがいかれたが、二両は午後一時半、無事に帰り着くことができた。

このころ、南からランシャノにイギリス軍装甲車が突入した。別の小隊の四両のⅣ号戦車が突入したが、三発の命中弾で破壊された。

午後四時半にイギリス軍牽引車が、装甲車を回収するためにあらわれたが、ドイツ軍に撃破され、乗員は捕虜となった。

一方、ランシャノの東縁では夜がふけるまで、戦車が陣地を保持しつづけた。音をたてず、イギリス軍歩兵が彼らに迫る。戦車兵たちは拳銃と機関短銃を手にイギリス兵に応戦した。彼らは這いよるイギリス兵数名を撃ち倒し、一名を捕虜とした。

午後五時すぎから夜中の一一時すぎまで、彼らは後退する擲弾兵たちを収容するために、後衛任務についた。

一進一退の山岳戦の攻防

グスタフ線をはさむ両軍の一進一退の攻防はつづいた。

「警報！　警報！」

一九四三年一二月六日午前九時二〇分、第二六戦車連隊第七中隊長のルクデシェル中尉は、敵戦車がルアティに突入したという連絡をうけた。中隊は七両の四八口径長砲身型Ⅳ号戦車と二両の二四口径七・五センチ砲装備型Ⅲ号戦車を保有していたが、中尉はこの四分の一を残して、ルアティの南二キロの一五五地点へと出動した。

「ご苦労、敵戦車の攻撃だ」

「敵兵力はどのくらいですか」

「よくわからない」

中尉は一五五地点で現地を守る第二〇〇機甲擲弾兵連隊長と会談したが、敵戦力についてはっきりした情報は得られなかった。しかも、擲弾兵の準備にてまどり、反撃開始は午後二時になってしまった。

「パンツァー、マールシュ！」

中隊は山の小道に沿って、ルアティの北西方向に前進した。

「ハールト！」

いったん停止し、そこから中隊は小道から左の方向に散開し、ルアティへと接敵前進を開始した。中隊長らが先頭にたち、一コ小隊が後方に、もう一コ小隊は左側面を援護する。さらに擲弾兵がつづく。

地表の起伏はたいしたことはなかったが、ひどい泥沼で、戦車は一速でしか走れなかった。ルクデシェルは懸命に周囲を観察しようとしたが、オリーブの木とぶどう畑にさえぎられた。そのうえ、ミルクのような霧がたちこめ、わずか一〇〇メートル先しか見えなくなった。

突然、七二四号車が爆発した。おそらく弾丸が燃料タンクに命中したのだろう。瞬時に、ルアティまで二〇〇メートルに近づいたとき、中隊は激しい砲火につつまれた。紅蓮の炎を吹いて燃えあがった。

「応戦せよ！」

中隊はすぐに、すべての武器を撃ちまくって反撃したが、敵の位置ははっきりしない。しかたなく発砲炎をたよりに射撃するしかなかった。

敵の防御砲火は激しく、重砲射撃までくわわった。七二五号車は右履帯がやられて行動不能となり、その直後に砲塔に被弾した。ほとんど同時に七三三号車もギアーボックスに被弾して脱落した。

中隊にのこった六両の戦車は、主砲と機関銃を撃ちまくり、全速力で機動して、敵の射弾をかわそうとした。

そのまま村へと突進する。射撃を浴びて一軒の民家が燃えあがった。

エンジン音をひびかせて七二二号車が、車列の右側に出た。なにかを発見したようだ。

砲口が一瞬ひかり、必殺の射弾が撃ちだされる。すぐそこの目標に突き刺さり、三〇名ばかりの敵歩兵が吹き飛んだ。

七二二号車はきびすをかえして、車列にもどる。しかし、すぐまたなにかを発見したようだ。

「アハトゥング！」

車長が叫ぶ。敵戦車だ。村のはずれに敵戦車がひそんでいたのだ。

「徹甲弾！」

砲塔が旋回して狙いをつける。

「フォイエル！」

「命中！」

「もう一発だ」

「命中！」

さらにもう一発。敵戦車は三発の命中弾を浴びて撃破された。

その間、中隊ののこりの車体は、村まで五〇メートルに接近した。

「榴弾、フォイエル！」

敵歩兵が立てこもる民家を吹き飛ばす。そのとき、七二一号車が砲塔に命中弾をうける。幸い貫徹しなかったものの、主砲が射撃不能となってしまった。

「アハトゥング、パンツァー！」

無線が飛んだ。村の前面で、また敵戦車が発見されたのだ。敵戦車は横腹をこちらにさらしたまま、砲塔をめぐらせて、こちらに狙いをつけている。

「やられる！」

しかし、いつまでたっても敵戦車は発砲しなかった。おそらく、すでに命中弾を浴びて撃破されていたのだろう。

その間に、七三四号車は左翼に進出していた。前方の霧のなかで閃光がきらめく。弾丸が車体をかすめて飛び去る。

「榴弾、フォイエル！」

七三四号車は、発砲炎の見えた場所をたよりに、敵陣地を吹き飛ばした。もうひとつ光った。これも榴弾で沈黙させた。いったい敵はなんだったのだろう。

しかし、七三四号車の幸運もここまでだった。突然、衝撃が走る。たちまち煙がたちこめてきた。

村まであと三〇メートルというところで、七三四号車はエンジン室に命中弾をうけてしまったのである。さらに数発、たてつづけに命中弾をうけて七三四号車は撃破された。

敵の防御射撃と重砲射撃は、やむことなく荒れ狂いつづけた。擲弾兵は村の一番端の家にとりついていたが、重圧にたえきれずに後退した。

もはやこれまで。このままでは損害が増すばかりである。ルクデシェル中尉は撤退を決意した。

「負傷者を収容して後退する！」

中尉は装填手の手を借りて、七二一号車から重傷をおった無線手をひきずりだし、自分の乗車に押しこんだ。それからメンツァー少尉も……。彼は戦車の外に出た後に、弾片で負傷したのである。

軽傷だったのこりの七二一号車の乗員は、戦車の車外によじのぼってしがみついた。中尉は出撃地点までもどると、負傷者を衛生兵にひき渡した。

その間に七一二号車は、他の擱座した戦車の牽引をこころみていた。しかし、七二五号車そして七三三号車の牽引は、両車ともに失敗におわった。

ルクデシェル中尉は報告をうけると、牽引をあきらめて使える機材を取りだして、戦車を爆破するよう命令した。

ルクデシェルは無事な二両の戦車とともに、一五五地点の北で午前三時半まで警戒任務についた。

イギリス軍、突破に成功

一二月一四日、ついにイギリス軍はランシャノの東で突破に成功した。これにたいして、シャフト中尉の指揮する第二六戦車連隊第六中隊は、Ⅲ号火炎放射戦車を装備した第九中隊第一小隊をひきつれて出撃した。この珍しい戦車は、敵の歩兵を追いはらうには、大いに役だってくれるだろう。

命令は、オスソグナからオルトナへ、一五五地点まで進出して、敵の突破口をふさぐというものであった。

中隊はブラント少佐の指揮する大隊とともに戦闘団を組んで、午後一一時半に二八〇地点を出撃した。

午前二時一五分には一五五地点の南五〇〇メートルに到達したが、そこまでは、これというほどの敵の抵抗にはあわなかった。

ヘルマン・ゲーリング戦車連隊所属のⅣ号戦車H型

戦闘団はここで停止した。ブラント少佐からの無線連絡がはいったのだ。連絡によれば、いっしょに攻撃にくわわるはずだった工兵中隊が、一八一地点への途中で敵の攻撃をうけて、包囲されてしまったというのだ。

このためシャフト中尉は、偵察隊だけを前方に派遣することにした。偵察隊の報告によれば、なんと一五五地点に敵はいないという。

戦機を逃してはならじ。中尉は第九中隊第一小隊と第六中隊の四両の四八口径長砲身型Ⅳ号戦車を前進させて、なんなく一五五地点を確保した。

午前五時二〇分には工兵部隊が到着して、一五五地点の左右の間隙も閉塞された。しかし、彼らにのんびり休んでいられる時間はなかった。

一五五地点のまわりは突然の砲撃で掘りかえされた。午前七時二〇分、連合軍の攻撃が開始されたのである。

重砲射撃の支援のもとに敵戦車が近づく。南東からあらわれた二両のシャーマンと、先頭のⅣ号戦車が対決した。

「アハトゥング、パンツァー!」

「徹甲弾!」

「フォイエル!」

「命中!」

しかし、敵戦車は擱座しない。一両のシャーマンは三発の命中弾をうけて後退した。シャーマンは一二〇〇メートル後退した地点で停止した。

Ⅳ号戦車も無事ではすまなかった。もう一両のシャーマンの発射した弾丸が命中したのだ。弾丸は砲防盾、そして車長用キューポラに命中した。撃破はされなかったものの、これ以上踏みとどまるのは無謀というものだ。

止むなく戦車は、僚車の到着を待たずに後退せざる得なかった。それでも一五五地点は保持された。

戦車は引きかえしたものの、連合軍は攻撃をあきらめたわけではなかった。一二月一五日、連合軍は無理押しをやめて、一日中、重砲による砲撃をつづけた。ドイツ軍にはまねのできない、物量にあふれる連合軍のやり方である。

鉄の雨が降ろうとも、装甲板に覆われた戦車ならなんとか耐えられるものの、生身の歩兵はたまったものではない。たちまち損害が続出した。損害に耐えかねて、歩兵は四〇〇メートル後退した。

翌朝早く、ブラント戦闘団の歩兵は、新しい命令をうけて配備地点からひきあげた。しかし、シャフト中隊の戦車は、まだ一五五地点を保持しつづけていた。

「ズーン、ズーン」

例によって激しい準備砲撃が、ドイツ軍陣地に突き刺さる。午前五時ごろ、これにつづいて連合軍の攻撃が再開された。

敵戦車がふたたび迫る。この攻撃は撃退された。敵の戦車は煙幕の中を逃げだしていった。とはいえ、このくらいであきらめる敵ではなかった。

一〇時半、ふたたび激しい敵の砲撃。シャフトたちは戦車の中で身をかたくして、運悪く重砲弾が戦車を直撃しないことを祈った。

今度は歩兵に支援された戦車の攻撃だった。

「徹甲弾！」

「フォイエル！」

敵のチャーチルが命中弾をうけて破壊された。敵歩兵は、戦車の同軸機関銃と車体機関銃がなぎ倒す。このときも敵は大損害をうけて後退した。

しかし、一両のⅣ号戦車が直撃弾をうけて破壊された。

連合軍は、彼らにふたたび激しい砲兵射撃をあびせかける。やむなく戦車は四〇〇メートル後退してこれを避けた。

午後四時、シャフトに一八一地点を通ってトーロへの後退が命じられた。

こうした戦闘をくりかえし、ようやくイギリス軍は一七日にはオルトナに到達した。しかし、これは連合軍全体の成功にはつながらなかった。ここイタリアでは、東側で突破しても、中央部に立ちはだかる山岳地帯のため、西側に機動してドイツ軍全戦線を包囲することは不可能なのだ。

東側のドイツ軍は、なんとか新たな防衛線を構築して、イギリス軍の前進を停止させることができた。イギリス軍の突破は、ドイツ軍の戦線を後方に押しこんだことでしかなかった。

連合軍が本当にグスタフ線を突破してローマにせまるには、さらに数ヵ月にわたるモンテ・カッシノをめぐる血みどろの戦いと、ドイツ軍の後方を衝くアンツィオへの上陸作戦が必要であった。

【第3部　東部戦線、ドイツ軍の防衛戦／ハリコフ、ウクライナ、ベラルーシ】

第12章　開始されたソ連軍の大攻勢、ミウス川の戦い

ドイツ軍のクルスク攻勢を耐え忍んだソ連軍は、戦線の各所でドイツ軍に襲いかかった。防戦に追われる南方軍集団は、もぐらたたきのように繰り返されるソ連軍の攻勢に耐え、撃退しなければならなかった！

一九四三年七月～八月　ミウス川の戦い

ソ連軍の反攻開始される

一九四三年七月一三日、クルスク攻勢は中止された。ドイツ軍はソ連軍に多大の損害をあたえたものの、みずからの損害も大きかった。両軍ともにこの損失を埋めることは容易ではなかった。しかし、ソ連軍は多数の戦線で優位だったのにたいして、ドイツ軍にはもはや、どこもかしこも薄っぺらい戦線しか残っていなかった。ようやくかき集めた戦力がクルスクで失われたいま、ドイツ軍はこの手持ちの兵力でソ連軍の攻勢に対処しなければならなかった。

そしてもうひとつ、一九四一年や一九四二年の戦いのときと異なり、クルスクではソ連軍が戦場を支配した。これにより彼らは多数の戦車を修理して復帰させることができた。たとえばカトゥコフの第一親衛戦車軍は、つぎの攻勢開始までに一二一五両もの装甲車両を修理したという。しかし逆にドイツ軍はすべてを失ったのである。

ソ連軍は損害にもかかわらず、ドイツ軍を攻め立てた。その結果、南方軍集団は、行きつく暇もなく防戦に追われることになった。七月一七日、ハリコフ南東約一〇〇キロのイジューム周辺とミウス川流域で、ソ連南西方面軍と南方面軍による攻勢が開始された。ソ連軍はドイツ軍の七倍もの兵力を持ち、強力な航空支援が得られた。

イジュームのフォン・マッケンゼン上級大将の第一機甲軍陣地は、一〇日間の激しい戦闘の後、なんとかこの攻勢を持ちこたえた。後には五〇〇両ものソ連軍車両が残骸となって燃え上がっていた。しかし、ミウス川岸のホリト将軍の第六軍陣地は……。そこを守っていたのは、打ちつづく戦闘で疲れ果てた歩兵部隊であった。

ミウス川戦線北翼と南翼にたいする攻撃は、なんとか撃退することができた。しかし、戦線の中央部、スターリノ東方ミウス川東岸クイビシェヴォとドミトリエフカの間では違った。ソ連軍はこの戦区に、精鋭の第二親衛機械化軍団を投入したのである。

「ズガーン、ズガーン」

「ゴゴゴゴゴ」

激しい砲撃で掘り返された第六軍の陣地に、地響きをたてて戦車が襲いかかった。

第一波は、一二〇両ものT34と七〇両のT70であった。

「ドーン、ドーン」

「ガガガガガ」

彼らは戦車砲と機関銃を乱射しながらドイツ軍陣地に突入した。彼らはやすやすとドイツ軍の第一線陣地を突破した。

「ズーン」

突然の爆発、地雷だ。さらに、タコツボにこもった歩兵は、戦車にむらがって肉薄攻撃をくわえた。

しかし、地雷原と歩兵の粘り強い反撃は、ソ連軍の前進を遅滞させたものの、彼らの前進を止めることはできなかった。一八日、第六軍司令官ホリトは、彼の唯一の予備兵力、第一六機甲擲弾兵師団を、四〇両かそこらの戦車とともに投入した。

だが、師団には準備する時間も作戦計画を練る時間もなかった。その結果は、大悲劇となった。ソ連軍は多数の対戦車砲を用意して、ドイツ軍の反撃を待ち構えていたのである。

「パンツァー、フォー！」

第一六機甲擲弾兵師団の戦車が、前進を開始するやいなや、ソ連軍の十字砲火が浴びせられた。

「ガーン」

「脱出！」

あちこちで命中弾を受けた戦車が燃え上がる。わずか数分のうちに、二〇両もの戦車が撃破された。そして生き残った戦車は、算を乱して後退した。ソ連軍はこの勝利を活用して前進にうつった。彼らはミウス川を見下ろす制高点を占領した。

この危機にマンシュタインは、こんどはホリトの下に第二三機甲師団を派遣した。なんとか、ソ連軍戦車の激流を押し止《とど》めねばならない。しかし、ほそぎれの戦力投入は失敗に終わった。

一九日、開始された第二三機甲師団の反撃は、第一六機甲擲弾兵師団の反撃と同様悲劇で終わった。ソ連軍戦線に正面から立ち向かった師団は、五〇両のうち二八両の戦車を失って、後退したのである。

ふたたびソ連軍は、好機を活用して大規模な攻撃を開始した。第四機械化軍団は、一四〇

ソ連戦車をねらう88ミリ砲

両の戦車で、第六軍のたった三六両の戦車に襲いかかったのである。

第二四機甲軍団司令部の到着が、この日の戦いを救った。彼らは大急ぎで、かき集めた八八ミリ対空砲と突撃砲中隊で急造防衛線を構築した。彼らは地響きを立てて向かってくるソ連戦車の無敵艦隊に立ち向かった。いまやドイツ軍が、ソ連軍に大惨劇を引き起こす番であった。

ここでもドイツ軍の救世主、八八ミリ対空砲は圧倒的な威力を発揮した。

「徹甲弾、フォイエル！」

八八ミリ砲は砲身が灼熱するまで、撃ちに撃ちまくった。

「ガーン」

八八ミリ砲弾が命中、T34の装甲はいわし缶のように撃ち抜かれた。

「ドカーン」

弾薬に誘爆して、砲塔が吹き飛ぶ。

「ヒューン」

突撃砲の七五ミリ砲が合いの手をいれる。

「ガーン」

命中！　あちらでも、こちらでもソ連戦車が燃え上がり、生き残った戦車は逃げ場を求めて右往左往するばかり。

最終的にドイツ軍の防御砲火網の前面では、九三両のソ連戦車が撃破され骸を並べた。

こうして、ソ連軍の攻撃は撃退された。ソ連軍は、その最後の戦車予備を失い、攻撃の衝力は失われた。

ドイツ軍の反撃開始

いまや、攻守はところを変え、ドイツ軍の反撃のときは来《きた》ったのである。マンシュタインは、ソ連軍への反撃のためにまだクルスク突出部で戦いつづけていたSS第二機甲軍団を抽出して、南に送り出した。彼らはイジュームで数日間の反撃に従事し、つづいてミウス戦区に到着したのは二九日のことであった。最初に到着したのは「トーテンコプフ」で、その後「ダス・ライヒ」の部隊がつづいた。

ホリトは、ソ連軍の攻撃にたいしては、即座に反撃しなければならないことが良くわかっていた。いったんソ連軍が地歩を固めて、穴にこもって陣地を構築したら、彼らを追い出すのは至難の技となる。反対にホリトには即座に反撃することで、あわてふためいたソ連軍を、大混乱の中で撃退したことが何度もあった。

第一六機甲擲弾兵師団、そして第二三機甲師団の反撃失敗も、ホリトの確信を変えはしなかった。彼はSS第二機甲軍団をも、ふたたび即座に反撃に投入することを決めたのである。彼らには現地の地勢を知ることも、敵の弱点を偵察する暇もあたえられなかった。とにかくしゃにむに反撃するのみ。

ソ連軍の戦線は、ミウス川より大きくドイツ軍戦線に突出していた。しかし、ホリトはソ連軍部隊にたいして、玄人好みの大規模で手の込んだ挟撃作戦を仕掛ける気はなかった。彼はもっと単純で素早い正面攻撃を、しかも即座に仕掛けることを命じたのである。

攻撃開始は翌三〇日。SS第二機甲軍団司令官ハウサーは、任務達成に闘志を燃やした。第六軍が達成できなかった任務をわれわれが達成するのだ。しかし、SS軍団将兵は困惑していた。彼らには彼らが乗る列車の出発時間以外、どこでなにをするのか、ほとんどなにも知らされていなかったのである。そして彼らが彼らの知らされていない目的地に到着するやいなや、即座に行動することが求められたのである。

SS機甲軍団は北西から、そして第二三機甲師団と第一六機甲擲弾兵師団は真西から攻撃を仕掛けることになった。「トーテンコプフ」の目標は、ソ連軍陣地の中央の高地帯であった。そのすぐ南から攻める「ダス・ライヒ」の目標は、ステパノフカの町でさらにその近く

反撃にでた武装SS部隊

のミウス川一帯の制高点である丘を奪取することになっていた。

「トーテンコプフ」の攻撃を先導したのは、SS第三戦車連隊のⅢ号戦車四九両、Ⅳ号戦車九両、ティーガー一〇両である。いつものように、パンツァーカイル隊形の先頭に立ったのは、強力なティーガー戦車であった。そしてその後からは、「テオドール・アイケ」「トーテンコプフ」の二つの機甲擲弾兵連隊がつづいた。

攻撃は三〇日の夜明けとともに開始された。

「ボボボボボ」

あちこちで戦車のエンジンが唸り、排気管からは白やら黒やらの排気が吹き出した。

「パンツァー、マールシュ！」

「キュラキュラキュラ」

キャタピラがこすれ合い土埃を蹴立てて、

戦車の大群は一斉に動き出した。

攻撃は最初うまくいくかに思えた。ソ連軍の抵抗はたいしたことはなかった。彼らの構築した「パックフロント」に近づくまでは。

「ピカッ」

前方で何かが光った。

「ヒューン」

真っ赤な塊が飛びすぎた。

「アハトゥング、パック！」

敵の対戦車砲だ。対戦車砲弾が雨あられと戦車のまわりに降りそそいだ。

ソ連軍はこの五日間で高地を強固な防御陣地帯に変貌させていた。ソ連軍は彼らの前には、まるまる一コの対戦車旅団が展開し、多数の対戦車砲を据え付けていた。さらに壕に入ったT34戦車と、五コもの狙撃兵師団が彼らを支援していた。陣地にちかづく戦車に歩兵が襲いかかる。彼らは対戦車銃で、戦車の弱い横腹を狙い撃った。

味方の歩兵は？　ソ連軍は激しい砲火を浴びせ、擲弾兵は遮蔽物に入るのを余儀なくされた。すでにすべての戦車が多数を被弾していた。進退窮まった戦車は、峡谷や地表の窪みをさがして、敵弾から逃れようとした。しかし、敵弾は前からだけでなく横からも降りそそいだ。ソ連の対戦車砲兵は、ドイツ軍戦車の一両一両をしつこく狙い撃った。

「ズーン」

突然の爆発が戦車を襲った。さらに悪いことに、戦車は地雷原に迷い込んでしまったのである。

「ガラガラガラ」

地雷はつぎつぎと爆発し、ちぎれたキャタピラが吐き出される。キャタピラを吹き飛ばされた戦車は、あちこちであらぬ方向を向いて停止した。二時間もたたないうちに、八両のティーガーをふくむ四八両もの戦車が擱座し、「トーテンコプフ」の攻撃は頓挫した。

「ダス・ライヒ」のステパノフカへの攻撃も、おなじくツキに見放されていた。師団は二つの戦闘団を編成して攻撃した。「ドイッチュラント」機甲擲弾兵連隊は、師団の突撃砲大隊に支援されてステパノフカ

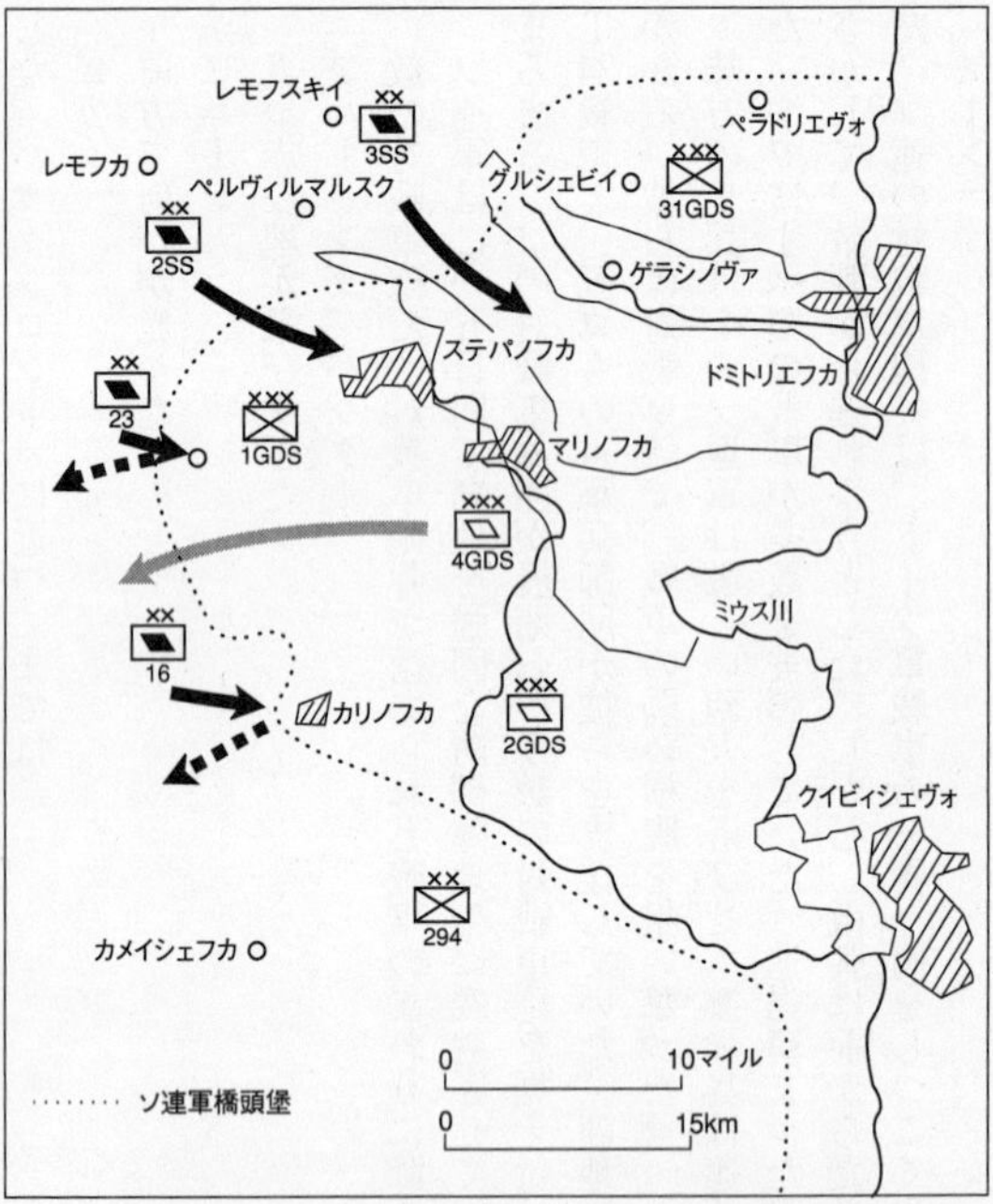

に襲いかかった。一方、SS第二戦車連隊と機甲偵察大隊、そして「デア・フューラー」機甲擲弾兵連隊の装甲兵員輸送車は村の南を掃討し、この地域を制圧する高地の制圧をはかった。

「ダス・ライヒ」の自走榴弾砲による短切な支援砲撃の後、「ドイッチュラント」機甲擲弾兵連隊は、攻撃を開始した。彼らは成功裡に町に侵入した。しかし、ソ連軍は町のすべての建物を防衛拠点に変貌させていた。

「ズカーン、ズカーン」

「ダダダダダ」

建物の窓という窓、あらゆる街路はソ連軍の射撃と砲撃で沸きかえった。狙撃兵、地雷、ブービートラップで、擲弾兵たちは身動きがとれなくなった。それでもなんとか彼らは、町中深く侵入した。

しかし、そこではT34戦車がドイツ兵をもとめて徘徊していたのだ！　彼らはドイツ兵を見つけるやいなや、主砲を撃ちかけて駆り立てた。死傷者は続出し、これ以上の攻撃は不可能であった。

一方、SS第二戦車連隊は、「トーテンコプフ」と変わらぬ悲運に見舞われた。ソ連軍はここでも、濃密なパックフロントを構築していたのである。彼らはやはり地雷原で二五両の戦車を失った。攻撃が中止されるまでに、彼らはなんとか二つの丘の頂上を占領することに成功したものの、それはとても犠牲に見合うものではなかった……。

再興、ステパノフカ攻撃

三一日、SS第二機甲軍団の攻撃は再開された。彼らは前日よりも、より調整された攻撃計画を立てた。

「シュワ、シュワ、シュワ」

「ズーン」

「ヒューン、ヒューン」

「ズドドドド」

激しい爆発で、ソ連軍陣地は揺すぶられた。ドイツ軍は、攻撃開始にあたって、軍団すべての火砲、ロケット砲によって、四五分におよぶ準備砲撃をおこなったのである。さらにスツーカまでもが呼ばれた。

砲撃は、「トーテンコプフ」の戦車と歩兵の、前進を隠蔽する役割も果たしていた。ソ連軍陣地の前に突如躍り出た、ドイツ戦車と歩兵は難無く敵第一線陣地を突破した。しかし、そこまでだった。激しい抵抗でふたたび攻撃は行き詰まったのである。師団の戦力はがた落ちとなり、いまや彼らに残されていたのは、ティーガー一両、Ⅳ号戦車九両、Ⅲ号戦車五両にすぎなかった。

一方、「ダス・ライヒ」の戦区ではソ連軍のほうが、激しい反撃を仕掛けた。七〇両の戦

優勢なソ連戦線に突入したドイツのⅣ号戦車

車に支援されたソ連軍部隊はドイツ軍を追い出すため、ステパノフカを少なくとも一四回にわたって攻撃したのである。血で血を洗う激戦で、この攻撃は撃退された。しかし、損害は深刻であった。

この日の戦いで、SS第二機甲軍団はさらに二四両の戦車が破壊され、そのほか八〇両が修理工場にあった。このままでは、彼らが完全に戦力を失うのは時間の問題であった。マンシュタインはホリトに攻撃の中止を求めた。このままでは、彼の唯一の貴重な機甲予備兵力が失われてしまう。彼はこの戦力を、予想されるハリコフでの敵の攻撃を撃退するために必要としていた。

マンシュタインはホリトの司令部へと飛んだ。三一日おこなわれた鳩首会談で、ハウサーは彼の部下がまだまだ課せられた任務を果たせることを力説した。そして「デア・フューラー」連隊のスタッドラーも。マンシュタインはあと「数日間」スタッドラーは攻撃をつづけることを許可した。

この日、残りの時間を徹底して攻撃地点の、ステパノフカの南の偵察に使った。そして、八月一日に攻撃は再開された。

午前四時、「ダス・ライヒ」の戦車部隊の支援のもと、スタッドラーの二コ大隊の擲弾兵は、ステパノフカの南の高地を占領すべく前進を開始した。同時に六〇〇門もの砲、ロケット砲が、一斉にソ連軍前線に向かって砲撃を開始した。砲撃は、これまでの二日の戦闘で暴露された対戦車砲陣地、塹壕に、ピンポイントで指向された。

ネーベルベルファーロケットが煙幕を張るなか、スタッドラーの部隊は開けた地上をダッシュして敵陣に襲いかかった。塹壕には手榴弾が投げ込まれ、生き残った兵士は躍り込んだSS兵に白兵戦で仕留められた。数時間の戦闘で、ソ連兵は丘からたたき出された。

ソ連軍は、丘を奪回すべく、T34に支援された歩兵の大群を差し向けた。スタッドラーは砲兵射撃を要請する。

「シュワ、シュワ、シュワ」

「ドカーン、ドカーン」

着弾によって、斜面を進む歩兵の列には大きな穴が開く。数両の突撃砲が丘上に進み入り、T34を狙う。

「ガーン」

命中弾を受けたT34が爆発して擱座した。

スタッドラーの攻撃と並行して、「ダス・ライヒ」の戦車部隊は、ステパノフカを迂回して、東へと進撃をつづけた。「トーテンコプフ」の戦車を側面から射撃する、敵対戦車砲部隊をやっつけようというのだ。

「パシーン、パシーン」

銃弾が装甲板をたたく。前進する彼らに激しい砲火が浴びせられた。

「グレナディアー！」

敵火点をつぶすために、装甲兵員輸送車に乗った擲弾兵が躍り出て、敵を沈黙させる。スツーカが呼ばれ、敵戦線に穴をうがつ。いまや先頭に立つのは、突撃砲大隊の突撃砲であった。

「榴弾、フォイエル！」

突撃砲は彼らに立ち向かうすべての敵を、その主砲で吹き飛ばして進撃した。

こうして「トーテンコプフ」を悩ませた「パックフロント」は、後方から攻撃され撃滅された。「トーテンコプフ」の残存する一九両の戦車は、やっとこれで前進することが可能になった。

午後には擲弾兵はステパノフカへの包囲を完成させた。これによって、ステパノフカで抵抗をつづけていたソ連軍は袋のネズミとなった。こうして苦闘をつづけていた「ドイッチュラント」連隊は、ついにステパノフカの占領に成功した。

この日の午後四時には、SS機甲部隊の前進を拒んでいたソ連軍の防御陣地は、ほぼすべて除去された。

ミウス川の血みどろの勝利

ソ連軍は最後の反撃を試みた。「ウラー、ウラー」ドイツ軍の陣取る丘に向かって、雲霞のごときソ連軍歩兵の集団が押し寄せた。頂上に陣取った戦車は、草原を占めたカーキ色の集団に向かって主砲と機関銃を乱射した。

「ズーン」

榴弾が命中するたびに、集団の中にぽっかりと大穴が開いた。

「ボーーーー」

機関銃が唸り、草を刈るように集団を一列になぎ倒した。

スツーカの介入が、ソ連軍の反撃に止めをさした。

「ヒューン」

急降下するスツーカが爆弾を投下すると、隊列には大穴が開いた。

「ダダダダダダ」

機銃掃射で、隊列がなぎ倒される。たまらずにソ連兵は、あちこちで手を揚げはじめた。さらに何千ものソ連兵は、算を乱してミウス川の橋へと走りだした。

「ダス・ライヒ」にくらべると、「トーテンコプフ」の陣地は脆弱だった。そして彼らのところには、十分なスツーカの支援もなかった。もしソ連軍が断固として反撃に打って出たら、彼らが陣地を維持できたかどうか怪しいものだった。しかし、完全にパニックとなったソ連兵は、ここでも陣地を捨てて敗走を開始した。

こうして敵のドネツ下流域資源地帯への進出は阻止された。SS第二機甲軍団は、このあと何日か現地に留まり、第六軍による掃討戦を支援した。その後、第六軍は八月三日までに旧陣地線を回復することに成功した。ミウス川の戦いでソ連軍は一万八〇〇〇名の捕虜を出し、五八五両もの戦車を撃破された。

しかし、ドイツ軍の損害も大きかった。「トーテンコプフ」はこの戦いで、一五〇〇名もの死傷者を出したが、これはクルスクの戦いの三倍だった。「ダス・ライヒ」も似たようなものだった。戦車戦力にいたっては、八月二日には、「トーテンコプフ」はたった二三両、「ダス・ライヒ」は二二両しか有してなかった。

彼らはさらに一ダースほどの突撃砲と、マーダーを保有していたかもしれない。しかし、ミウスにくる前の彼らの戦力は、一九〇両もあったのである。彼らには人員の補充も戦車の補給もなかった。できることは、損傷した戦車を懸命に修理して、前線へと復帰させることだけであった。

これで南方軍集団の戦線も安定するのなら、彼らの犠牲も見合うものであったろう。しかし、そんなことにはならなかった。これらの攻勢はこれからはじまるソ連軍の大攻勢の、ほんの手初めにすぎなかったのである。

第13章　最後の攻防戦に勝利した赤い奔流

ハリコフ奪回に執念を燃やすソ連軍は、あいつぐ戦闘で疲弊したドイツ軍を一気に撃滅するため、大戦車戦力を投入してきた。しかし、迎え撃つべき戦力はあまりにも貧弱なものだった！

一九四三年八月三日～二三日　ハリコフ解放

ハリコフを奪回せよ

八月はじめ、ドイツ軍偵察機はベルゴロド東方で、ソ連軍戦車の大部隊が集結しているのを発見した。彼らがなにをしようとしているかは明らかだった。彼らは一九四二年春に失敗したことを、もう一度やり直そうというのだ。

そう、ハリコフ周辺地域から西に突破し、ドニエペトロパブロフスク、サポロジェにたっし、南方軍集団の補給線を断ち、そこから南に旋回してアルテモフスクとタガンログの間に突出しているドイツ軍を包囲殲滅し、アゾフ海沿岸を解放しようというのである。

攻勢には、ヴァトゥーチンのヴォロネジ方面軍の五コ軍が参加した。そのなかには、カトゥコフ将軍ひきいる第一親衛戦車軍と、ロトミストロフ将軍ひきいる第五親衛戦車軍があった。

攻勢開始にあたってヴァトゥーチンは、最初の一撃で最大限の衝撃力をあたえるため、ひとつの打撃軸にすべての戦力を集めることにした。その中心となったのが、第一、第五親衛戦車軍であった。

戦車の後からは狙撃兵の集団がつづく。攻勢の成功には両者の密接な協力が必要であった。七月三一日、カトゥコフ、ロトミストロフ、さらに第五親衛軍のジャードフ将軍をまじえた話し合いがおこなわれた。

ジャードフは、彼の計画を説明した。

「戦車軍の支援をうけて、五コ歩兵師団でドイツ軍戦線に突破口を開ける」

彼はみずからの成功を確信していた。というのも、彼の手元には増強された多数の砲兵機材がそろっていたからである。

「突破地点にたいして、一キロあたり二三〇門の砲迫を据え、三時間にわたって砲撃をくわえる」

「それはけっこう」

ロトミストロフはこたえた。

「しかし、突破部隊が一〇キロ幅の戦線を突破した後、第二梯団と後方部隊がいっせいに突破口にあふれだし、戦車部隊の進路をふさいでしまうだろう」

「それが問題だ」

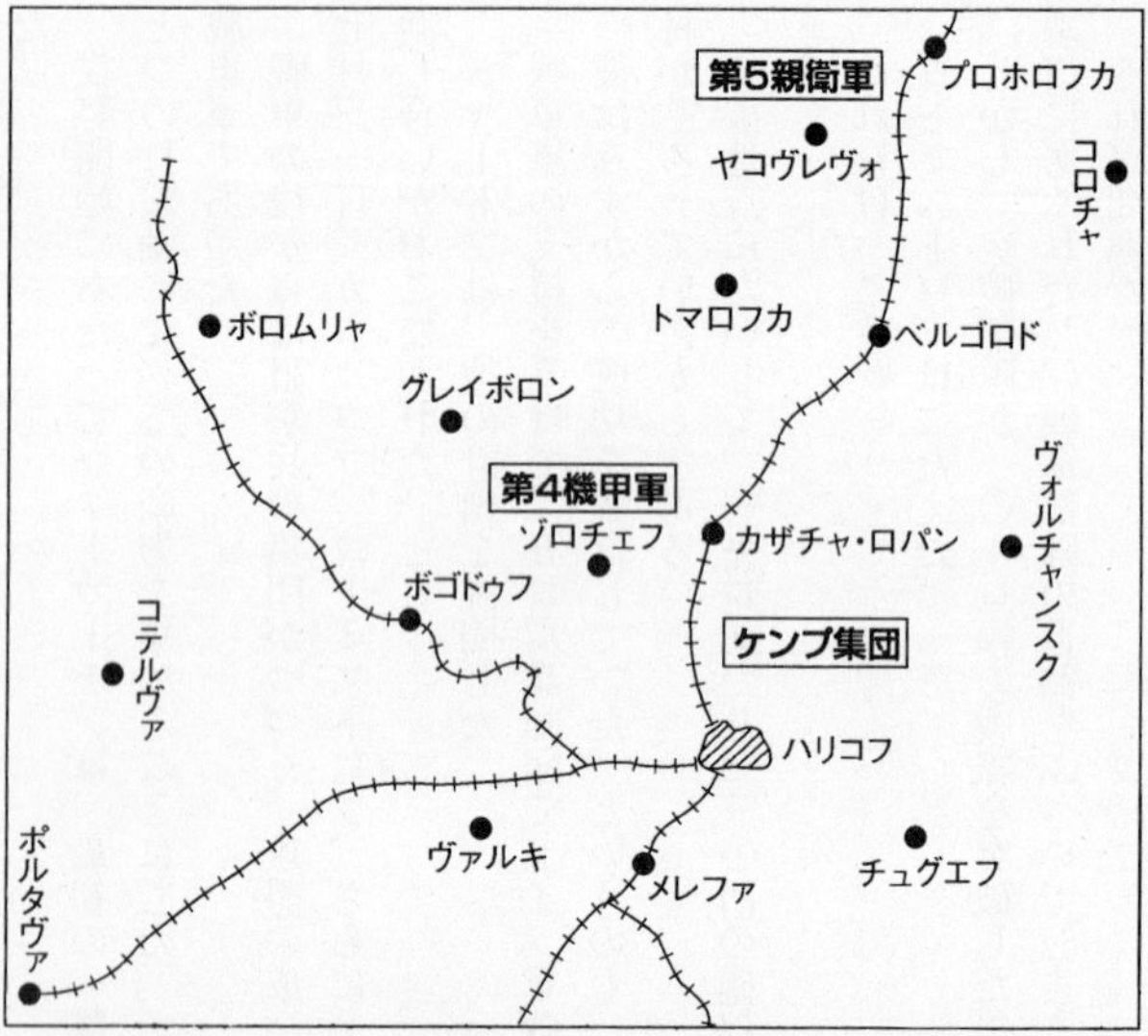

ジャードフは認めた。

「どうすればよいか考えよう」

カトゥコフがくわわる。

戦車部隊の進撃路をどう確保するか。わずか一〇キロの突破口に四コ戦車軍団が突入するのである。通常なら八本は必要な進撃路だが、最低でも四本をなんとか確保しなければなるまい。

まず、狙撃兵の突破部隊が進撃ルートを使用し、その二〜三キロ後から戦車部隊の第一梯団がつづく。突破後、進撃路は戦車部隊が使用することになった。

八月二日、戦車部隊の指揮所は前線へと移動した。第一親衛戦車軍は第六戦車軍団、第三機械化軍団を第一梯団とし、第三一戦車軍団を第二梯団とした。第五親衛戦車軍は第一八、第二九戦車軍団を第一梯団とし、第五親衛機械化軍団を第二梯団とした。二日夕方には第一梯団部隊は、出撃準備陣地にはいった。

八月三日早朝、カトゥコフ、ロトミストロフはともにジャードフの第五親衛軍前線監視所に集まった。そこには、スターリンとジューコフの連絡員もつめていた。

間もなく、ソ連軍の乾坤一擲の反攻作戦が開始されるのである。カトゥコフは第五親衛軍の後方に密集する二コ親衛戦車軍を見て、

「戦争中を通じて、これほど狭い地域に、これほど多数のソ連戦車が集まったさまを見たことがない」

と語った。なんと戦車は一キロあたり七〇両！　戦車と戦車は踵を接してならび、攻撃開始を待った。

襲いかかった大戦車部隊

八月三日午前五時、クルスク突出部南部を守るドイツ軍陣地は、激しい砲撃と爆撃にさらされた。砲爆撃は三時間におよんだ。ついにクルスク突出部南部でのソ連軍の反攻が開始されたのである。

「このような激しい砲撃を見たのははじめてだ」

ロトミストロフは書いた。

激しい砲撃につづいて、第五親衛戦車軍の狙撃兵はドイツ軍陣地に襲いかかった。狙撃兵部隊が陣地を突破した後、戦車部隊が突入する。

戦車部隊が攻撃にくわわるのは、あくまでも緊急事態のみ、そういう手はずである。しかし、数時間の攻撃で、狙撃兵部隊はドイツ軍陣地にわずか数キロ侵入できただけであった。

ヴァトゥーチンは戦車部隊の投入を決めた。狙撃兵部隊の背後の森から、うなるようなエンジン音がひびき、雲のような黒煙が舞いあがった。

密集した戦車部隊がいっせいに動き出したのである。午後一時、五五〇両の戦車は進撃を開始した。

第一親衛戦車軍第六戦車軍団の先鋒部隊の第二〇〇戦車旅団、第三機械化軍団の先鋒部隊第四九戦車旅団、そして第五親衛戦車軍の戦車の群れは、狙撃兵部隊を超越してドイツ軍陣地へと襲いかかった。

「アラート！　敵戦車！」

ドイツ軍陣地に警報が走る。

ドイツ兵は悪鬼のごとく戦った。ドイツ軍の抵抗は激烈で、戦車軍の攻撃はあまりうまく進まなかった。

ようやく夜が訪れるころ、戦車軍はドイツ軍第二線陣地を突破して、ドイツ軍戦線に二五～三〇キロの深さで侵入することができた。夜間も戦闘はつづき、戦車軍はトマロフカ～べルゴロド鉄道線を切断した。

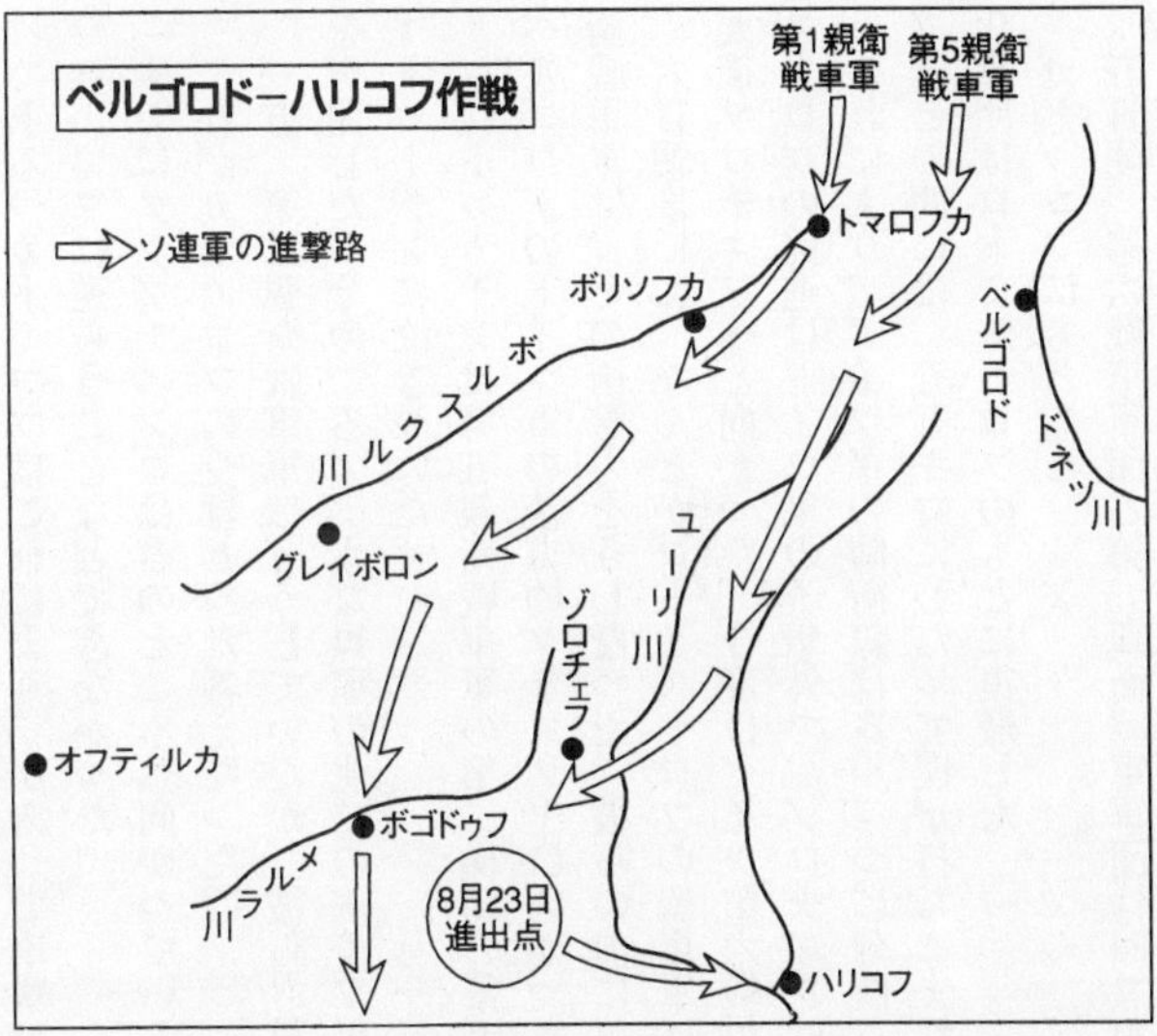

ソ連の二コ戦車軍は、ホートの第四機甲軍とケンプ集団支隊の連接部を突破して、南に進もうとしていた。

このままではベルゴロドは孤立する。ドイツ軍は第一九戦車師団を、トマロフカの防衛に急派した。

四日遅く、トマロフカ郊外で第一親衛戦車軍の第六戦車軍団の戦車との取っ組みあいがはじまり、第三機械化軍団はドイツ軍戦車に足止めされた。

攻撃の遅れにしびれを切らしたジューコフが介入した。ジューコフは隣接する第六親衛戦車軍の司令部にあらわれると、隷下のクラブチェンコの第五親衛戦車軍団をトマロフカに投入することを命じたのである。

カトゥコフは反対した。そんなことをしても、限られた道路が渋滞するだけである。カトゥコフはこれにより、かえって攻撃の速度が遅れることを恐れた。しかし、ジューコフに逆らうことなどできなかった。

「すでにクラブチェンコは君のところへ向かっている」

これがカトゥコフの受けとった答えだった。

一方、第五親衛戦車軍はどうしていたか。彼らも最初の攻撃の後、八月四日朝五時に攻撃を再開した。そのころ、ベルゴロドの北でのドイツ軍の抵抗に手を焼いたコーニェフが、ヴァトゥーチンに泣きついた。

ヴァトゥーチンは第五親衛戦車軍の第二梯団の第五親衛機械化軍団を貸しだした。彼らはベルゴロドのドイツ軍の後方のクラスノヤに向かった。このため、ロトミストロフの第五親衛戦車軍は、その衝撃力をうしなった。彼らの前に第三機甲師団が立ちはだかる。

六日朝までに、なんとかロトミストロフの戦車軍は突破に成功し、ハリコフへの街道上の要衝ゾロチェフへと向かった。今度はドイツ第六機甲師団を包囲しようというのだ。ロトミストロフの前進はドイツ軍の予想外で、ゾロチェフはかんたんに陥落した。

これにより、ドイツ軍の防衛線は真っ二つに分断されてしまい、第四機甲軍とケンプ集団支隊との間には、五五キロにわたって楔が打ちこまれてしまった。このあと、第五親衛機械化軍団はロトミストロフのもとに復帰した。

カトゥコフにもどろう。

五日朝、第六戦車軍団と第五親衛戦車軍団は四コ狙撃兵師団とともに、トマロフカへの攻撃を再開した。しかし、ドイツ軍戦車部隊の激しい抵抗で、この日なかばまで攻撃は進展しなかった。

このため、ヴァトゥーチンは戦車軍団を引きあげさせ、第三機械化軍団を投入した。彼らはドイツ軍陣地の弱点をさがしだし、突破口をつくることに成功した。

この夜、機械化軍団は突破口から侵入し、ベルゴロドへの前進を開始した。後方からは第六戦車軍団の戦車がつづき、夜半には五〇キロも前進することに成功した。

第一親衛戦車軍の先頭を進む第五親衛戦車軍団と第五親衛狙撃兵軍団は、前進をつづけた。この間、第三一戦車軍団と第一親衛戦車軍に転属された第五親衛戦車軍団はトマロフカを包囲し、ドイツ第一九戦車師団への攻撃にとりかかった。

ソ連軍の損害も累積していた。たとえば第三一戦車軍団第二四二戦車旅団は、その戦車の八〇パーセント（!）、人員の六五パーセントをうしなった。また、第三機械化軍団は将校の九〇パーセント（!）をうしなったといったぐあいである。

このころ、カトゥコフの戦車軍の三コ戦車軍団には、たった一四一両の戦車しか残っていなかったのである。これは一コ戦車軍団の定数にもみたなかったのだ。

カトゥコフは狙撃兵部隊の前進をつづけるために、前線で即席に部隊を編合して、諸兵種連合の戦闘団を編成することにした。

第三機械化軍団の五コ旅団の残存兵力から、戦車と狙撃兵の二コ旅団が作りだされた。不足した指揮官は他の旅団から引き抜かれて、編合された大隊の指揮にあたった。

独第一九機甲師団の悲劇

ドイツ軍第一九機甲師団は、ベルゴロド周辺のソ連軍の突破口をふさごうとするむなしい戦いのあと、包囲をのがれるため敵戦線を突破して、西方へと活路をひらこうとしていた。

八月六日、第一九機甲師団長であるグスタフ・シュミット中将は、第四八機甲軍団長のフォン・クノーベルスドルフ将軍にあうために、彼の戦闘指揮所に出頭した。クノーベルスドルフは、地図をさししめして、シュミットに説明した。

彼はハリコフ北北西六〇キロのグレイボロンから、西北西九〇キロのオフティルカ地区に軍団収容陣地をもうけて、戦線を収拾しようとしていた。

「できるだけすみやかに、わが兵力をそこに移動させるのだ。すでにグロースドイッチュラント機甲擲弾兵師団の先遣部隊は、そこにはいっている。ソ連軍をここでくい止めなければ、軍集団全体が破局におちいるかもしれないのだ」

「なんとかやれるでしょう」

シュミットはうなずき、力強く答えた。シュミットは師団本部にもどると、部隊を進ませた。しかし、競走に勝ったのはカトゥコフの方だった。

カトゥコフの戦車はドイツ軍の戦線深くはいりこみ、すでに第一九機甲師団を包囲しようとしていたのである。

防御から攻勢に転じたソ連地上軍の主力となったT34戦車

八月七日朝には、ソ連軍はグレイボロン近くの舗装道路を閉鎖していた。師団の補給部隊は、その三時間前に間一髪で逃げのびたが、師団本部とシュミット中将そのものがつかまってしまったのだ。

彼らは安心しきって隊列を組んで前進していた。将軍は装甲通信車に乗って、隊列の先頭にあった。通信兵はダイアルをまわしながら、敵の通信を傍受していた。彼は副官のケーネ中尉にいった。

「敵の交信がやけにおおいです。まるで戦闘中のようにあわてています」

ケーネがなにかいおうとする前に、戦車砲弾が炸裂した。

道路の両側は、カトゥコフの戦車部隊であふれていた。彼らはシュミットの隊列にたいして、雨あられと砲弾を撃ちかけてきた。弾丸が炸裂する。あちこちで車両が爆発する。

エンジン音をひびかせて森から躍りでたT34戦車は、主砲と機関銃を乱射しながら本部車両を蹂躙する。軽装甲車、トラック、乗用車は射的の的のように射すくめられ、つぎつぎと燃えあがっていった。

「ガーン!」

シュミットの装甲車が正面から命中弾をうけ、砲弾孔に突っこんで停止した。

「脱出!」

将軍が叫ぶと、生き残った乗員はいっせいに道路脇の溝に飛びこんだ。そこに一両のT34が近づく。

「逃げろ!」

彼らは森の中に逃げこんだ。しかし、そこはロシア兵でいっぱいだった。短機関銃がうなり、そこらじゅうに弾丸が突きささる。

シュミット、ケーネ、操縦手のシュッテ、通信兵は一本の大木を盾にした。武器は小銃二梃と拳銃二梃だけ。これでどう戦えというのか。

ロシア兵の一団が、彼らを発見して燻りだしにかかった。四人は小銃と拳銃で応戦したが、すぐに弾丸はなくなった。万事休す。

シュミットはケーネとなにか話してから、シュッテと通信兵にいった。

「もうだめだ。おまえら二人で逃げろ。私とケーネで援護する」

シュッテはびっくりして、シュミットを見つめた。

「行け、これは命令だ」

シュミットはにやりと笑うと、シュッテにいった。

「うまく逃げおおせたら、私の妻を訪ねてくれ。よろしく頼む！」

通信兵、それからシュッテが飛びだした。残った二人は拳銃を取りだすと、こめかみにあてて引き金をひいた。ロシア兵に捕まるくらいなら……。彼らは最後に残しておいた弾丸で、自殺したのだ。

逃げた二人はどうなったか。二人とも遠くへは行けなかった。彼らはすぐにロシア兵につかまってしまったのだ。

二人は近くの納屋に連れていかれた。そこはソ連軍旅団の戦闘指揮所であった。少将が二人を尋問した。

すると、そこに少尉がはいってきて、将軍になにかを報告した。通訳を介してシュッテは尋ねられた。

「将軍は森の中にいるのか」

「知らない」

シュッテは答えた。すると、シュッテたちは少尉と兵とともに連れだされ、森の中のある所へ連れていかれた。木の下にはシュミット中将とケーネ中尉が横たわっていた。

第一九機甲師団司令部の壊滅とシュミット師団長の戦死後、師団の指揮は隷下の第七三機甲擲弾兵連隊長ゼルゲル大佐がとった。

彼らもグレイボロンふきんで第二五五歩兵師団、第一一機甲師団と第五七、第三三二歩兵師団の一部とともに、包囲された。

しかし彼らはソ連軍の攻撃に耐えぬき、のちに戦車と突撃砲を先頭にオフティルカに血路をひらくことに成功し、グロースドイッチュラントの防衛線に収容された。

解きはなたれたハリコフ

八月七日夕方には、カトゥコフの先鋒部隊はハリコフ北西五〇キロのボゴドゥフに到達していた。

彼らにミウスから駆けつけたSS機甲擲弾兵師団「ダス・ライヒ」が襲いかかった。第三機械化軍団は、八月七日と八日にわたって、「ダス・ライヒ」と激戦を演じた。

「ダス・ライヒ」のテンスフェルドSS中尉のティーガーは、たった一両で一七両のT34を迎え撃ち、なんとそのうちの一〇両を撃破して、カトゥコフの攻撃を頓挫させた。

損害が累積したため、やむを得ずカトゥコフはボゴドゥフふきんにとどまり、増援部隊の到着を待つことにした。

一方、ロトミストロフは八月一〇日、ボゴドゥフの東方向からハリコフへの鉄道線路に沿って、全面攻撃を開始した。

戦車と狙撃兵の集団がドイツ軍に襲いかかる。戦場は魔女の鍋のように煮えたった。鉄と鉄、血と血のぶつかり合い。しかし、彼らの攻撃はゾロチェフの南で撃退された。燃えあがるソ連戦車の散らばる戦場は、まるでかつてのプロホロフカのようであった。

「敵とわれわれの戦車は、ともに燃えていた。破壊された対戦車砲、装甲兵員輸送車、トラック、オートバイが、そこらじゅうに散乱していた。農家や積みあげられた草束に火がつき、黒い煙は戦場全体にたちこめていた」

ロトミストロフは回想している。

一方、カトゥコフは八月一一日に攻撃を再興した。彼らは南に向かって、メルチキ川の方向に攻撃した。

先鋒部隊は、ポルタヴァ外縁のヴァルキでドイツ軍の防衛線を突破し、ハリコフ〜ポルタヴァ鉄道線の南に進出した。ハリコフ〜ポルタヴァ間が封鎖されたら、ハリコフにいる多数のドイツ軍部隊が包囲されてしまう。

まさにこの瞬間、SS機甲擲弾兵師団「トーテンコプフ」が到着した。

八月九日にハリコフで貨車から降ろされた部隊は、夜間行軍をしてヴァルキへといそいだ。

そして、この戦機に間にあったのである。

一一日午後一時、ドイツ軍によるコロマクへの攻撃が発動された。側面の脅威となっているソ連軍を、戦車とスツーカで叩きつぶそうというのだ。

「トーテンコプフ」のパンターとティーガーをふくむ二五両の戦車を擁する戦闘団が、ヘル

上空からはスツーカが不気味な音とともに襲いかかってきた

バーチェックSS中尉の指揮で出動した。一キロもいかないうちに、彼らは敵と遭遇した。軽対戦車火器をもったロシア兵は、ひまわり畑の中にひそんでいた。

いやな敵だ。ひまわり畑では、視界はほとんど効かない。

「榴弾、フォイエル！」

敵はドイツ戦車の集中射撃を浴びると、しっぽをまいて退却した。退却を援護するために七両の戦車があらわれた。これにたいしスツーカが急降下して、三両の敵戦車に直撃弾をあたえた。

「徹甲弾、フォイエル！」

残りの四両の戦車は、戦車砲弾を浴びて吹き飛んだ。コロマクの村は、装甲兵員輸送車に乗った擲弾兵が突入して占領した。攻撃部隊は夕刻にはチュートヴォに到達した。

しかし、その戦果も、局所的なものでしかなかった。ソ連軍はすぐに反撃に出た。一三日に第六親衛軍は「トーテンコプフ」を攻撃し、カトゥコフの第一親衛戦車軍は「ヴィーキング」とハリコフ西方で戦いつづけた。二二日には、彼の手もとには戦車がたった六コ旅団しか残っていなかったが、第四親衛軍の到着で戦線は強化された。

一方、ロトミストロフの第五親衛戦車軍はハリコフへと進んだ。彼らは大損害を出しつつも、一七日にはハリコフの外縁防衛陣地を突破したのである。

ロトミストロフの戦車軍は、攻撃開始時にもっていた五四〇両の戦車が、いまや一三〇両に減少していたが、攻撃をつづけた。

ロトミストロフには攻撃しなければならない理由があった。それは、すでにスターリンがまちがえて、ハリコフ解放を発表してしまったからだった。ことは独裁者の威信にかかわる。

一九日朝、ロトミストロフの戦車は三列縦隊でハリコフへの街道に殺到した。ハリコフでは、ラウス将軍のもと、五コ歩兵師団と一コ戦車師団が、戦力が低下したものの守りをかためていた。彼らはひまわり畑の中に、巧妙な防御火網を敷いた。

ロトミストロフの戦車は砲火につかまり、つぎつぎと燃えあがった。それでも突破した戦車は、待ち伏せるドイツ戦車と突撃砲の餌食となった。翌日、ロトミストロフは攻撃を再興したが、結果はおなじだった。

こうして、ドイツ軍はロトミストロフの攻撃をこばみ、ハリコフを維持しつづけたが、その戦いには、もはやなんの意味もなかった。すでにハリコフの両翼はソ連軍のものとなり、ハリコフはその中に突出した島となっていた。

例によって、ヒトラーはハリコフ死守を叫んだが、これ以上、ハリコフにとどまれば、包囲され多数の部隊が失われるだけである。

八月二二日、マンシュタインはヒトラーの反対にもかかわらず、部隊をハリコフから撤退させた。こうしてハリコフは独ソ両軍による四度にわたる攻防戦ののち、永久にソ連軍のものとなったのである。

第14章 決定したドニエプル下流域の帰趨

執念でハリコフを解放したソ連軍は、その勢いのままドニエプル下流域のドイツ軍を駆逐するべく大軍を投入した。この赤い奔流を阻止するため、ザポロジェ橋頭堡に兵力を集中した！

一九四三年八月二三日〜一〇月一四日　ザポロジェ攻防戦

奮戦第一六機甲擲弾兵師団

一九四三年八月二三日、ハリコフは解放された。ハリコフはソ連軍の当面の目標ではあったが、彼らはこの勝利で攻勢を終わりにするつもりはなかった。

八月二三日までに両軍の戦線は、ヴェリジからキーロフ、ブリャンスク、セフスク、スームイ、ハリコフ、イジューム、ヴォロシロフグラードそしてタガンログへとつらなっていた。

一四〇〇キロの戦線は、疲弊したドイツ軍の中央、南方、A軍集団の三コ軍集団にたいして、ソ連軍はカリーニン（のち第一バルト）、西（のち第二バルト）、ブリャンスク（のち第三バルト）、中央（のちベラルーシ）、ヴォロネジ（のち第一ウクライナ）、ステップ（のち第二ウクライナ）、南西（のち第三ウクライナ）、南方面軍（のち第四ウクライナ）の八コの方面軍が対峙していた。

八月二四日、ザポロジェ東方の第一戦車軍（マッケンゼン将軍）戦区では、ステップ方面軍（コーネフ将軍）の大攻勢が開始された。ソ連軍は戦車を先頭にドイツ軍戦線に襲いかかった。その兵力は、戦車九コ旅団に狙撃兵九コ師団にのぼった。

戦車は主砲と機関銃を撃ちまくりながら突撃する。後方からは、雄叫びをあげて歩兵がぞろぞろとつづく。ソ連軍は無尽蔵に兵力を持つのか。

ドイツ軍の戦線は薄っぺらで、たちまちあちこちでソ連軍戦車が突破する。ドイツ軍にはいつもの手段しかなかった。火消し役の戦車部隊の投入である。

といっても、南方軍集団のマンシュタインの手元に予備兵力などはない。マンシュタインは、ここ数週間にわたって戦いつづけている第一六機甲擲弾兵師団「猟犬師団」に頼るしかなかった。さらに、後衛として第二三戦車師団がつめる。彼らは戦線をつくろうため、第一戦車軍戦区の南部に送られた。

八月二四日朝、第一六機甲擲弾兵師団第一一六戦車大隊の一コ小隊をひきいるヨアヒム・ワイスフロッグ少尉は、前進する戦車の車長キューポラのハッチから身を乗りだして、油断なく周囲を観察していた。

「聞こえるか、ヨーヘン」

少尉のヘッドフォンに、僚車のシュレーダー曹長の声がはいる。

二人の乗車は長砲身の七・五センチ砲をそなえ、砲塔、車体にシェルツェンを装備した最

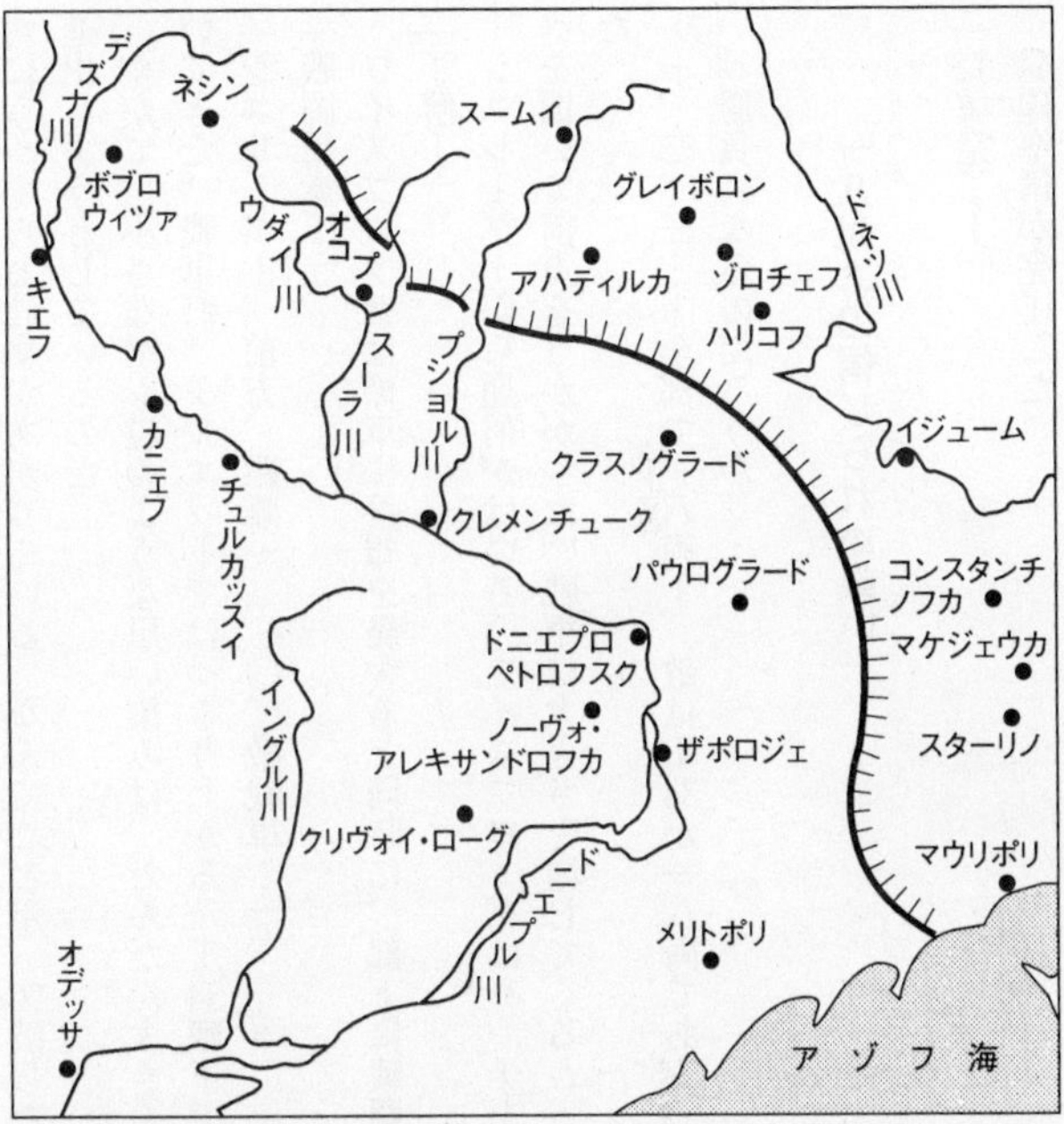

新型のⅣ号戦車である。

　ワイスフロッグ車とシュレーダー車は、五〇メートル離れてならんで進む。二人ともたたきあげのベテラン戦車兵で、ワイスフロッグはこの春、少尉になったばかりであった。

　二両の戦車は、ゆっくりと大隊警戒線になっていた高地へと進んでいく。ここは師団後方の防御線の要となっていた。

　双眼鏡で彼方の斜面を見つめていたワイスフロッグが、なにかを見つけた。

「シュレーダー！　奴らだ、奴らがきたぞ！」

　インターコムに叫ぶ。かな

たにうっすらと砂塵があがっている。なんてことだ。突破したソ連軍戦車が、師団の後方に進出しようとしているのだ。

やがて、小さなケシ粒のような黒い染みは、だんだん大きくなり、こっちに向かって近づいてきた。戦車だ。シルエットではっきりわかる。T34戦車である。

「シュレーダー、前方、距離一二〇〇、敵戦車！」

「戦闘用意！」

ワイスフロッグは僚車に警報を発すると同時に、部下に戦闘準備を命じた。

「了解！」

シュレーダーから通信がはいる。ワイスフロッグはハッチを締めて、キューポラのフラッペを開いて前方をうかがった。戦車は大きさを増してくると、一両一両がはっきり識別できた。

一、二、三……全部で一八両！　敵はT34が一八両である。こちらはたったの二両しかない。勝負になるのだろうか。

一八対二の信じられぬ戦い

「装填完了！」

発砲準備が完了した。

ワイスフロッグが発砲する前に、シュレーダーが先に発砲した。敵の先頭の戦車に命中する。

被弾したT34は、すぐに炎上した。

「うまいぞ、シュレーダー」

ワイスフロッグは歓声をあげた。そうこうするうちに、シュレーダー車はすぐに二発目を発射して、もう一両のT34を撃ちとった。

しかし、敵はあまりに多い。多勢に無勢である。ワイスフロッグは後退することにした。

「後方の低地まで後退！」

ワイスフロッグの命令で、シュレーダー車も丘を降りて、手前の盆地状の低地に後退した。彼らが高地から降りるやいなや、ソ連軍の砲弾が落下した。高地周辺は激しい砲撃につつまれ、ほとんど見通すことができない。

どうやら敵は、この砲撃にまぎれて高地を奪取したようだ。どうする。どうもこうもない。ここを突破されれば、師団は後方から包囲されてしまう。

どうしても高地は奪回しなければならない。

「シュレーダー、突っこむぞ！」

ワイスフロッグの言葉に、シュレーダーも瞬時にすべてを理解した。

「全速前進」

操縦手はアクセルをいっぱいに踏みこみ、二両の戦車はキャタピラをきしまして、全速力で斜面を駆けのぼった。

ワイスフロッグは、キューポラのクラッペから周囲を目をこらして見張る。砲手は照準器にぴったり目を着けて、いつでも撃てるように身がまえた。

厚い煙と埃のベールを抜けて、T34が目にはいる。距離は五〇メートルもない。

「フォイエル！」

ワイスフロッグが命令をくだすのと、発砲するのとほとんど同時であった。この距離では外れるはずもない。

瞬時に弾丸は、T34の車体に吸いこまれる。敵戦車は身震いするようにして止まったかと思うと、炎を吹きだした。

戦果を確認するのももどかしく、砲手はすぐつぎの目標に砲を向ける。発射、命中、爆発。すべてはほとんど同時に起こる。たちまち四両ものT34が燃えあがった。

ワイスフロッグらの攻撃は完全な奇襲となった。ソ連軍はいったん後退したドイツ軍戦車が、まさかふたたび高地を攻撃してくるとは思いもよらなかったのである。

彼らはどこから撃たれているのかわからず、パニックにおちいって走りまわるだけだった。

ワイスフロッグはこのまま、敵戦車のまっただ中に突っこむことにした。

「ゆっくり進め、シュレーダーは左を撃て、われわれは右を受けもつ」

二両のⅣ号戦車は、それぞれ砲塔を左右に振りわけ、T34の集団のまん中に割ってはいった。

主砲を7.5㎝の長砲身とし、車体と砲塔に装甲板をそなえたⅣ号戦車後期生産型

装塡、発射、命中、ふたたび装塡、発射、命中。戦車のなかは大忙しだ。装塡手は大いそぎで砲弾を取りあげて装塡し、砲手はつぎつぎとあらわれる敵戦車に照準を合わせている。

操縦手は地上のでこぼこを避け、敵の射線をそらせるため、戦車をジグザグに走らせる。車長はキューポラから周囲を睨みすえ、乗員に指示をする。

二両のⅣ号戦車は、T34の隊列を突き抜けて反対側に達すると、今度は反転して、お尻からT34に食いついた。

装塡、発射、命中、ふたたび装塡、発射、命中。ワイスフロッグとシュレーダーは、つぎつぎとT34を食っていった。

しかし、彼らも無傷ではすまなかった。ワイスフロッグ車が射撃のために停止したところに、T34の放った七六・二ミリ砲弾が命中した。

車内にものすごい衝撃が走り、火花が散って煙がたちこめた。砲弾は、車体側面のちょうど戦闘室とエンジン室の中間に命中した。幸い火災は発生しなかったものの、車内は呼吸が苦しくなり、生きた心地はしない。それでもワイスフロッグらは踏んばりぬいた。

永遠につづいたかと思われた戦闘は、実際はたった五分間のできごとだった。

わずか二両となった生き残りのT34は、よたよたと後退しはじめた。

生も根もつきはてたワイスフロッグとシュレーダーは、射撃もせずにこの敵を見送った。

高地には一四両のT34が破壊されて、煙をはいていた。

先の二両と足して全部で一六両、うちわけはワイスフロッグが六両、シュレーダーが一〇両。これがなんと、たった二両のⅣ号戦車があげた戦果であった。

残った敵歩兵は、師団の擲弾兵が撃退し、師団の後方を突破される危機は回避された。

第二三機甲師団パンター隊

この当時、第一六機甲擲弾兵師団とともに貴重な戦車戦力であった第二三機甲師団は、隷下にたった一コ大隊しか保有せず、第二大隊は再編成中であった。

彼らは九六両もの最新鋭のパンター戦車を装備して、まさに戦機の九月はじめに戦場に到着し、第六軍戦区に送られた。

最新鋭のパンター。新型とはいえ、いささか旧式化したⅣ号戦車があれだけの活躍を見せたのだ。最新鋭のパンターは、どれだけ活躍することだろうか。

大隊はスターリノ東方のマケジェウカで列車から降ろされると、モシピノの近くの集結地域に集められた。そしてすぐに、包囲された歩兵部隊の解囲に投入された。

それから大隊は毎日、まったく休みなく戦闘に投入され、毎夜長駆の行軍をつづけた。その結果生じたのは、ふたたびパンター戦車の故障の頻発だった。

整備人員の奮闘努力にもかかわらず、事態は深刻だった。なんと最初の集結地域でさえ、五〇パーセントものパンターが故障で脱落したのである。

休みなくつづく戦闘は、故障したパンターの修理を不可能にした。また、パンターの回収に必要な18ｔハーフトラックは、大隊の要求にもかかわらず、たった四両しか配備されず、回収作業を困難にした。

このことは、パンターの故障問題をより深刻化させた。というのも、牽引車両の不足から、パンターそのものを牽引に使わざるを得ず、それはまた牽引するパンターの損耗をまねいたのである。

やがて大隊は、自然にバラバラの小グループに別れていった。最初のグループは六両のパンターといくらかの補給車両で、彼らは第二三戦車師団本体と合流することができた。三両のパンターはクラスノゴロウカで、二つの師団司令部とともにあった。

八両のパンターはフリッツ・フェヒナー少佐の指揮下で、その北五キロの地域に展開していた。さらに八両のパンターは、フェヒナーのいた場所のさらに北北東五キロにあった。彼らは重要な戦場の火消し役として走りまわっていた。

フェヒナー少佐は、所属もまちまちで指揮官のいない敗残の歩兵二〇〇名を集めて、急造戦闘団を編成した。彼らは士気が低く、指揮官を欠くため戦闘力は低かったが、しかたがない。

彼らはソ連軍第二三戦車軍団の補給路に殴りこみをかけたが、彼らにできることは限られており、せいぜいその進撃を遅らせるくらいのものでしかなかった。

この間、五両のパンターは全損し、五四両は大小の故障で稼働しなかった（合計数が九六両に達しない理由は不明）。

このうち、損傷の大きなパンター一四両は、後送のためスターリノ西駅に集められていた。しかし、列車の都合がつかなかったため、そのまま放置されていた。結局これらの車体は、ソ連軍がスターリノに突入したことでうしなわれた。

こうして九月二〇日までに、大隊は二八両のパンターをうしない、残された六八両のうち稼働していたものは、たったの八両（!）にすぎなかった。

このうち三両のみが大隊のもとにあり、残りはサンダー戦闘団にくわわっていた。

九月二三日には一一両のパンターが修理されたが、残りの不稼働パンターは、一三両がザポロジェでヴェルクシュタット大隊のもとにあり、二四両がドニエプル川の東の集結地点に、四両がヴェルクシュタット連隊のもとにあり、四両が貨車に積まれ、一両はザポロジェのダムの防衛にあたっていた。

パンター戦車の能力そのものは、ひじょうに高く評価された。しかしそれは、稼働すればこそであった。また、大隊にとって不幸だったのは、緊急時とはいえ、大隊が軍直轄のかたちで使いまわされたことだった。

彼らは歩兵や砲兵の支援をうけることなく、彼らだけで戦い消耗した。こうして第二三機甲師団第二大隊は、その期待の戦闘力をむなしくうしなったのであった。

ザポロジェ橋頭堡の攻防

ドイツ軍各部隊はすくない戦力で奮戦をつづけ、各所で圧倒的な数のソ連軍をくい止め、大損害をあたえていた。しかし、損害は累積し、すでに戦線はずたずただった。彼らには、破れ目から奔流となって流れこむソ連軍を撃退し、押しかえす力はもはや残っていなかった。

マンシュタインは戦線の整理か、増援の二者択一をヒトラーに迫った。ここでも寸土たりとも敵にわたすことを拒んだヒトラーは、増援を約束したものの、約束は空手形におわった。

九月一四日には北方で、ソ連軍ヴォロネジ方面軍（バトゥーチン）の戦車部隊がアハティルカ地区でドイツ南方軍集団の北翼、第四機甲軍戦区を突破し、ドニエプル川南西部に向かい、ドイツ軍の後方にまわりこもうとしていた。

ソ連軍はスーラ川、ウダイ川の間のオコプにいたり、ドニエプル川までわずか一二〇キロに迫った。さらにハリコフ戦区でも、ステップ方面軍（コーネフ）はドイツ第八軍に襲いかかった。

このままでは、南方軍集団すべてがうしなわれてしまう。マンシュタインはだだをこねるヒトラーを説得して、後退許可をもぎとった。

九月一八日、マンシュタインは隷下部隊にドニエプル川への後退命令を発した。各部隊は秋の長雨のはじまったウクライナの泥沼を、尻に食いついたソ連軍と格闘しつつ、ドニエプル川へと活路を切りひらかねばならなかった。

第一機甲軍はザポロジェとドニエプロペトロフスクの渡河点へといそいだ。ザポロジェの橋頭堡は、重要なザポロジェの市街とダムを半円形に取りかこみ、幅四〇キロ、奥行きは二〇キロにわたった。

ザポロジェの守備隊は対空砲二コ連隊からなっていたが、司令官のキッテル少将は、ザポロジェを通過する敗残兵をかき集めて守備隊を増強していた。

ザポロジェの重要性は、五〇万キロワットの発電量をほこる当時世界最大のレーニン発電所の存在と、その橋頭堡が、南のクリミア半島をめざすソ連軍にとっても、北のドニエプロペトロフスクをめざすソ連軍にとっても、危険な出撃基地となることにあった。マンシュタインもその価値を認めないわけにはいかなかった。

九月一九日、第四〇機甲軍団司令部はドニエプロペトロフスク南方のアントノフカで橋をわたると、南下してザポロジェでふたたび東岸にとって返し、ザポロジェ防御のため橋頭堡へはいった。

第一七軍団（クライジング）もはいり、やがて橋頭堡には多数のドイツ軍部隊がはいった。第四〇機甲軍団司令官のヘンリーキが橋頭堡の防衛を命じられた。

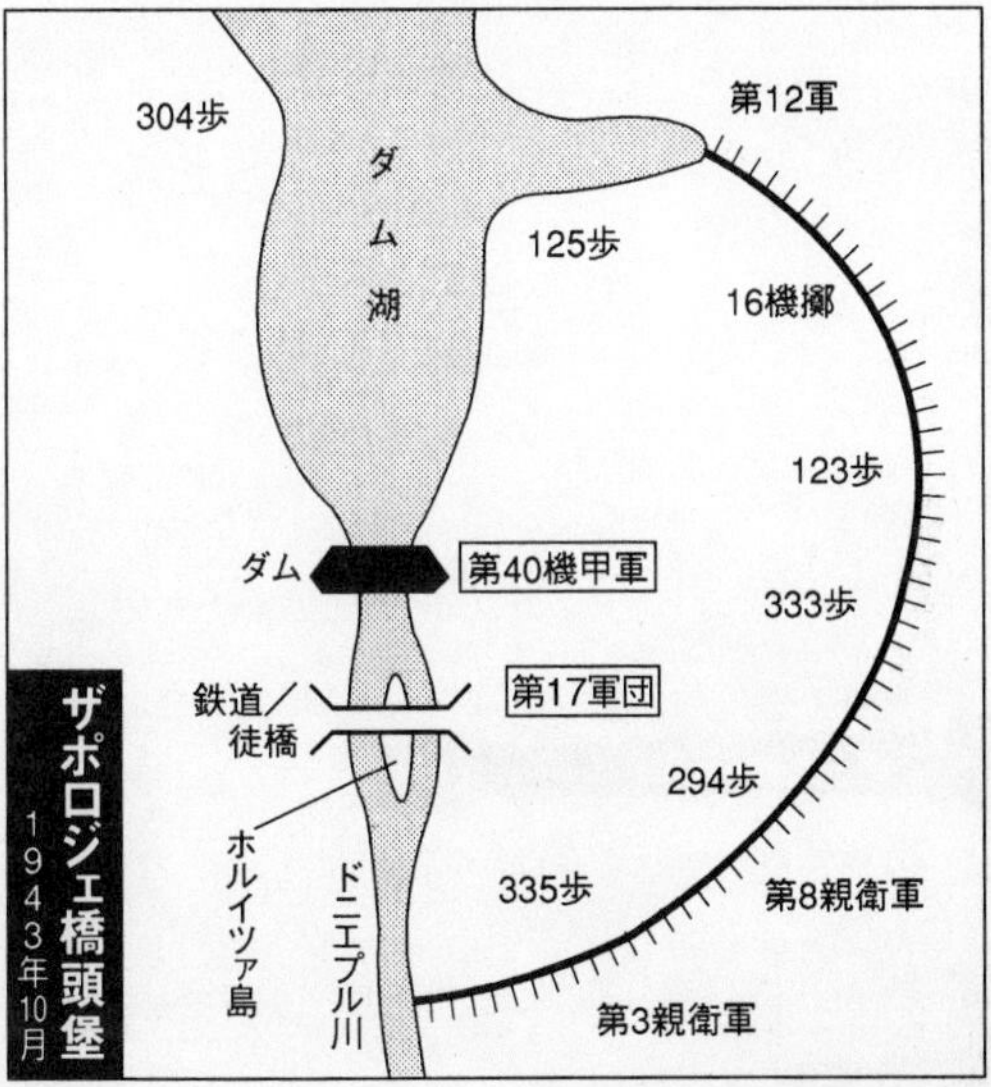

その三コ機械化師団と第一七軍の歩兵師団によって、ヘンリーキ軍支隊が編成された。これでザポロジェ西岸と突出部を守るのだ。

西岸には第三〇四歩兵師団、東岸の橋頭堡には第一六機甲擲弾兵師団、そして第一二五、第一二三、第三三三、第二九四、第三三五歩兵師団がはいった。

さらに防衛陣には、第六五六重戦車駆逐連隊第六五三重戦車駆逐大隊のフェルディナンド（エレファント）と第二一六突撃戦車大隊のブルームベアがくわわっていた。

彼らはクルスク北翼の戦いと、そ

の後の後退戦闘のあと、九月はじめに整備と休養のためドニエプロペトロフスクへと移動していた。ザポロジェの防衛のため、橋頭堡にはいったのは九月二四日のことであった。

ソ連軍最高司令部は、この橋頭堡にたいして三コ軍、二コ戦車軍団、一コ航空軍をさし向けた。兵力比は一〇対一である。

しかし、大兵力で押しよせるソ連軍の攻撃は、最初は撃退された。

その立役者となったのは、第一六機甲擲弾兵師団第一一六戦車大隊のⅣ号戦車、そして第六五三重戦車駆逐大隊のフェルディナンドと第二一六突撃戦車大隊のブルームベアであった。

第一一六戦車大隊の戦車エース、ワイスフロッグ少尉は、ここでも大胆不敵な行動で大活躍した。

九月末のある日、ワイスフロッグは中隊の四両のⅣ号戦車をひきいて出撃した。攻撃をしかけるソ連軍の陣地を攪乱してやろうというのだ。

彼らは、多数の対戦車砲が配備されたソ連軍野戦陣地に全速力で突入すると、対戦車砲の放列を蹂躙《じゅうりん》して、陣地の後方へと突き抜けた。さらに、彼らは集結していたT34の隊列に襲いかかり、半ダースの戦車を撃ちとった。

そして、なにが起こったかわけがわからず混乱する敵をよそに、ゆうゆうと自軍の陣地へとひき上げたのである。

一方、フェルディナンドは、あるときは歩兵師団の支援、またあるときは第一六機甲擲弾兵師団とともに戦い、その装備する八・八センチ砲にものを言わせた。

ザポロジェ周辺はほとんどが開けた草原で、彼らがその三〇〇〇メートルもの射程を生かすには絶好の地形だった。

偵察のため、はるかかなたに現われたT34は一発で吹き飛んだ。重装甲のKV戦車でさえ、彼らの敵ではなかった。

そして、ブルームベアの一五センチ榴弾砲は、恐ろしい威力をもつ移動トーチカとして、攻撃するソ連軍歩兵に厄災をもたらしたのである。

しかし、ドイツ軍には増援はなく、損害は累積していった。補給もなく、弾薬も不足する。一〇月はじめには、敵部隊が集結していることを確認しても、弾薬節約のため、射撃できないありさまとなった。これにたいしてソ連軍は、ザポロジェ橋頭堡を押しつぶすため、部隊の集結を進めた。

爆破された巨大なダム壁

一〇月一〇日午前四時、ソ連軍は三コ軍のすべてを投入して、総攻撃をしかけてきたのである。ソ連軍は独立砲兵師団群を投入し、重点に猛砲撃を浴びせた。これまでにない激しい砲撃だった。

ドイツ軍陣地は掘りかえされ、魔女の鍋のなかのように沸きたった。砲撃とともに激しい爆撃、そうしてソ連軍の戦車、歩兵の突撃が開始された。

フェルディナンド九両はクリニーチヌィで戦い、一コ集団は第一二五歩兵師団とともに戦った。南戦区のノーヴォ・アレクサンドロフカでは、ホルストマン少佐のひきいるフェルディナンドと突撃砲は、侵入するソ連軍戦車の大群を迎え撃った。

ヴァイスバッハ少尉は、キューポラにすっくと立つと、隊列の先頭をきった。ホーファー少尉は対戦車壕のところまで進出した。一方、道路の南ではレーダー軍曹とハーベルマン伍長の車両が敵の攻撃をくい止め、出撃陣地に追いはらった。

結局この日、連隊によって撃破されたソ連軍戦車は四八両にのぼった。翌日、その翌日もおなじだった。しかし、それがなんになろう。ソ連軍は後方からあらたな部隊を呼びよせて、前線に投入した。

ザポロジェ橋頭堡の最後の日々は近づいた。一三日早朝、第六五六重駆逐戦車連隊は、ダムを越えてドニエプル川の西岸に撤退した。一四日、ついにソ連軍はドイツ軍防衛線を突破して、ダム湖へと近づいた。第一六機甲擲弾兵師団第一一六戦車大隊は、残存戦車を集めて、この敵と戦った。

ぎりぎりのところでソ連軍は撃退されたものの、もはやこれまで。午後になって、ヘンリーキ将軍はダムの破壊命令「ザポロジェの守り」を発した。

一八時四五分にダムを爆破せよ。ドニエプル東岸で戦いつづける第一六機甲擲弾兵師団に、撤退命令の無線が飛んだ。しかし、師団司令部には命令が伝わらなかった。

このままでは師団は取り残されてしまう。命令伝達のため、軍団司令部の連絡将校シュテークレ少尉が軽装甲車で派遣された。師団長のシュヴァーリン少将を捜しださねばならない。

ザポロジェの町は燃えていた。敗残の兵士はぞろぞろと鉄道橋へと歩いていく。師団司令部は町の北端の小さな小屋にあった。少尉は命令書を手渡した。

時間はせまっている。シュバーリンはただちに行動を開始した。鉄道橋前面に最後の防衛線を敷くと、師団の収容と後退を援護した。ワイスフロッグのⅣ号戦車も、無事に橋をわたってドニエプル西岸に到達することができた。

深夜一二時、轟音をあげてダムと鉄橋は爆破された。巨大なダムのコンクリートには大きな亀裂がはいり、そこから水深二〇メートルのダム湖の水がとうとうと流れだした。

ソ連軍先鋒部隊は、水浸しとなったザポロジェの町へと進駐した。ついに強力なザポロジェ橋頭堡は陥落し、ここにドニエプル下流域のドイツ軍の運命は定まったのであった。

第15章　ウクライナの首都によみがえった赤旗

一九四三年夏のソ連軍の攻勢により敗走をつづけるドイツ軍にとって、大河ドニエプルは最後の抵抗線であったが、持てる戦力のすべてを投入するソ連軍による怒濤の進撃が開始された！

一九四三年九月二二日〜一一月六日　キエフ解放

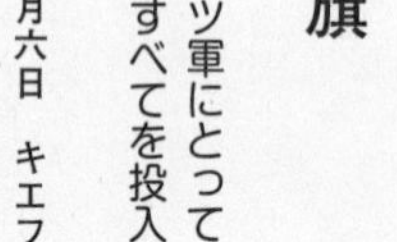

めざすは大河ドニエプル

ウクライナを東西にわけ、とうとうと流れる大河ドニエプル川。この川は源流をスモレンスク東南方のワルダイ高原にもち、ロシア西部、そしてウクライナをえんえんと南に抜けて黒海へそそぐ、ヨーロッパではヴォルガ川、ドナウ川につぐ第三位の大河である。

全長は二二八三キロにおよび、深さは最高一二メートル、川幅は最大で三・五キロにも達する。とくにウクライナでは、西岸が切りたった崖となっていて、東からの攻撃にたいして防衛線を敷くのに最適であった。

一九四三年夏のソ連軍の攻勢により、西方への敗走をつづけるドイツ軍にとって、最後の希望となったのがドニエプル川であった。一方、ソ連軍にとっては、ドイツ軍をその背後に逃れさせてはならない最重要な目標。競走に勝つのはどちらか。

退却するドイツ軍と進撃するソ連軍の隊列は、ほとんど並行するようにしてドニエプル川めざして走りつづけた。

キエフ前面の第四機甲軍戦区では、第七、第一三軍団がキエフをめざし、その南ではネーリング将軍の第二四機甲軍団が、ソ連軍のドニエプル攻勢の先鋒であるリュバルコ将軍の第三親衛戦車軍に追いかけられつつ、キエフ南方一二五キロのカニェフでドニエプル川へかかる橋をめざして、泥濘に足をとられつつ後退をつづけていた。

九月二〇日、リュバルコは隷下の軍団長を呼びつけてハッパをかけた。

「マリューギン」

リュバルコは第九機械化軍団長のマリューギン将軍にいった。

「彼らのことは、みな知ってるだろう。戦車軍団の司令官たちだ」

第六親衛戦車軍団長ミトロファン・イワノビッチ少将、第七親衛戦車軍団長キリロン・フィリッポビッチ・スレイコフ少将、そして第九一独立戦車旅団長イワン・イグナテビッチ・ヤクボフスキー大佐。

「全員そろっているか」

リュバルコはぐるりと見わたす。リュバルコは、このように部下と直接話すのを好んだ。

「では、はじめよう」

どのようにドイツ軍をしめあげるか……を。

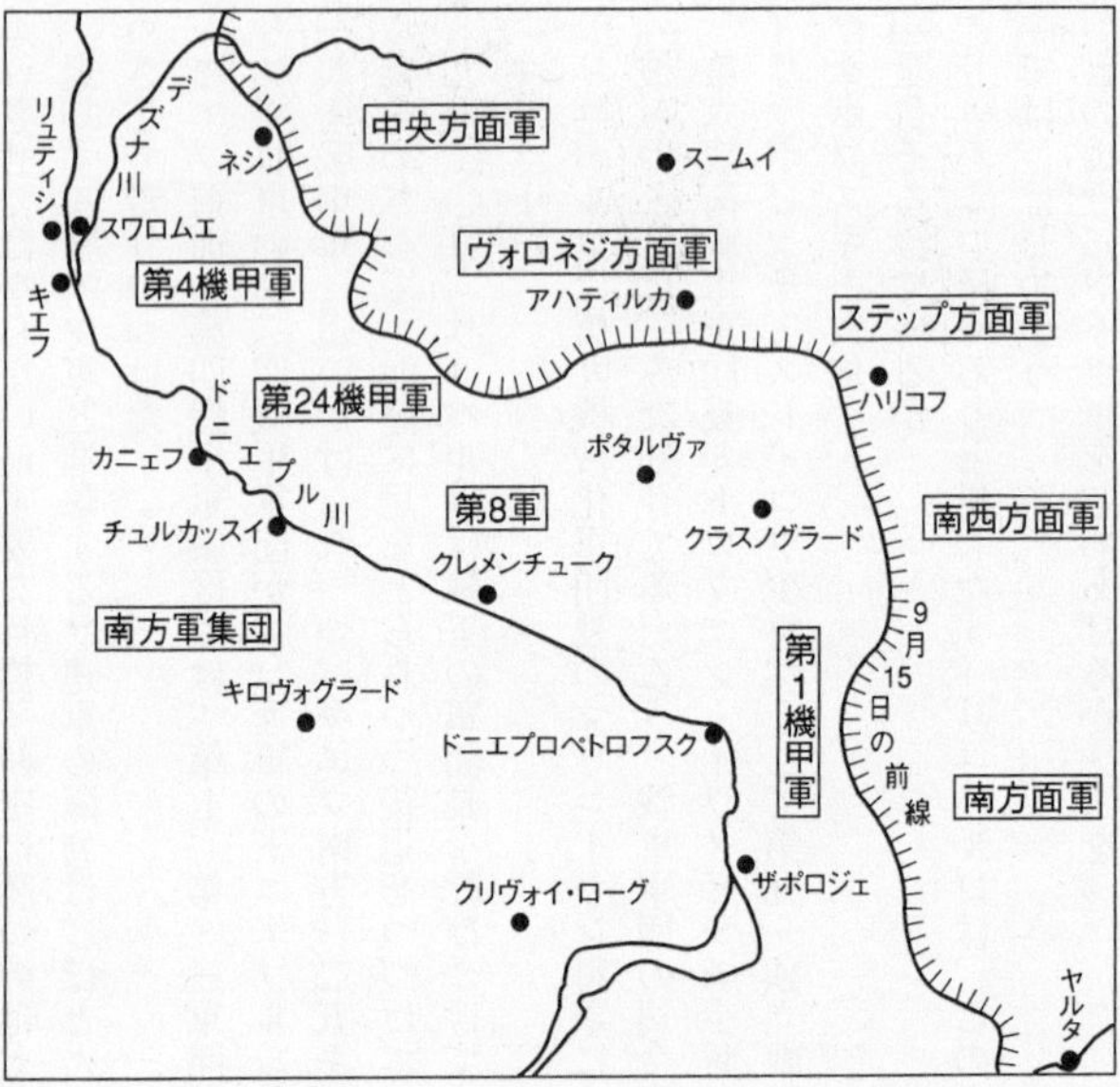

その夜、ヴォロネジ方面軍の衝角である第三親衛戦車軍の進撃が再開された。攻勢のテンポを上げなければならない。ドニエプルへ、先鋒部隊ははるか二〇〇キロ先を行く。

リュバルコの頭を悩ませたのは、どのようにしてドニエプル川を渡るかであった。ソ連軍にはそんな準備はなかったのだ。リュバルコの軍は、走りながら渡河方法を見つけださなければならなかった。

カニェフに先にたどり着いたのはソ連軍だった。九月二一〜二二日の深夜、第五一親衛戦車軍団のI・D・セミョーノフ、W・N・イワーノフ、N・J・ペトゥホフ、そしてW・A・スィソリヤティン、

T34戦車の車体の上に歩兵をのせて進撃するソ連軍

彼らはドニエプルをめざすソ連軍兵士の先鋒として、最初にカニェフの北のサルベンツィとグリゴロフカの間で、ドニエプル河岸にたどりついた。彼らはグリゴロフカ村のパルチザンと連絡をとり、小船で川を渡った。

彼らはグリゴロフカ村のドイツ軍哨所を襲った。しかし、これは陽動作戦だった。この間にシナジュキン少尉の一コ中隊は、もっと北のサルベンツィでひそかに川を渡った。

彼らの使った渡河機材はなんと手作りの筏《いかだ》であった。その上には兵士と砲ものせられた。夜明けには彼らは攻撃にうつり、サルベンツィとグリゴロフカのドイツ軍を追いはらった。ソ連軍はこの橋頭堡をプクリン橋頭堡と呼んだ。

カニェフ橋頭堡の攻防戦

九月二二日朝、ドイツ軍に警報が飛んだ。まだネーリングの戦車部隊はドニエプル川の東岸にいるのだ。もしカニェフの橋を押さえられたら、万事休すである。

しかし、防衛にあたるドイツ第八軍がプクリン橋頭堡にさし向けることのできた兵力は、チェルカッシィの武器学校の学生部隊一二〇名だけであった。

「一二〇名を、ただちにトラックでグリゴロフカへ投入せよ」

とにかく、渡河したソ連軍部隊をなんとかしなければならない。どこかに兵力はないか。

第一九機甲師団の一部が、二一日にドニエプル川を渡り、キエフの近くで停止していた。すぐに無線が飛ぶ。第一九偵察大隊は昼飯を食べている最中に出動を命じられた。

「全員乗車、出発！」

偵察大隊につづいて第七三機甲擲弾兵連隊が出動、さらに師団の主力も後を追った。

第一九偵察大隊はフルスピードで突っ走り、グリゴロフカへといそいだ。キエフからグリゴロフカまでは九〇キロ、道は悪くない。偵察大隊にとっては、たった二時間半だ。

午後、部隊はソ連軍橋頭堡に襲いかかった。しかし、彼らだけでソ連軍橋頭堡を除去することなどできない相談だった。

二二日午後七時、まだドニエプル東岸に司令部をおいていたネーリングのところに緊急電がはいった。すみやかに西岸に兵力を移動させ、苦戦中の第一九偵察大隊を支援せよ。

つまりネーリングは、自分自身で敵橋頭堡に対処しなければならないというわけだ。

二三日朝、ネーリングは行動を開始しようとした。しかし、リュバルコが先手をとった。

ネーリングの部隊の息の根を止めるため、カニェフの橋を奪取しようというのだ。

「アハトゥンク！　敵戦車！」

カニェフ橋頭堡の北部を守る第三四歩兵師団第二五三機甲擲弾兵連隊の陣地に警報が発せられる。一〇、二〇、三〇、全部で四四両ものT34戦車が、ドニエプル川の東岸を北から南に攻撃をしかけてきたのだ。戦車の上には歩兵が満載されていた。彼らはカニェフまで突っ走り、橋を占領しようというのだ。

第二五三機甲擲弾兵連隊第一四中隊のアウグスティン大尉は、七五ミリ対戦車砲一門、第三四戦車駆逐大隊の対戦車自走砲二両と、たった二ダースほどの兵員とともに、レジェトキ村にたてこもった。T34は、彼らを無視して全速力で突進する。

「フォイエル！」

対戦車砲と自走砲から必殺の射弾が撃ちだされる。命中弾をうけたT34が吹き飛ぶ。

「フォイエル！」

つぎつぎと撃ちだされる弾丸で、たちまち村の前面には一六両のT34が擱座して、煙を上げた。戦車から飛び降りた歩兵は、クモの子を散らすようにして身を隠した。

生き残ったT34のうち、一ダースほどは回れ右をすると、もと来た方向へ逃げだした。しかし、一一両のT34は射撃をものともせず、真一文字に村を突き抜けて橋へと向かった。

橋を守っていたのは、軍団司令部がかき集めた対戦車砲と対空砲だけだった。第二五三機甲擲弾兵連隊長ヒッペル大佐が、この急造対戦車部隊を指揮する。

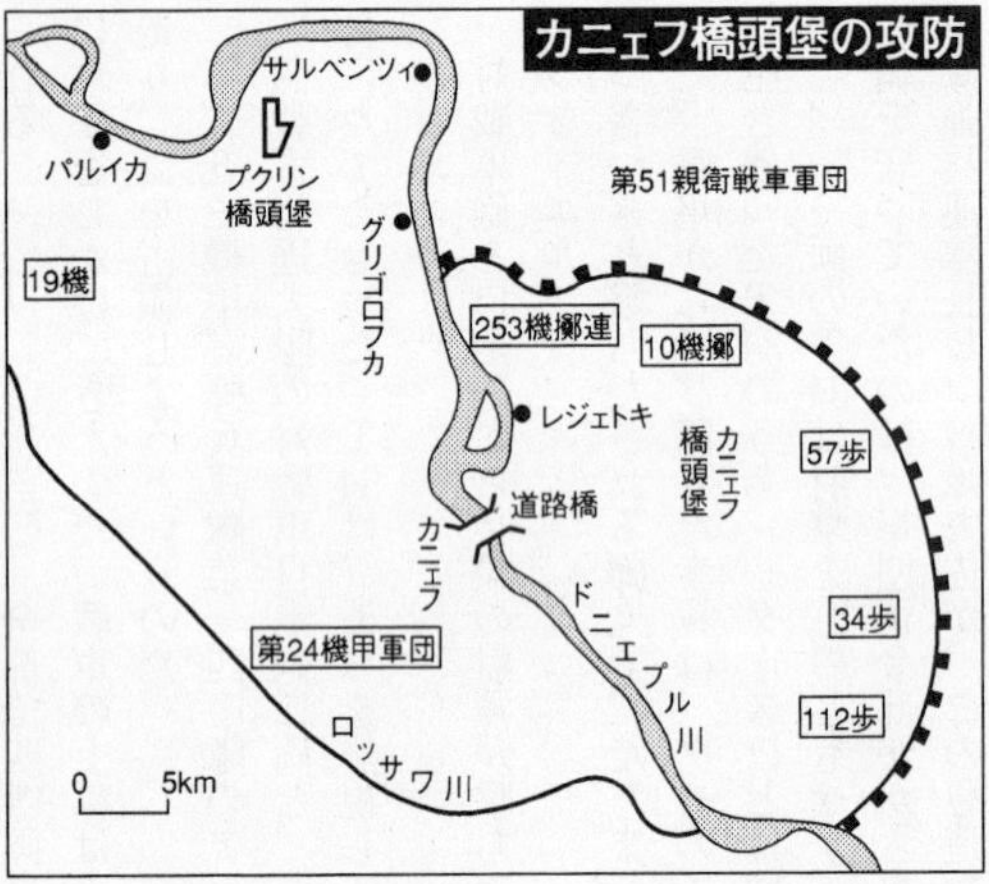

T34は主砲と機関銃を撃ちまくりながら、全力で突進してきた。もしドイツ軍部隊が、東部戦線に送られたばかりの質の低い部隊であったなら、驚いて逃げだしたかもしれない。しかし、歴戦の勇士ヒッペルは落ち着いて命令をくだした。

「フォイエル！」

対戦車砲、対空砲、そして歩兵砲の一斉射撃。周囲は発砲の衝撃と、すさまじい騒音でつつまれる。命中弾をうけたT34が擱座する。

橋に近づいたT34が、突然爆発した。埋設された地雷を踏んだのだ。さらに肉薄する歩兵は、吸着地雷を使ってT34を爆破した。一〇時には、橋にたいする脅威は去った。

しかし、一難去ってまた一難、橋頭堡の西岸では、川を渡ったソ連軍と戦う第一九機甲師団が危機に瀕していた。

「救援を求む！」

ソ連軍は砲も車両も川を渡らせて、サルベンツィから西と南西へと前進を開始した。ネーリングは司令部をカニェフの橋のそばに移し、戦闘部隊に鉄橋を渡らせて、西岸へと移動をいそがせた。

「いそげ！　いそげ！」

橋頭堡の防御は第一〇機甲擲弾兵師団のシュミット将軍にゆだねられた。

午後三時、軍団の各部隊は橋を渡りはじめた。最初は第五七歩兵師団で、師団は橋を渡りおえると、すぐに展開して橋の防御についた。つづいて渡ったのは第一一二歩兵師団、深夜には第三四歩兵師団が渡った。

最後に残ったのは第一〇機甲擲弾兵師団である。彼らはどんどん小さくなっていく橋頭堡を守りながら、橋へと後退する。

午前三時半には、彼らも橋を渡りはじめた。一時間後の午前四時半、ネーリングの司令部が西岸に渡り、ドイツ軍のカニェフ橋頭堡からの撤退は終了した。

東岸にはわずかな警戒部隊が残っていた。彼らは最後に橋を爆破してボートで対岸に渡るのだ。午前五時、シュミット将軍の命令がくだされる。轟音とともに、橋はドニエプル川の流れの中に崩れ落ちた。

西岸へと渡った部隊に休む暇はなかった。危機は去ったわけではなかった。ソ連軍のプクリン橋頭堡をなんとかしなければならない。

橋頭堡は、二四日には奥行き五キロ、幅七キロにひろがっていた。この日の夕方、橋頭堡のソ連軍は戦車六両と二コ大隊で南西に向かって出撃し、第一九偵察大隊に襲いかかった。

第一九偵察大隊には、かの有名なグデーリアン将軍の末子グデーリアン少佐がいた。彼らはなんとか敵の攻撃を撃退したものの、彼らだけで橋頭堡を除去することなどできない相談であった。

ソ連軍は北のパルイカでも、さらにスタイキでもドニエプル川を渡った。しかし、ソ連軍はそれ以上、戦果を拡大することはできなかった。

ネーリングが必死で西岸に渡らせた部隊は、間一髪でまにあい、ソ連軍を封じこめることに成功したのである。

一〇月二日、第三親衛戦車軍はふたたびプクリン橋頭堡からの攻撃をこころみたが、大損害をうけて撃退された。

ドイツ第八軍はネーリングの第二四機甲軍団だけでなく、フォン・クノーベルスドルフの第四八機甲軍団をも投入して、橋頭堡の抹殺をはかった。北西から攻撃したドイツ第七機甲師団はグリゴロフカまで前進した。また、第一一二歩兵師団の第二五三機甲擲弾兵連隊第二大隊は、グリゴロフカ南方のドニエプル河畔の高地を奪還した。

ドイツ軍は、ソ連軍のプクリン橋頭堡の抹殺には失敗したが、その周囲をがっちりとかため、その行動を封殺した。ソ連軍は一〇月中に二度攻撃をこころみたが、けっきょくは失敗におわった。

ソ連軍はプクリン橋頭堡からの攻撃をあきらめ、別の方法を考えた。それはキエフ北方二〇キロのリュティシからの出撃である。

リュティシ橋頭堡の価値

プクリン橋頭堡の戦いが進んでいる同じころ、ソ連第三八軍の先鋒をつとめる第二四〇狙撃兵師団は、キエフの北方スワロムエでドニエプル川にたっした。九月二六日の深夜、彼らは小船で川を渡り、対岸に橋頭堡を築くことに成功したのである。

二七日朝、ソ連軍は漁船で増援を送り、さらに三〇日には狙撃兵二コ連隊と砲兵中隊とロケット砲連隊の一部までが送りこまれ、橋頭堡は幅三キロ、奥行き一・五キロにまで拡大された。ソ連軍はスワロムエ対岸から西のリュティシ村へと橋頭堡を拡大した。

バトゥーチンは、リュティシ橋頭堡の価値に気がついた。彼はこの千金の橋頭堡に強力な第三親衛戦車軍を投入したかったが、彼らははるか南のプクリンにいて、ドイツ軍と激戦をつづけていた。早急に投入できる兵力は、クラウチェンコの第五親衛戦車軍団しかなかった。しかし、彼らがリュティシ橋頭堡におもむくためには、まずデズナ川を渡らなければならなかった。

一〇月三日深夜、デズナ川に近いブラワリィの森の中の司令部にいたクラウチェンコは、電話でバトゥーチンに呼びだされた。命令は、ドイツ軍の圧力をうけて抹殺される寸前のリュティシ橋頭堡の救援であった。バトゥーチンはクラウチェンコに命令した。

「貴官はデズナ川を渡る方法を捜しださねばならない」

クラウチェンコはいそいで司令部にもどると、すぐに部下を集めて検討を開始した。

彼の部隊は、最近の戦闘でうけた人員、装備の損害を埋めるため、休養と再編成の途中であった。ほんらいの戦車戦力は二一〇両であったが、軍団にはわずか九〇両の戦車しかなかった。

おもしろいのは、このうち一五両はレンドリースのチャーチル戦車だったことだ。この戦車は重装甲だが、機動力が悪くてT34についていくことができなかった。

ともかく、いまはそんなことをいっている場合ではない。どうやって川を渡るかだ。架橋をしたのでは、八～一〇日も必要となる。それでは、とても戦機に間にあわない。なんとか川をおし渡るしかない。

クラウチェンコは部下の第二〇親衛戦車旅団の戦車小隊長に、すぐにデズナ川の偵察を命じた。渡渉のできるもっとも浅い場所を捜しだすのだ。

戦車兵らは地元の漁師を見つけだし、渡渉にふさわしい場所を教えてもらった。彼らは一〇月の冷たい水の中にもぐり、川底の状態を調べた。川床のかたい場所、岩がなく、木の切り株や、その他の障害物のない場所だ。

同時にクラウチェンコは、戦車旅団の指揮官たちに戦車の渡渉準備をすすめるよう命令した。

渡渉に適した場所は、レトキ村の近くに発見された。デズナ川の川幅は二九〇メートル、深さは平均して一メートルだった。しかし、問題もあった。深さは中央部では二メートルにたっしていた。

二メートル！　残念ながら、これはT34の渡渉水深の二倍だった。それに、川床が砂地でおおわれていた点も問題だった。というのも、何両かの戦車が通れば、砂地は削られて、水深はもっと深くなってしまうのだ。さらに、渡渉地点での行軍ルートは、沼地を縫ってヘビのように曲がりくねっていた。

けっして、この場所はベストではなかったが、クラウチェンコは危険をおかすことにした。

戦車乗員は、おおわらわで戦車の改修にとりかかった。間にあわせの装備で、なんとか渡渉しなければならない。ターレットリングの繋ぎ目や、その他のすき間は、グリスやタールを染みこませたまいはだ（麻くず）でふさぎ、ハッチ、エンジンルーバーなどの開口部は、タールを染みこませたキャンバスでおおい、当て木をして水漏れをふせいだ。

エンジンの空気はひらいた砲塔のハッチから吸入し、排気は排気管にやはりタールを染みこませたキャンバスのパイプをつないで、水面まで導いた。第二二戦車旅団の戦車兵は、主砲の砲口をふさぐため特殊なカバーを自作し、排気管の延長パイプをブリキ板から作りだした。

こうした各種の渡渉準備には、六〜八時間を要した。第三八軍の工兵は、戦車軍団に協力して渡河準備をすすめた。湿地帯に通路を作り、河岸をけずって進入路を整備する。川の中にブイを浮かせ、安全な通路をしめす。

軍団は、命令をうけた二四時間後の一〇月四日には、渡河を開始した。

「右だ！　流されるぞ」

操縦手は前を見ることができず、砲塔上のハッチに立った車長が指示した。戦車はしめされた通路を、時速一〇〜一二キロの速度で進んだ。一両の戦車が渡るには、平均して八分がかかった。

水からでて対岸にあがった戦車は、すぐに車内に浸水した水を排水して、戦闘準備をととのえた。

「ズルズルズル」

「どうした」

キャタピラが空転する。砂地がけずられた窪地に戦車がはまりこんでしまったのだ。懸命にエンジンをふかすが、キャタピラからはむなしく泥が排出されるだけだった。

やがて、エンジン室に水が侵入する。

「ゴフッゴフッ」

エンジンは咳きこむと停止した。けっきょく三両の戦車は砂地にはまってしまい、あとで対岸に引きあげられたものの、エンジンに水がはいって使いものにならなくなった。

このようなトラブルはあったものの、一〇月八日午前八時には、五〇両のT34と一五両のチャーチルが渡渉をすませた。これはたいした業績だった！

戦闘準備がととのった戦車は、速度をあげてドニエプル河岸をめざした。ドニエプル川の渡渉点は、川幅六五〇から七五〇メートルあり、深さは二・五から九メートルもあった。こ

ゴムボートをつないだはしけに砲などをのせて渡河するソ連軍

こでは、同じ手は使えなかった。

さいわい、ドイツ軍が後退するさいに沈めた二隻のはしけが見つかった。ソ連軍ははしけを修理すると、戦車の輸送に使用した。一隻に三両の戦車が搭載された。

さらに、浮橋から二隻の戦車輸送フェリーが急造された。一〇月五日の夜を徹して、フェリーはドニエプル川を往復し、夜明けまでに橋頭堡には六〇両の戦車が送りこまれた。

橋頭堡と相対していたのは、第四機甲軍団に所属するハウフェ将軍の第一二軍団であった。その第八八歩兵師団と第二〇八歩兵師団は、渡河を助けるための激しい砲兵とカチューシャ・ロケットの猛射をうけて、防戦だけで手いっぱいだった。

「いそげ、いそいで前進するんだ」

渡りおえた戦車は、すぐに戦闘にはいり、二四時間後にはリュティシ橋頭堡は幅六キロ、奥行き一〇キロに拡大した。もはやドイツ軍にとって、この橋頭堡を抹殺することなど不可能な話であった。

解き放たれた首都キエフ

リュティシ橋頭堡の成功をうけて、バトゥーチンは攻撃の重点を左翼のプクリン橋頭堡ではなく、右翼のリュティシ橋頭堡に変更することを決定した。バトゥーチンはスタフカ（大本営）に増援を要請した。

だが、スタフカからの回答は、増援は送れないというものだった。どこもかしこも激戦で、とてもそんな余裕はなかったのだ。

バトゥーチンは、自前でなんとかするしかなかった。

彼は南のプクリン橋頭堡にいた第三戦車軍を、北に移動させて投入することにした。これはきわめて難しい作戦であった。ドイツ軍に気づかれずにプクリン橋頭堡から撤退して、二〇〇キロを走って北に移動し、今度はリュティシ橋頭堡にはいらなければならないのだ。

一〇月二五日夜、プクリン橋頭堡からの後退が開始された。ドイツ軍の目をごまかすため、材木と土でダミーの戦車が作られ、いくつかの無線指揮所が残されて、あたかも部隊がそこにいるかのように通信しつづけた。

ドニエプル川は水面下に作られたコジンツォフの橋を使って渡った。移動はきびしく、灯

舟艇によって渡河したソ連軍は一気に対岸に上陸すると進撃していった

下管制をしたうえで、夜間だけにかぎられた。うまいことに、二七日は霧がでたため、昼間も移動することができた。

こうして一〇月二八日の午前六時には、第三親衛戦車軍の戦車四〇〇両、車両三五〇〇両、牽引車五〇〇両と砲三〇〇門は、ドニエプル東岸に集結することができた。

北へ向かっていそげ。リュバルコは道路事情の悪さと混雑のため、行軍速度を毎時八～一二キロ、一日二一～五〇キロと計算した。

しかし、リュバルコの予想を裏切って、部隊は快進撃をとげた。デズナ川の渡河は、すでに橋が構築されているため困難ではなかった。そうして一〇月三〇日の深夜には、第三親衛戦車軍の先鋒部隊の第九一独立戦車旅団は、リュテイシ橋頭堡のドニエプル川の渡河点に到着したのである。

仮設橋とフェリーを使用して、初日には一一〇両、二日目には一八五両、そして一一月二日の午前八時までに、すべての戦車が川を渡り、リュティシ橋頭堡にはいった。三コ軍余の兵力を集結させたソ連軍は、一一月三日朝、リュティシ橋頭堡から西、西南、南方への進撃を開始した。

ドイツ軍情報部は、第三親衛戦車軍の撤退と移動に気づかなかったわけではなかった。しかし、その情報は数日遅れた。このため、リュティシ橋頭堡からの攻撃は、完全な不意打ちとなった。

激しい砲撃、そして爆撃、それから戦車の支援をうけた歩兵が襲いかかった。圧倒的なソ連軍兵力を前に、ドイツ軍にはもはや対応すべき予備隊はなかった。

ソ連軍の戦車と歩兵の奔流は、橋頭堡をとりかこむ薄っぺらなドイツ軍の戦線を突きやぶり、戦線後方へとあふれだした。ドイツ軍は、なすすべもなかった。

いくつかの機甲師団が反撃のため投入されたが、突然の状況に十分に対応することができなかった。そして、攻勢開始わずか三日後の一一月六日深夜、二年余のあいだドイツが占領をつづけてきたウクライナの首都エキフは、ついに解放されたのである。

第16章 キエフ西方に打ちこまれた赤い楔

キエフを解放したソ連軍のつぎなる目標は、マンシュタインひきいるドイツ南方軍集団の掃討にあった。キエフ南西にある交通の要衝ファストフを占したソ連軍は、さらなる圧力をかけた！

一九四三年一一月七日〜一三日　ファストフ攻防戦

ファストフへの電撃作戦

キエフを解放したソ連軍は、それだけで満足することはなく、そのまま前進をつづけて、市の西と南へ突破した。

西へ進んだ部隊は、ドイツ軍第一三軍団をジトミールまで、第五九軍団をコロステンまで追いたてた。一方、南へ進んだ部隊は、ドイツ第七軍団戦区に侵入し、イルペン川周辺地区を蹂躙して進撃した。

ドイツ軍は第八軍から第一〇機甲擲弾兵師団を引き抜いて投入し、いったんはソ連軍を停止させたものの、それもわずかな間で、彼らは態勢をたてなおすと、南から南西に向かって進撃を再開した。彼らは、一一月七日にはキエフ南西五〇キロのファストフを電撃的に占領してしまったのである。

ドイツ軍にとっては、一大事であった。ファストフは交通の要衝で、ドイツ南方軍集団北翼の補給路は、ここに集中していたからだ。増援部隊と第八軍の補給物資積み降ろしは、ここでおこなわれていたのだ。

ファストフには二コ地域防衛大隊、警戒大隊、探照灯中隊と対空砲部隊、そして第七機甲師団の司令部がおかれていたが、彼らだけでは、とてもソ連軍戦車の奔流を止めることなどできなかった。

南方軍集団司令官のマンシュタインも北翼の危険性には気づいており、一一月六日には、すべての使用可能な機甲部隊を、ファストフ〜ジトミール戦区に集める命令をくだしていた。

これはファストフを通る防衛線を敷くとともに、キエフ奪回をも狙ったものだったが、ソ連軍の進撃はあまりに早く、それどころではなくなってしまった。いまここで投入できる兵力はただひとつ、フランスから移動中の第二五機甲師団しかなかった。

第二五機甲師団は一九四二年二月二五日に、ノルウェーでオスロ狙撃兵部隊を基幹に編成が開始された新しい戦車部隊である。機甲戦力は一九四二年一二月に第九戦車連隊が編成され、第二一四戦車大隊が第一大隊に、第四〇特別編成戦車大隊が第二大隊となった。

これらの部隊はちょっと変わった部隊で、第二一四戦車大隊は三コ軽捕獲（!）戦車中隊、つまり捕獲したフランス戦車を集めた部隊から編成されたものであった。

一方の第四〇特別編成戦車大隊は、一九四〇年にノルウェー侵攻作戦に参加した部隊で、当時、多砲塔戦車の新式車両が配備されたことで知られる。その他の戦車も、旧式戦車のよせ集めだった。

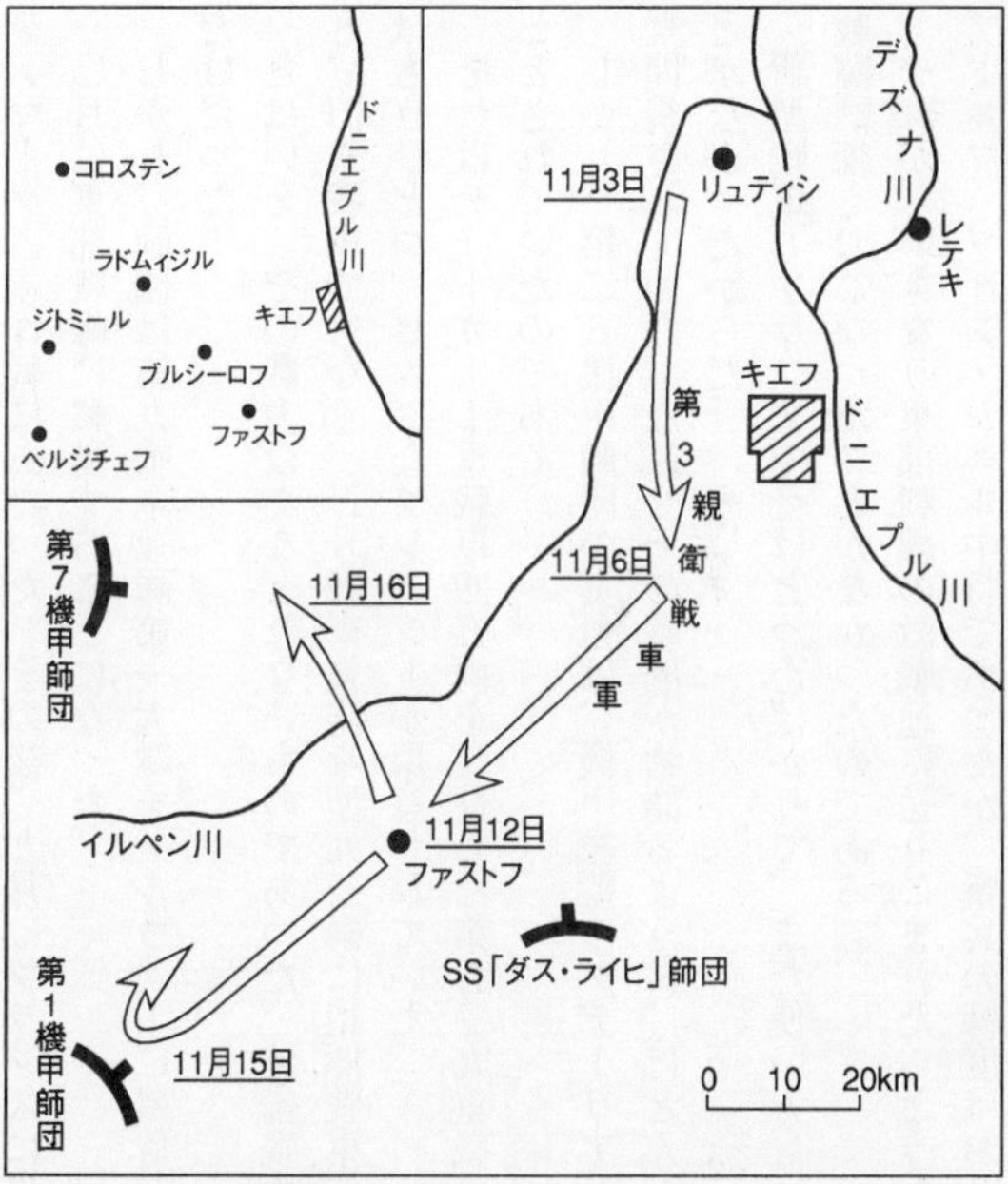

その後、バルバロッサ作戦ではフィンランドからロシアへの侵攻をこころみたものの、失敗に終わり、以後はフィンランド、そしてノルウェーで警備任務にあたっていた。

歩兵戦力は第一四六、第一四七機甲擲弾兵連隊であった。そのほか、第八七戦車駆逐大隊、第八七（のちに第二五）偵察大隊、第九一機甲砲兵連隊が所属していた。

同師団はノルウェーで訓練と占領任務についていたが、一九四三年八月にはオスロからコペンハーゲンに移動して、デンマーク占領作戦にあたった。その後、九月にフランスに移動して訓練をつづけていたが、一〇月に東部戦線に移動することになった。

しかし、師団は第九戦車連隊第一大隊をノルウェーに残置したため、戦車戦力は第二大隊だけだった。

とはいえ、その戦力はあなどれないものであった。装備戦車はもはや捕獲フランス戦車でも、旧式戦車でもなく、Ⅳ号戦車長砲身型九三両に指揮戦車八両であった。そして、師団にはもうひとつ、ビッグなプレゼントが用意されていた。

それはティーガーI重戦車四五両を装備した第五〇九重戦車大隊が、行動をともにすることとされていたのである。

しかし、第二五機甲師団の実力は、機甲総監のグデーリアンからは、まだ技量未熟として疑問視されていた。なにせその戦歴が物語るように、ほとんど実戦らしい実戦を経験したことがなかったからだ。

新型戦車もフランスで受けとったばかりで、まだ使い方もよくわからない。師団全体での戦闘訓練もおこなったことがなかったのである。

それが、いきなり東部戦線の激戦地に送りこまれたらどうなるか。師団長こそ歴戦の勇士アドルフ・フォン・シェル中将であったが、新兵の練度はお話しにならないほどのものである。戦いになれるまでの時間が必要だった。

しかし、危機せまる戦場は待ってはくれなかった。そして、その結果は恐るべきものとなる。

ドイツ第二五機甲師団壊滅

ファストフが陥落したころ、第二五機甲師団は最初の目的地のキロヴォグラードへと移動中であった。移動中の第二五機甲師団に、目的地の変更が告げられる。

ファストフへと急行する命令が出たとき、すでに主力の戦車戦力である第九戦車連隊は、はるか二〇〇キロメートル南のキロヴォグラード停車場へと到着していたのだ。

後続していた擲弾兵、砲兵、工兵は、ベルジチェフで貨車を降りて、ファストフへ向かうことになった。そして、「不運」にも、まさに彼らにとっては「不運」にも、ソ連軍の攻撃に「間にあって」ファストフにおもむくこととなった。

というのも、彼らは戦車の支援を受けることなく、敵戦車にたいしてはほとんど丸腰のような状態で、強力なリュバルコの戦車部隊の前に突入せざるを得なくなったのである。

師団にとってさらに不幸なことに、彼らには現地のまともな地図があたえられていなかった。分散した隷下部隊との通信線も確保されていなかったため、命令は伝令によるありさまだった。

師団長のまわりには十分な参謀将校もいなかった。師団長は、とりあえずかき集めた兵力で、ファストフ戦闘団を編成してファストフの確保（まだファストフは陥落していないと思われていた）に向かった。

師団長はみずから第一梯団の第一四六機甲擲弾兵連隊の先頭に立って前進した。前進は泥沼となった道路と、後退する部隊とで難渋させられた。

梯団はしだいに長い蛇のようになり、それぞれ切れ切れになっていった。こうして、まったく戦闘態勢のとれていない彼らを、ファストフの南でソ連軍第七親衛戦車軍団の第五四親衛戦車旅団のT34の集団が迎え撃った。

ソ連軍は早くからドイツ軍の接近を知り、手ぐすねを引いて待ちかまえていたのである。

「アゴーイ！」

射撃命令がくだり、戦車砲がいっせいに火を吹いた。弾丸は一直線に目標に吸いこまれた。T34戦車にとって、擲弾兵が満載された装甲兵員輸送車など、射的の的でしかなかった。弾丸は薄っぺらな装甲板をかんたんに貫いた。一瞬ののち、装甲車は爆発して炎を吹きあげた。機関銃が火を吹き、逃げまどう擲弾兵に襲いかかる。

連隊は敵砲火を浴びてパニックとなった。師団長はみずから兵士を押しとどめねばならないほどだった。被害はほとんど致命的であった。

第九中隊などは、中隊長、下士官のほぼ全員、兵の一六〇名もが戦死した。ソ連軍の完勝であった。しかし、彼らは燃料が不足したため、それ以上の追撃をすることができなかった。

一一月七日、リュバルコはドイツ機甲擲弾兵の墓場となったファストフの戦場を訪れた。点々とならんだドイツ軍装甲兵員輸送車の残骸を見わたしながら、リュバルコは副官にいった。

「数えてみたまえ」

撃破された車両をすべて数えおえて、副官は報告した。

「七二両であります。同志将軍殿」

「ここには怠け者がいる」

リュバルコはかたわらにいた旅団長を眺めながらいった。

「誰が怠け者でありますか」

旅団長は意味がわからなかった。

「わが旅団長よ」

リュバルコはまじめに答えて付けくわえた。

「貴官は敵の損害について、なんと報告した」

「装甲車五〇両であります。タコツボから、同志将軍殿、夜、燃えあがる炎を……」

旅団長はいいわけするように口ごもった。

「あはっは、あはっは」

リュバルコは笑い出した。彼は旅団長をからかったのである。これだけの大勝利で、数の大小などたいした問題ではない。

リュバルコは、いつまでも冗談に興じているわけにはいかなかった。ソ連軍大本営からは、ファストフをなんとしても保持せよとの命令が出されていたのである。

「死守せよ！」

リュバルコは自身にあてられた命令の言葉を、隷下の各旅団にも伝達した。大損害にもかかわらず、第二五機甲師団長のシェル将軍はあきらめなかった。彼はみずから付近にある部隊をまとめて、ファストフへの攻撃をくりかえした。しかし、リュバルコの部隊は、ふたたびこの攻撃を撃退した。

もはやシェル将軍には、攻撃を再興するだけの戦力は残っておらず、隷下の戦車部隊の到着を待つしかなかった。

戦う第五〇九重戦車大隊

このころ、第五〇九重戦車大隊はどうしていたか。彼らも第二五機甲師団同様に、戦機に戦場に到着することはできなかった。彼らをのせた鉄道貨車はファストフを通りすぎ、一一月六日にはキロヴォグラードの北五〇キロのミロノフカに到着して、停止してしまったのだ。

彼らは夜になってアレクサンドロフカに戻ったが、なんとそこで彼らをおいて、機関車が雲隠れしてしまったのである。そのうちに別の機関車がきて、彼らをひっぱって北へと向かった。ベーラヤ・ツェルコビまで戻ったところで、ようやく彼らにはキエフが陥落したことが知らされた。

ここで、急を告げる前線らしいできごとが起こる。

なんと第三中隊のティーガー七両は、ＳＳ第二機甲擲弾兵師団「ダス・ライヒ」に徴発されてしまったのである。

彼らは「ダス・ライヒ」の一部とともに、ファストフ攻撃に参加することになる。一部と一部、当時のすり切れた戦線では、こういうことが当たり前だった。どこもかしこも継ぎあてのパッチで、戦線は維持されていた。

残りのティーガーは、当初の予定どおり第二五機甲師団の残余に協力して、ファストフ攻撃の任務があたえられた。

「ファストベッツを準備陣地とし、ファストフ南の高地を占領し、ファストフを攻撃する擲弾兵の左翼を解放かつ遮断せよ」

これが大隊にくだされた命令であった。彼らは第二五機甲師団の残余の先鋒として、ソ連軍戦線に突破口をひらくのだ。

一一月九日、ファストベッツに前進した第五〇九重戦車大隊第二中隊は、すでに村がソ連軍に占領されていることを知ることになる。彼らは行軍隊形のまま、戦闘にまきこまれてしまった。

「チカッ、チカッ」

彼方に閃光がひかった。弾丸が砲塔をかすめる。対戦車砲だ。車長は砲塔内にすべり降りると、ハッチを閉めた。

「踏みつぶせ！」

ソ連領内で弾薬の補給をうけるティーガー戦車

ティーガーは全速力で村に突入すると、そのまま対戦車砲陣地を蹂躙した。

「敵戦車！」

今度は戦車だ。徹甲弾を撃ちこんで始末する。村では対戦車砲六門、戦車四両が撃破され、ソ連軍は撤退した。

しかし、第一四七機甲擲弾兵連隊との調整が不十分で、この日、それ以上の攻撃は不可能となった。このため攻撃開始は翌朝ということになった。

幸い午後になって第一中隊の一部がくわわり、戦力はすこし増強された。とはいえ、はじめからすべての戦力が集結していればともかく、これでは……。

一〇日、ファストフへの攻撃が開始された。第五〇九重戦車大隊は一八両の稼働ティーガー戦車をもって攻撃に参加した。ソ連軍は死にもの狂いで抵抗したが、一時間後にはファストフ南の高地を占領した。

これはソ連軍にとって一大事である。リュバルコはかき集めた兵力で反撃をこころみた。

「ウラー、ウラー」

ソ連軍は何度も何度も、波が押しよせるように攻撃をくりかえした。あるときは戦車と歩兵が、またあるとき歩兵だけの突撃。

ティーガーはそのたびに反撃して、すべての攻撃を撃退した。あとには一二両の敵戦車が煙を吹きあげてムクロをさらしていた。

ティーガーの周囲の地面が地響きにつつまれた。力押しの正面攻撃では奪還不可能とわかったソ連軍は、高地上に弾幕をはり、ドイツ軍の追い出しをはかったのである。

「後退！」

こんなところで、まぐれ当たりの重砲弾を浴びてはもったいない。ティーガーも高地を降りて反対斜面へと後退した。

「ガーン」

コンゲルマン曹長のティーガーに衝撃が走る。足まわりに命中弾をうけたのだ。全員無事！　しかし、動けなくなってしまった。

「脱出！」

ティーガーは放棄された。夜になって擱座したティーガーの回収がはかられたが、どうしても動かすことができなかった。

残念だが仕方がない。ティーガーは爆破処分された。

結局、随伴歩兵はファストベッツまで進出することができず、ファストフ攻撃は中止された。

一一月一一日および一二日、第五〇九重戦車大隊第一、第二中隊は、攻撃をあきらめてマルイ・ボロベツ、ファストフで防御任務についた。一三日にはファストフ南西一〇キロの地点に集結し、ドイツ軍によるファストフ攻略と、そこからのキエフ奪還のくわだては永遠に放棄された。

この間、「ダス・ライヒ」に臨時に徴発された第五〇九重戦車大隊第三中隊のティーガーはなにをしていたのか。

一一月七日、ベーラヤ・ツェルコビで貨車を降りた彼らは、八日にはSS第二戦車連隊第二大隊とともにグレベニキに移動した。九日、中隊はSS砲兵連隊「ダス・ライヒ」第三大隊長の指揮するカールハマー戦闘団に配属され、パブロフカへと移動した。

さらに、夜半すぎにはヤンコフカを経由してルドビノフカへ移動した。道路は大変な悪路で、ティーガーは前進に難渋し、数両が機械故障で脱落してしまった。

大隊の補給段列の乗った列車は、ファストフとビィエラ・ツェルコフの間の小さな停車場でソ連軍に捕まったが、予備部品は間一髪、荷下ろしされて整備班が持ち出していた。彼らは第三中隊のあとを追い、貴重なティーガーを救った。

一一月一〇日、フォン・ディースト・ケールバー中尉のひきいるティーガー四両はミハイ

ドイツ軍戦車にたいしてソ連軍の対戦車砲は必死の一撃を射ちこんだ

ロフカの北東部を、バッカー少尉ひきいる数両のティーガーはゲルマノフカの南方に進出し、そこで二両のT34を破壊した。

一一日には六両のティーガーが出動して、ゲルマノフカ東端を攻撃、T34三両を撃ちとった。さらに、午後にはセミョーノフカへ向けて進撃したものの、中隊長車ほか数両の戦車が立ち往生し、進撃は中止された。

一二日、中隊はセミョーノフカの教会の丘を攻撃し、高地東側の斜面にとりついた。

「ピカッ」

敵の対戦車砲だ。砲弾がかすめ飛び、激しい衝撃。しかし、ティーガーのぶ厚い装甲を貫徹することはできなかった。全車が数発は被弾したが、擱座したものはなかった。

「榴弾！　フォイエル！」

必殺の射弾が、敵対戦車砲陣地に撃ちこ

まれる。

土煙とともに、対戦車砲の破片が飛び散る。

「命中!」

敵陣地は粉砕され、夕方にはセミョーノフカの町の中心部まで制圧された。

一四日になり、第五〇九重戦車大隊第三中隊は、カールハマー戦闘団への配属を解かれた。こうして一五日になって、ようやく第五〇九重戦車大隊はヤスヌィ・コーシェンカ地区で一堂に会することができたのである。

たしかにティーガーは、絶大の威力をもってはいた。しかし、このように数両単位の出動では、大海に一滴の水を落とすようなもので、その戦果はたかがしれていた。

とはいえ、彼らの戦いはすくなくとも無駄ではなかった。目に見える戦果こそあげられなかったものの、彼らの奮戦によって、ソ連軍の進撃はストップさせられたのである。

第七機甲師団最後の意地

第二五機甲師団、第五〇九重戦車大隊、そして「ダス・ライヒ」その他、付近にあった部隊をよせ集め、間にあわせの防衛戦闘をおこない、ドイツ軍はなんとかソ連軍の進撃をくい止めることができた。

この時間を利用して、南方軍集団司令官のマンシュタインは、本格的な反撃のための兵力をかき集めた。

新着で兵力、装備ともに充実した第一機甲師団、SS第一機甲擲弾兵師団LAH、大損害をうけた第二五機甲師団、第八軍からひきぬいた歴戦の第三、第一九機甲師団、すでに名前の出たSS機甲擲弾兵師団「ダス・ライヒ」。

この集団、第四八機甲軍団の指揮をとるのは、歴戦のヘルマン・バルク将軍。反撃の焦点となったのは、ジトミールであった。

一一月一五日、第四八機甲軍団は攻撃を開始した。

ソ連軍の防衛態勢も盤石ではなかった。彼らもかさなる戦闘で損害は累積し、補給も不足していた。部隊は西と南西に突出したため、相互の支援は不可能だったのだ。

第三八軍は頑強に抵抗したが、ついに突破された。リュバルコは防戦のため第九機械化軍団と第六親衛戦車軍団を送りこんだ。しかし、彼らは行軍中に攻撃をうけてしまい、大損害をこうむった。

ジトミールを奪回する栄誉をになったのは、クルスクいらい防戦をつづけてきた第七機甲師団であった。

一八日、第七機甲師団はジトミールへの突入をこころみた。シュルツ中佐が戦車隊をひきいて市内に突入すると、なんとソ連軍の対戦車砲兵たちはすっかり酔っぱらっていたという。

シュルツの報告をうけた師団長のフォン・マントイフェルは、ただちに命令した。

「すぐ攻撃するんだ！　全部隊、攻撃にうつれ。シュルツの戦車隊に続行せよ！」

たった六両の戦車をひきいてシュルツは突入した。あとには師団長の乗った装甲指揮車、機甲擲弾兵が乗った装甲兵員輸送車がつづく。

対戦車砲が撃ってきたが、すぐに撃退。市内にはいると、擲弾兵が降りて町を掃討する。電撃的侵攻で、ふたたびドイツ軍はジトミールを手中にした。

こうしてジトミールは奪還され、二三日にはファストフへの攻撃が再興された。

しかし、ここまでだった。数日来、降りつづいた雨は、道路を泥沼にかえてしまった。このため、マンシュタインは攻撃を中止するしかなかった。

ソ連軍の攻撃力はおとろえ、戦線は安定した。ソ連軍はキエフ周辺に奥行き七五キロ、長さ二〇〇キロにおよぶ突出部を構成し、ドイツ軍にとって、これを除去することは、もはや永遠に不可能であった。

第17章 ロシアの泥沼に埋没した独ソ戦車隊

反攻に転じたソ連軍はドニエプル川下流域でも渡河に成功して橋頭堡をきずき、ここを拠点にして攻勢に出た。これに危機感をいだいたマンシュタインは声をかぎりに増援をもとめたが！

一九四三年一〇月～一一月 クリヴォイ・ローグ攻防戦

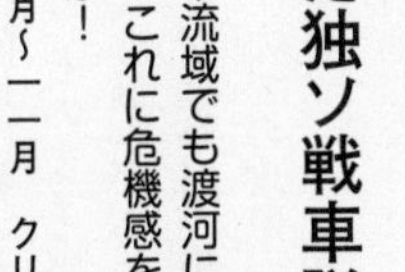

ドニエプル川南部橋頭堡

ドニエプル川中流域、ウクライナの首都キエフ周辺で、反攻するソ連軍と防衛するドイツ軍の血みどろの戦いがつづいているころ、ドニエプル川下流域でも激しい戦いがつづけられていた。

ソ連軍は九月一六日にザポロジェ北方四〇キロの地点、ペレヤスラフ方面でドニエプル川を渡っていたが、彼らはドイツ第八軍および第四機甲軍から抽出されて急行した第二三機甲師団の戦車と第二五七歩兵師団部隊によって、せまい橋頭堡に閉じこめられていた。

だが、この橋頭堡こそ、ドイツ第八軍と第一機甲軍とのあいだに打ちこまれた楔《くさび》であった。ドイツ軍には橋頭堡を取りのぞく力はなかった。

ソ連軍は閉じこめられはしたものの、ちゃくちゃくと橋頭堡に、ドニエプル南部橋頭堡内に戦力を蓄積した。

彼はロトミストロフの第五親衛戦車軍を呼びよせ、ドイツ軍への反撃の拠点とすることにした。一九四三年一〇月一四日、攻撃を前に一〇五両の戦車がドニエプル川を渡った。一〇月一五日、ザポロジェ橋頭堡が陥落したおなじ日、ソ連軍はここでも突破を開始した。

例によってソ連軍は、多数の砲兵機材を集めた砲撃で攻勢をスタートさせた。しかし、このときはもうひとつの奇襲がはかられた。それは朝の食事時をねらったことである。

「ガシャーン、ドンガラガッチャン!」

戦線のあちこちで、パン籠やスープ鍋がひっくり返り、兵士たちはせっかくの朝飯を食べそこなったが、ドイツ兵はそんなことに文句をいっている暇はなかった。

砲撃はいつもとことなり、わずか一五分で打ちきられ、すぐにソ連軍の攻撃が開始された。戦車部隊が先鋒をつとめ、ドイツ軍の第一線陣地に襲いかかる。

戦車はエンジンをふかして速度を上げる。そのまま戦線後方へといっせいになだれこむ——そういきたいところだったが、ソ連軍にも悩みがあった。

そのひとつは、道路事情が悪いため、十分な進撃路が得られなかったことである。そしてもうひとつは、橋頭堡がせまかったため、全力での攻撃ができず、部隊の衝撃力がかぎられてしまったことである。

戦車はわずかな進撃路を、一列になって前進しなければならなかった。

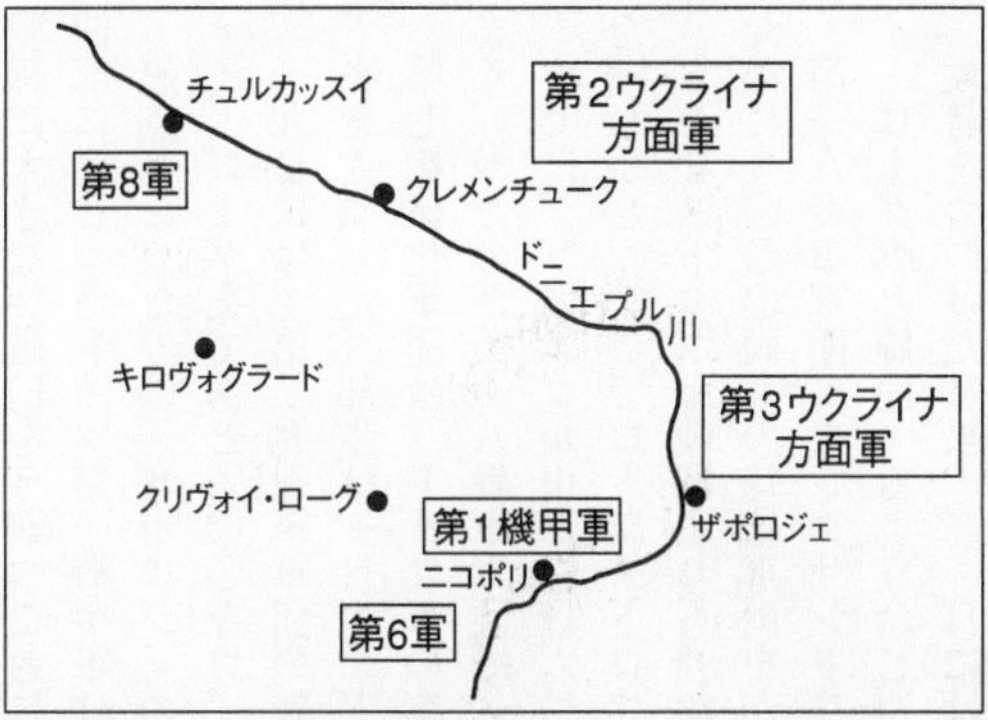

午後になって第七機械化軍団の進撃が開始され、二時間遅れて第一八戦車軍団が進撃を開始した。

奇襲にもかかわらず、ドイツ軍は頑強に抵抗した。このためソ連軍は、初日にわずか二〜三キロしか前進することができなかった。

この夜、ソ連軍は一〇九両の戦車を川を渡して増援に送りこんだ。翌日になるとドイツ軍は、第一線陣地があちこちで突破されたため、戦線整理のために後退した。

この日、第七機械化軍団と第一八戦車軍団のあいだに第二九戦車軍団が投入され、ドイツ軍への圧力を強めた。第二九戦車軍団は二キロの幅で、すぐに二〜三キロ前進して突破口をひろげた。

ドイツ軍はかき集めた兵力で、西側から戦車と歩兵による反撃をしかけたが、第一八戦車軍団はこれを撃退した。もっとも成功をおさめたのは第七機械化軍団で、リコーフキの南東端から突破して、一五〜一七キロも前進した。

ロトミストロフは三本の攻勢軸をとって、ドイツ軍戦線に大きな突破口をうがつことに成功した。ソ連軍がこのまま前進すれば、ドニエプル屈曲部に陣どったドイツ第一機甲軍は、後方を切断されて包囲されてしまう。

焦点となったのは、ザポロジェの西約一五〇キロのクリヴォイ・ローグであった。クリヴォイ・ローグまであと一〇〇キロ。

一九日には、第二九戦車軍団の戦車と狙撃兵は二五キロ前進し、鉄道の要衝ピャーティカトキを占領した。部隊は一日中、ドイツ軍の反撃を撃退しつづけた。

第七機械化軍団は、ドイツ軍の第一六機甲擲弾兵師団の激しい抵抗にあった。もっともうまくいったのが第一八戦車軍団で、ジェルトエとゼレノエを占領することができた。

すでに、ドニエプル川からは六〇キロも前進している。しだいに攻勢はテンポを増してきた。しかし、ここでロトミストロフを悩ませたのが、弾薬と燃料の不足であった。

ロトミストロフは戦闘よりも補給の問題に忙殺されていた。一九日の朝には、彼は部隊のために一〇〇〇両もの補給車両をかき集めたと報告している。

第一八戦車軍団はアレクサンドリユを奪取できなかったため、ロトミストロフはクリヴォイ・ローグへと旋回するよう命じた。

攻勢をつづけた結果、二一日には第一八戦車軍団はペルトロボ地区でイングレツ川を渡り、第二九戦車軍団はアンノフカを包囲した。夕方には狙撃兵部隊もイングレツ川に到達した。

翌日、第五親衛戦車軍はふたたび勢いをとりもどし、クリヴォイ・ローグへと近づいた。

二三日、方面軍司令官コーニェフがロトミストロフの指揮所へあらわれ、第一八、第二九

第14機甲師団第36戦車連隊第３大隊にはⅣ号戦車が配備された

戦車軍団のクリヴォイ・ローグ攻略を見守った。

しかし、ドイツ軍の守りはかたく、防衛線突破はならなかった。コーニェフは町の攻略には増援が必要だと認識した。

二四日朝、第一八戦車軍団の戦車は、増援の歩兵を戦車に満載してクリヴォイ・ローグの町へ突入した。

翌日には、第二九戦車軍団も町の北縁を突破したものの、歩兵の支援を欠いたために、部隊は撤退せざるを得なかった。

ロトミストロフは町を攻めあぐねた。四日間ののち、彼は攻撃部隊に町のまわりをぐるりと迂回させて、西方から攻撃することにした。

ドイツ軍は頑として町を保持しつづけ、ソ連軍に大打撃をあたえた。

ドイツ軍は態勢をたて直して、ソ連軍に立

ちむかおうとしていた。

投入された再編名門師団

この間、ドイツ軍はなにをしていたのか。どこもかしこも穴だらけの戦線の防御に、マンシュタインはおおわらわであったが、クリヴォイ・ローグの陥落は南方軍集団にとって重大な危機となる。

第一機甲軍が包囲、殲滅されれば、南方軍集団戦区は崩壊する。どんなことがあっても、ロトミストロフの突進を止めなければならない。

マンシュタインは声をかぎりに増援をもとめた。兵力が足りない。

陸軍総司令部は新編の第一四、第二四機甲師団と一コ歩兵師団をマンシュタインのもとへ送った。新編の第一四機甲師団？

そんなことはないだろう。第一四機甲師団は番号からいっても、歴史のある部隊のはず。どういうことか。それは、この師団がスターリングラードで壊滅したことによる。

このため、第一四機甲師団はあらたに再編されたのである。再編成は師団の生きのこり人員をもとに、一九四三年三月にフランスで開始された。

機甲戦力は第三六戦車連隊で、当初は二コ大隊であったが、第三大隊としてティーガーが配備されることが予定された。だが、これは中止され、第三大隊にはⅣ号戦車と突撃砲が配備された。

歩兵戦力は第一〇三、第一〇八機甲擲弾兵連隊であった。その他は第一四偵察大隊、第四機甲砲兵連隊、第一三機甲工兵大隊などが所属していた。その編成はかたちばかりで、八月になっても、たいして進んでいなかったという。

一方、第二四機甲師団もまっさらの新編というわけではない。おなじくこの師団も、スターリングラードで壊滅した師団であった。

再編成は師団の生きのこり人員をもとに、一九四三年三月にやはりフランスで開始された。機甲戦力は第二四戦車連隊で三コ大隊編成、第三大隊にはティーガーが配備されることになっていたが、これも中止された。

同連隊は、第二、第三大隊のうち、二コ中隊は突撃砲が配備されていた。歩兵戦力は第二一、第二六機甲擲弾兵連隊であった。その他、第二四偵察大隊、第八九機甲砲兵連隊、第四〇機甲工兵大隊などが所属していた。

同師団も戦車大隊の異動があり、第三大隊が配属されたのは一〇月のことであった。

この二コ師団では、どうにもたよりない。さらに三コ機甲師団が増派されることになった。それがいつになるかはわからない。

とりあえずマンシュタインは、手元の部隊で反撃するしかなかった。

ドイツ軍の反撃は、ロトミストロフの部隊の翼側と背後をつくようにしむけられた。

一〇月三一日夜、第一四機甲師団第三六戦車連隊第三大隊〈第一二中隊〈突撃砲〉欠〉、第

一〇三機甲擲弾兵連隊第一大隊、第四機甲砲兵連隊第一大隊、第一三機甲工兵大隊第一中隊からなるラングカイト戦闘団は、ノヴォイワノフカの準備陣地に集結した。

彼らにたいする命令は、ノヴォイワノフカから北東に、クリヴォイ・ローグからピャーティカトキにつづく鉄道線路を横切って、ヴァシリエフカとヴォルナヤ・ドリナを突破してシャーハゲンに突入し、そこに集結したソ連軍部隊を撃滅せよというものであった。

サルヤ村の寒い朝の戦い

凍てつく朝の寒さのなか、戦車のエンジンがいっせいに始動され、マフラーから白煙が立ちのぼる。

「パンツァー、マールシュ」

一一月一日午前五時一五分、ラングカイト戦闘団は行動を開始した。第三六戦車連隊第三大隊本部が先頭を行き、右側を第一一中隊、左側に第九中隊、そして後方から第一〇中隊(突撃砲)がつづく。

戦闘団は前進をつづけたが、一五〇〇メートルにわたって茂みを抜ける間は、敵の抵抗はなかった。はじめて敵に遭遇したのは、サルヤの南の稜線であった。

「アハトゥンク」

陣地につこうとする敵砲兵が見える。

「フォイエル」

榴弾が発射され、即座に敵砲兵は粉砕された。肉薄攻撃をしかけようとした歩兵も撃退された。

部隊はそのまま高地へと突進する。機甲擲弾兵はおずおずと戦車の後方にしたがっていたが、戦車大隊の南をすすむよう命令された。

戦車をかすめて弾丸が飛び去る。敵の対戦車砲だ。大隊本部のⅣ号戦車が、足まわりに命中弾をうけた。幸い死傷者は出なかったものの、戦車は動けなくなった。

サルヤの北には、対戦車砲と対空砲陣地が望見された。彼らはラングカイト戦闘団の左翼をいく第二四機甲師団の部隊と交戦しているようだった。

第二四機甲師団はテルノワトカを通って北東に前進し、かなりの成果をあげているようだった。ここでは、高い代価を支払わされたようだ。

ラングカイトの目の前で、つぎからつぎへと戦車は命中弾をうけて吹き飛んだ。その数は五両をかぞえた。

ラングカイトは苦戦する味方を助けることにした。敵対戦車砲までの距離は二〇〇〇～二五〇〇メートルで、十分に射程内にあった。左翼の第九中隊と後続の第一〇中隊が、速度をあげて左に旋回する。

「榴弾、フォイエル！」

たちまち三門の対戦車砲が破壊され、多数の対空砲も吹き飛んだ。このとき、敵のあらた

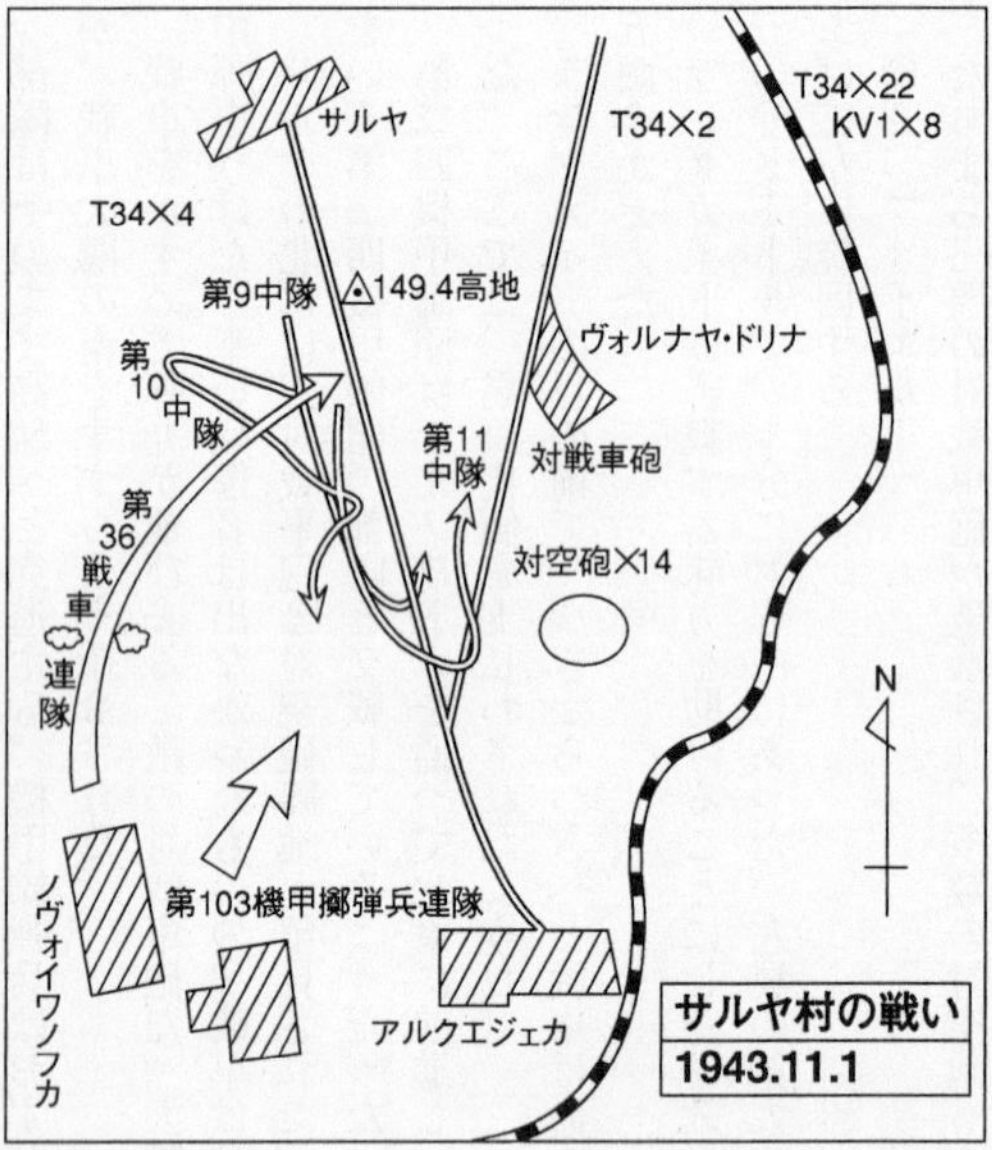

な対戦車砲が射撃をはじめ、第九中隊の戦車一両が撃破された。

「アハトゥンク、パンツァー！」

敵の戦車だ。Ｔ34が六両。

高地上ではソ連戦車との戦闘が開始された。敵は積極的に戦う気はなく、サルヤ村の東に逃走しようとする。

さらに四両のＴ34とＳＵ自走砲が出現したが、彼らもおなじだった。どうやらロトミストロフを悩ませた燃料、弾薬の不足のせいのようだ。ソ連戦車はこちらに横腹を見せて、全速力で走り去る。

「徹甲弾、フォイエル！」

ドイツ戦車は、やる気のない敵に遠距離から射撃をくわえた。長砲身の主砲を装備したⅣ号戦車と突撃砲は、Ｔ34を一〇〇〇～一五〇〇メートルで撃破できたのだ。第九中隊と第一〇中隊の戦車と突撃砲は、たちまち六両のＴ34を屠《ほふ》った。

その間に、第一一中隊は稜線を越えて北東にすすんだ。

砲弾がかすめ飛ぶ。彼らに向かって、道路脇に陣どった対戦車砲と砲兵が射撃したのである。敵は巧妙にカモフラージュしていて、頻繁に陣地変換するため、発見することは困難だった。

「発砲炎に注意」

敵だ。

「フォイエル！」

即座に榴弾をたたきこむ。困難な目標にもかかわらず、第一一中隊は四門の対戦車砲と二門の砲を破壊した。

攻撃は順調にすすんでいたが、敵の抵抗は増していた。どうやら敵は、サルヤ村周辺に防衛陣地をきずいて戦っているようだ。とくに、戦車部隊の南をすすんでいた擲弾兵部隊の前進が遅れていた。

このため、連隊本部から戦車部隊に、敵との交戦を打ちきり、擲弾兵の支援に向かうよう命令が出された。

戦車はサルヤ村から南にのびる稜線の陰に隠れるようにして南下した。それから、ふたたび北東へとすすむ。

いきなり激しい砲撃。鉄道土手ふきんに陣どった敵戦車と対戦車砲が、いっせいに射ちかけてきたのである。しかし、距離は二〇〇〇メートルもあり、そうかんたんに当たるわけはない。

「一、二、三、四……」

敵はT34が二二両にKVが八両もいた。そして、数えきれないほどの対戦車砲。

この敵に正面から突っこむなど自殺行為だ。無線が飛び、スツーカの爆撃が要請される。編隊を組んであらわれたスツーカは、敵陣地につぎつぎと爆弾をお見舞いする。

「パンツァー、フォー！」

最後のスツーカが去り、攻撃が再開された。

ふたたび敵の砲撃がはじまった。敵はスツーカの攻撃にも生きのびたのである。「ガーン！」と命中弾をうけて、第九中隊の戦車二両がやられた。第一一中隊はなんとか四〇〇メートルほどすすんだものの、これまで発見されていなかった、あらたな敵対戦車砲からの激しい射撃にさらされた。彼らは三門の対戦車砲と二両のT34を撃破したが、攻撃はここで行きづまってしまった。

連隊本部は攻撃の中止を命じた。すでにラングカイト戦闘団の東でも、西の第二四機甲師団戦区でも、陣地にこもった敵の激しい抵抗で前進は困難となっていた。

まったく、陣地に立てこもったロシア兵ほどやっかいなものはない。擲弾兵は？――彼らもやはり対戦車砲に射すくめられ、前進できなくなっていた。

午後になると、今度はソ連軍による爆撃とカチューシャの砲撃がくわえられた。ドイツ軍戦車にも擲弾兵にも、たいした損害は出なかったが、連隊本部からは無用な損害をふせぐため、稜線のこちら側に撤退することが命令された。貧乏くじをひいたのは、一番突出していた第一一中隊であった。彼らは敵前線を突破して後退しなければならず、二両が撃破された。

夜半になり、ラングカイト戦闘団はもとの出撃地点にもどった。敵戦線を突破することはできなかったが、敵に大損害をあたえたのは確実だ。彼らの戦力からすれば、それで満足するよりなかった。

翌日、ラングカイト戦闘団は、クリヴォイ・ローグの南東六〇キロの地点に移動して、あらたな攻撃をしかけることになった。こうして、ドイツ軍の反撃はくり返された。

その結果、クリヴォイ・ローグ周辺でソ連軍は、戦車三五〇両、火砲三五〇門、人員一万名もの損害をこうむり、ロトミストロフの攻撃はいったん頓挫したのである。

ふたたびクリヴォイ・ローグ

コーニェフは、クリヴォイ・ローグの占領をあきらめてはいなかった。クリヴォイ・ローグの戦いのあいだに、コーニェフの第二ウクライナ方面軍の南につらなる、マリノフスキーの第三ウクライナ方面軍はドニエプル川の橋頭堡を拡大し、第二ウクライナ方面軍とならんで前進を開始した。ドイツ第一機甲軍への圧力が強まる。

この機をとらえて、一一月一四日、コーニェフはクリヴォイ・ローグへの攻撃を再開した。第二〇機甲軍団の戦車八〇両に狙撃兵四コ師団が、第二三機甲師団が担当するようになった戦区に襲いかかった。

ソ連軍の戦車二〇両と狙撃兵二コ連隊は、ノヴォイワノフカに襲いかかる。村を守っていたのは、軍直轄突撃大隊の歩兵三〇〇名だけだった。

グリエワトカにある第二三機甲師団第二三戦車連隊第一大隊、第五〇六重戦車大隊、第二三機甲偵察大隊第三中隊からなるフェヒナー戦闘団に出撃命令が出された。しかし、多勢に無勢だ。

一四日夜、フェヒナー少佐は連隊と別行動をとっていた第二大隊第八中隊長のフィシャー中尉を呼び出した。

フィシャーにパンター部隊の指揮にもどれというのだ。第二三戦車連隊は、第一大隊がⅢ号、Ⅳ号戦車で編成されていたのにたいして、フィシャーたちの第二大隊は新鋭のパンターを装備していたのだ。補給のため、後方にいたフィシャーは、すぐにグリエワトカのパンター部隊に駆けつけた。

どうやらグリエワトカ前面のソ連軍は、攻撃の準備をしているようだ。前面の無人地帯には、戦車のうごめく騒音が聞こえる。ふたたびフェヒナーから無線がはいった。

「ニェダイヴォダにすすみ、一四〇・七高地の味方陣地にはいれ」

フィシャーにパンター部隊を指揮して、救援に駆けつけよというのである。

一二両のパンターはすぐに出撃した。夜中のうちに目的地の手前についたフィシャーたちは、いったん停止して付近の地形を偵察することにした。

反攻に転じたソ連軍の先頭にはつねにT34戦車がみられた

だが、そんな時間はなかった。なんと彼らの前面には、すでに味方の戦線をすりぬけたソ連軍歩兵がはいりこんでいたのである。大変だ。敵を排除して、味方との連絡を回復しなければならない。フィシャーは、すぐに攻撃することにした。二手にわかれて一四〇・七高地へとすすむ。

敵戦車だ。九〇〇メートル先の低地にT34がいる。全車の主砲が吠える。たちまち四両のT34が火につつまれたが、戦いは乱戦となった。先行するエルスナー小隊の一両が命中弾をうけて停止する。

近くのT34がフィシャーの指揮戦車に狙いをつけているのが見えた。気がついた操縦手が戦車をバックさせて、間一髪、敵の弾丸はそれて後方へ飛び去った。

砲手は必死で狙いをつける。砲口を飛び出した弾丸は、瞬時に敵戦車をつらぬいて爆発した。かなたで激しい命中弾のひびき。エルスナー小隊でもう一両被弾したのだ。

「対戦車砲！」

操縦手が叫び、車体を後退させた。

激しい衝撃がおそった。命中弾だ。敵があわてて撃ったらしく、幸い榴弾のため、貫徹はしなかった。たちまち反撃して榴弾をお見舞いする。

そのとき、ティーガー五両が戦場に駆けつけた。急を聞いた連隊本部が救援に送ったのである。

ティーガーの八八ミリ砲がうなり、たちまち一ダースをこえるT34が撃破された。フィシャー部隊はティーガーとともにソ連軍陣地を蹂躙すると、ドイツ軍陣地にはいった。

そうして擲弾兵をまとめると、彼らをしたがえて、ふたたび敵中に突入する。

ドイツ軍陣地の攻撃を準備していたソ連兵は、後ろからあらわれたドイツ戦車に、クモの子を散らすように逃げ出した。戦車は対戦車砲を踏みつぶすと、ソ連軍陣地を突破して友軍の戦線へと脱出した。

コーニェフの攻撃を撃退したのはドイツ軍の頑張りもあったが、もうひとつの理由はロシアの泥沼であった。泥沼はドイツ軍だけでなく、ソ連軍さえも動くことを不可能にした。このため、ソ連軍は、一二月の寒気により地面がかたく凍りつくまで、動くことができなくなったのである。

ここでロトミストロフの戦車部隊はひき上げられ、別の激戦地、キロヴォグラードに向かうことになる。こうしてクリヴォイ・ローグの占領は、狙撃兵部隊にまかされることになった。

結局、クリヴォイ・ローグは、その後さらに翌一九四四年二月まで持ちこたえることになるのであった。

第18章　橋頭堡を守り抜いた傷だらけのドイツ軍

ドニエプル川の下流域に気息奄々ながらも抵抗をつづけるドイツ第六軍を駆逐すべく、ソ連第四ウクライナ方面軍の攻勢がはじまり、ドイツ軍はニコポリ橋頭堡にたてこもって戦った！

一九四三年一〇月〜一九四四年二月　ドニエプル下流域の攻防

ヴォータン陣地への突入

ドニエプル川中流域での激闘がつづいているころ、ドネツ下流域からミウス川へ撤退をつづけたドイツ軍は、ドニエプル川屈曲部の南方、オクトーバー・フェルトからボグダノフカ、モレチュナーヤ川に沿い、メリトポリからアゾフ海にいたるヴォータン陣地でもちこたえていた。ヴォータン陣地といっても、その実態は応急の野戦陣地にすぎなかった。

守るのはホリト上級大将の第六軍である。ホリトといえば、スターリングラードでのソ連軍の突破のあと、薄っぺらい戦線をかき集めた兵力で守り抜いたホリトである。

彼はあいかわらず、ロシアの大地で苦しい防衛戦を戦いつづけていた。スターリングラードで壊滅した第六軍の名前をひきついだ新しい第六軍の兵力は、ドイツ軍一一・五コ師団とルーマニア軍二コ師団であった。

このうち、機甲師団は二コで、第一三機甲師団と第一七機甲師団であった。第一三機甲師団はコーカサスの戦いで大損害をうけて、からくも脱出し第六軍に収容された。そして第一七機甲師団は、スターリングラードで包囲された第六軍救出作戦に投入されて大損害をうけ、新たな第六軍に組みこまれた。それに突撃砲大隊三コで、戦車は全部で一八一両しかなかった。

これと対峙するソ連軍は、トルブーヒン指揮する第四ウクライナ方面軍で、六コ軍に機械化二コ軍団、戦車三コ軍団、騎兵二コ軍団に全部で八〇〇両の戦車が配備されていた。彼らは九月二七日いらい二週間にわたり、ドイツ軍の陣地へ攻撃をくりかえしたが、第六軍は頑強にこの攻撃を撃退しつづけていた。

一〇月九日、ソ連軍はヴォータン陣地への攻撃を開始した。

例によって、ドイツ軍陣地に激しいソ連軍の砲撃が襲いかかる。このときの砲撃はことのほか激烈で、一時間に一五平方キロの地域に一万五〇〇〇発もが着弾したという。このとき、攻撃開始に午前一〇時というかわった時間がえらばれた。

砲撃がおわると、ソ連軍歩兵の突撃が開始された。

「ウラー！　ウラー！」

雄叫びをあげてドイツ軍陣地に殺到する。戦車部隊が歩兵の攻撃を支援する。激しい砲撃で殲滅されたと思われたドイツ軍陣地は、息を吹きかえして機関銃を撃ちまくった。曳光弾

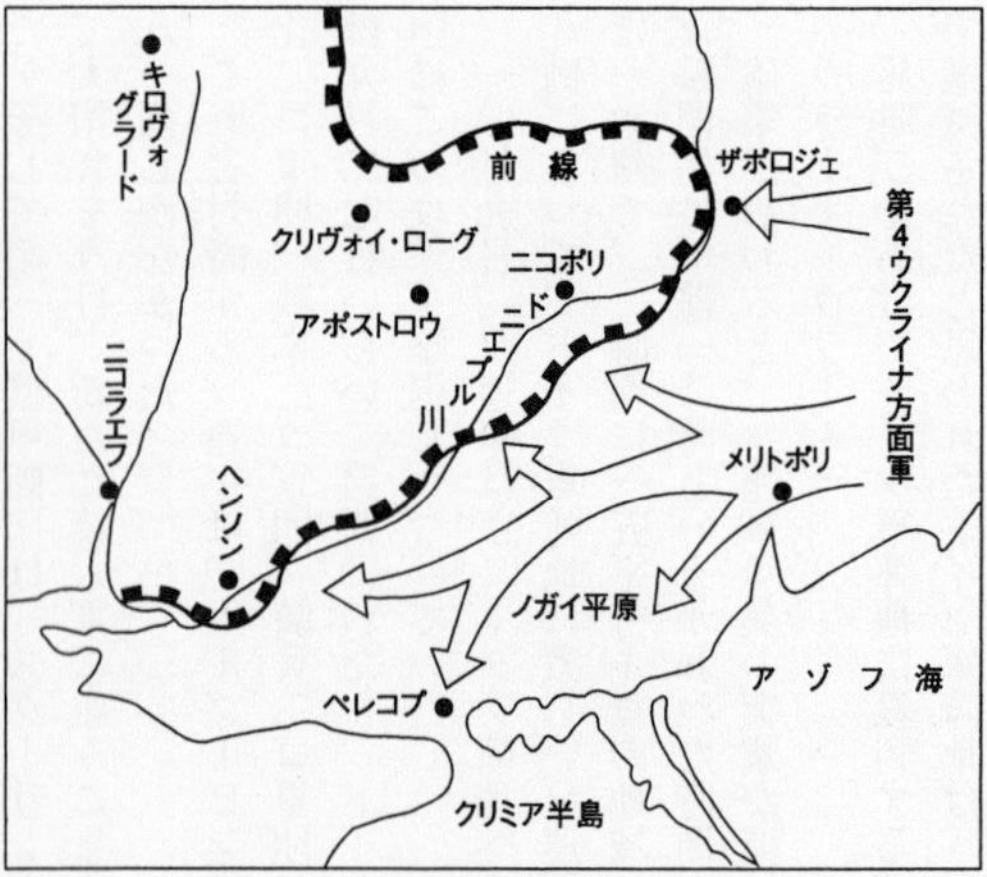

の火箭が草をなぎはらい、その向こうでソ連軍歩兵がもんどり打って倒れる。

合いの手をいれるように榴弾砲の砲撃が開始された。「ヒューン！」というかん高い音はロケット砲だ。

着弾により地面はえぐりとられ、土くれとともにソ連軍歩兵が吹き飛ばされる。戦車はエンジンをふかして速度を上げる。そのまま戦線を突破しようとするが、狙いすました対戦車砲が、これを仕留めた。

出鼻をくじかれた突撃部隊は、たまらず後退する。しかし、すぐに第二波が押しよせる。

「ウラー！　ウラー！」

ドイツ軍の機関銃が吠え、砲弾が打ちくだく。おなじことのくりかえし。つぎの日も、そのつぎの日も、ソ連軍は潮のように押しよせ、死体と破壊された戦車の山をつくって撃退された。

大損害を出しながらも、トルブーヒンはあきらめなかった。この攻撃は、それだけの価値をもっていたのだ。

ソ連軍のT34中戦車につづく歩兵部隊

第六軍の戦線を突破して、ドニエプル川下流域へと突進する。それにより、クリミア半島はドイツ軍戦線から切断され、第一七軍は包囲されてしまうのだ。

オクトーバー・フェルト、ボグダノフカ、メリトポリ、ダニーロ・イワノフカ、そしてアキモフカと、ソ連軍はくりかえし攻めよせ、そのたびに撃退された。

戦闘の焦点となったのはメリトポリであった。ここでソ連軍第一一戦車軍団は、数百両のT34をうしなった。しかし、状況はドイツ軍にとって絶望的であった。ソ連軍は無尽蔵とも思えるほどの新手の部隊を投入したのにたいして、ドイツ軍にはなにもなかった。

一〇月二一日には、ドイツ軍戦線はほとんど崩壊の危機に瀕していた。戦いの帰趨はますますソ連軍に有利になり、ドイツの師団群、第一三、第一七機甲師団、第九、第一七、第七九、第一一一、第二五八、第三〇二、第三三六歩兵師団、第一〇一猟兵師団、第三山岳師団は、ウクライナの泥沼に埋もれていった。

崩壊したドイツ軍の戦線

一〇月二三日、ドイツ第六軍にたいする第四ウクライナ方面軍のあらたな攻撃が開始された。攻撃の主力正面となったのは、メリトポリとザポロジェの間であった。

すでにほとんど擦りきれていたドイツ軍の戦線は、もはやこの攻撃に耐えることはできなかった。メリトポリは攻撃二日目に陥落した。

トルブーヒンは、ここに歩兵三コ軍団を置き、四〇〇両の戦車を投入した。歩兵六コ師団と二波の戦車梯団は、メリトポリ南西でドイツ軍第四四軍団戦区に襲いかかった。

「ウラー！　ウラー！」

ソ連軍歩兵がドイツ軍陣地に殺到する。ソ連軍戦車の隊列は、あっという間にドイツ軍の主抵抗陣地線を突破した。戦車は陣地に突入すると、ドイツ兵のたてこもるタコツボを踏みつぶした。

警戒部隊と突撃砲が迎えうつ。

「徹甲弾！　フォイエル」

突撃砲が全速力で突進するT34めがけて、必殺の射弾を送りこむ。

「命中！」

砲塔が吹きとび、たちまち紅蓮の炎が吹きだす。十分に戦果を確認している余裕などない。敵はいくらでもいるのだ。

突撃砲は、砲身が焼けつかんばかりに撃ちまくる。気がつけば、眼前には九四両のソ連戦車が骸《むくろ》をさらしていた。ソ連軍の攻撃はいったん停止した。

ソ連軍はすぐに態勢をたて直すと、攻撃を再開した。彼らはあくまでも力ずくでドイツ軍の戦線を突破するつもりだった。

ここで貴重な火消し役をつとめたのが、ドイツ第一三機甲師団第四戦車連隊のハーケ大佐であった。大佐は連隊の戦車に、そこら中からありあわせの突撃砲、ハーフトラックをかき集めると、戦闘団を急造して侵入するソ連軍を撃退した。

戦車はノガイ平原を走る数すくない道に立ちはだかると、断固としてソ連戦車に道をゆずらなかった。ノガイ平原には、ちゃんとした道などありはしない。ドニエプル川から前線まででは、ほんの小道と、人が踏みわけた道ともつかない道が通っていただけだった。

このことは守るドイツ軍を悩ませたが、これはいざ進撃しようとするソ連軍をも悩ませた。彼らは十分な進撃路が得られず、戦車はわずかな進撃路を一列になって前進しなければならず、渋滞して道につらなった。

隠れるものとてない草原の不利は、ドイツ軍だけでなく、ソ連軍をもひとしく襲った。露出したまま蝟集するソ連軍の隊列に、ドイツ軍の第三三六、第三七〇砲兵連隊、第九三重対戦車砲大隊は、ありったけの弾薬を撃ちまくった。

着弾するたびにソ連軍兵士が吹き飛ばされ、車両は眼前で燃えあがる。ソ連軍の隊列に大穴があいた。エンジンをふかして突破しようとする戦車に、必殺の対戦車砲の射弾が見舞われる。

しかし、それがなんになろう。少々どころか、はなはだしい損害をものともせずに押しよせるソ連軍によって、やがて戦いは戦車や突撃砲、砲兵の射撃によってではなく、歩兵の短機関銃、銃剣、手榴弾、はてはスコップで決せられる凄惨なものとなった。ドイツ軍の損害は累積し、戦闘力をうしなう部隊が続出した。

一〇月二七日午後には、第七三歩兵師団にはわずか一七〇名の兵士しかいなかった。一一師団にわずか一七〇名！

第一一一歩兵師団には二〇〇名がいた。すこしはましというべきか。重火器のじつに六〇パーセントがうしなわれ、戦車、突撃砲は第六軍全部をかき集めても、もはやたったの二五両しかなかった。ソ連軍は数百両の戦車をうしなったが、彼らにはまだ予備があった。

ついにソ連軍第五一軍団は、メリトポリのドイツ軍第七三歩兵師団戦区を突破した。ソ連軍は一五キロにわたってドイツ軍戦線を切りさき、ドイツ軍戦線の後方へとおどりこんだ。

第六軍のホリトには、この突破口をふさぐ兵力は、もはやどこにもなかった。ソ連軍の戦車と歩兵は、この突破口から堰を切ったようにあふれだした。第五一軍団の突破口に第二親衛軍もくわわり、突破口の幅は四五キロへとひろがった。

ドイツ軍にとって、ソ連軍をどうするかはもはや問題ではなかった。問題は、その奔流からどう逃れるかにうつっていた。早く逃れなければ、彼らはソ連軍に包囲されて全滅するだけだ。

二つに分断された第六軍は、北集団と南集団に別れて、ソ連軍戦車と追いかけっこをしながら、生き残るために必死で後退した。

ニコポリ橋頭堡の攻防戦

南集団はドニエプル川下流の乾ききった草原を、苦闘しつつ道なき道を逃げのびなければならなかった。南集団はブラウン戦闘団、ベッカー戦闘団など、さらに小集団に別れて西へと進んだ。

ブラウン戦闘団に集まった部隊で、後衛となったのは第四山岳師団の精兵たちだった。そこに第一三機甲師団の残存戦車がくわわる。その南のベッカー戦闘団には、第三三六、第三七〇歩兵師団の残余にルーマニア軍がくわわった。

彼らは、彼らを追い越していったソ連第五一軍の隊列をかきわけながら西へと進んだ。

一一月はじめ、彼らの逃避行はようやく終わりを告げた。ブラウン戦闘団とベッカー戦闘団、その一部は南のクリミア半島へ逃れたが、ヘンソンの橋頭堡からドニエプル川を渡り、ドイツ軍戦線へと収容されたのである。

これにより、第六軍南集団の第四四軍団はおおくの人員、一万五〇〇〇両の車両と馬車、無数の重火器とともに、あるていどまとまった戦力を保持したまま、ドニエプル川の西岸に逃れることができた。しかし、これによってクリミア半島との連絡は完全にうしなわれた。

一方、北集団の二コ軍団はヴォータン陣地から後退し、北西方に圧迫されたが、フランケン陣地で暫時防衛し、ドイツ軍戦線との連絡をうしなうことなく、そのまま後退をつづけた。そうして二八日には、ニコポリ前面のドイツ軍陣地に収容された。

彼らはニコポリ前面のドニエプル川南岸に大橋頭堡（ニコポリ橋頭堡）をきずいて、防衛線を敷くことになる。彼らの任務は、ニコポリの重要なマンガン鉱山を守ることである。ただし、ヒトラーはそれ以上を夢見ていた。それはニコポリの橋頭堡から出撃して、ふたたびクリミア半島との連絡を回復することであった。

しかしこれは、例によって現実を理解しようとしない独裁者の夢想にすぎなかった。橋頭堡はみずからの身を守るだけで精一杯で、攻撃どころではなかったのだ。

ニコポリ橋頭堡はニコポリの東約四〇キロのヴィシシェタラソフカ付近からドニエプル川南岸を一二〇キロにわたって南東に突出し、ザボドフカ付近でドニエプル川に接していた。長さはあるが、縦深はなかった。橋頭堡の幅は一〇～一五キロしかなく、その後方には六〇〇～一二〇〇メートルもの幅のドニエプル川が流れていた。文字どおり背水の陣であった。

ニコポリ橋頭堡の指揮官に任命されたのは、第四〇機甲軍団長のフェルディナンド・シェルナー大将であった。

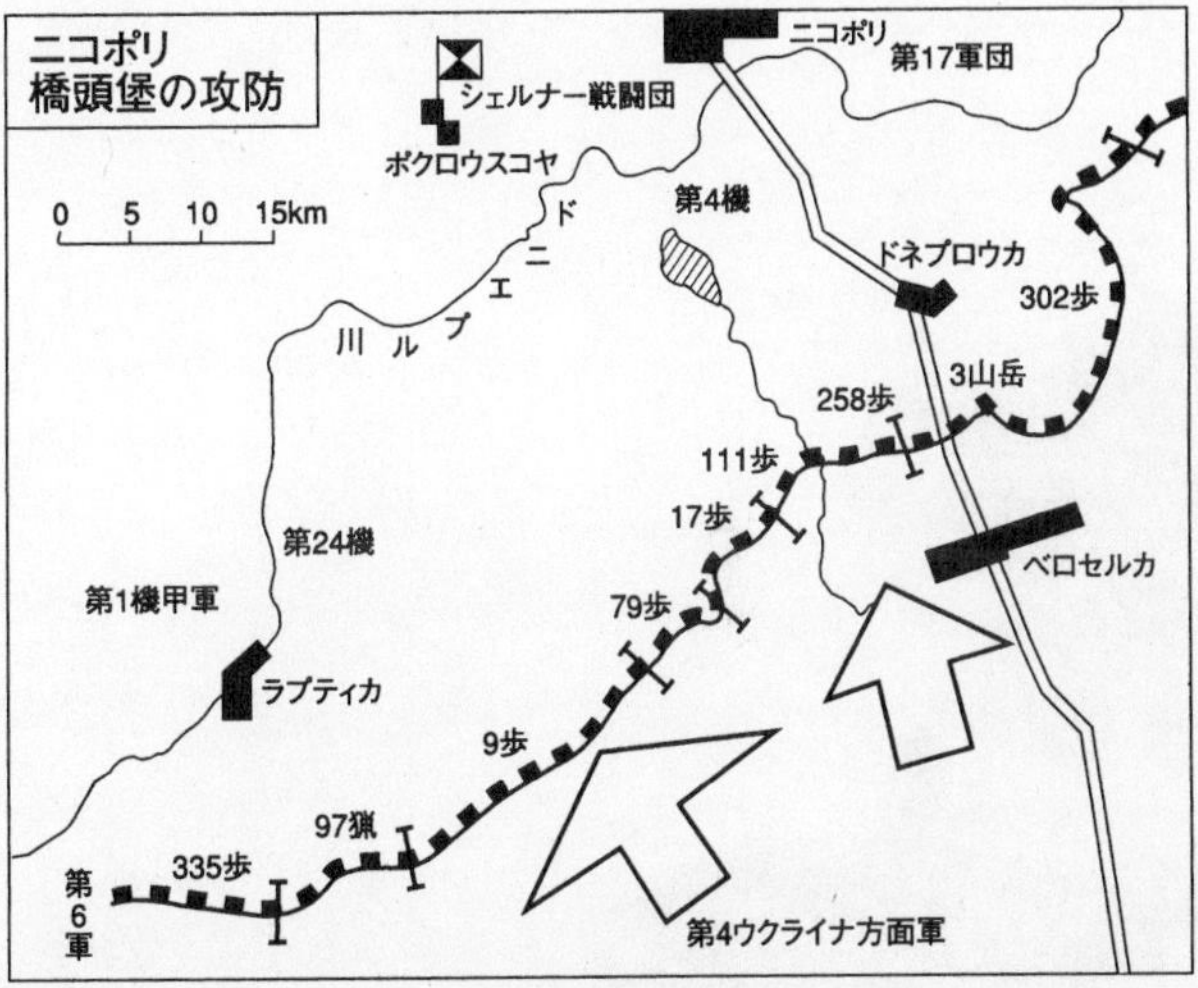

一一月二五日、シェルナーは集成されたシェルナー集団、あるいはニコポリ集団とよばれる部隊をもって、ニコポリ橋頭堡の防衛にあたった。第四〇機甲軍団には第六軍の北集団の第四、第二九軍の残余がくわわり、総兵力は歩兵九コ師団と、戦車部隊はたったひとつ、第二四機甲師団だけしかなかった。

北から南に第三〇二歩兵師団、第三山岳師団、第二五八、第一一一、第一七、第七九、第九歩兵師団、第九七猟兵師団、第三三五歩兵師団がならび、ニコポリ対岸のカメンカ付近に総予備として第二四機甲師団が置かれた。

橋頭堡は守られねばならない。それは命令であるだけでなく、彼ら自身が生き残るために必要だった。

その後、橋頭堡の北部には第一七軍団が

はいった。彼らには、第一六機甲擲弾兵師団とともに長く後退戦闘をつづけた五コ中隊のカルムイク義勇騎兵中隊がいた。

彼らはニコポリ橋頭堡前面のプラヴナ湿原をパトロールし、やっかいなロシア側パルチザンを駆りたてた。このことはソ連軍の隠密行動を困難にし、ドイツ軍をおおいに助けた。

トルブーヒンのソ連第四ウクライナ方面軍は、くりかえしニコポリ橋頭堡を攻撃した。最初の総攻撃は、シェルナーが防衛司令官に任命される前後の一九四三年一一月二〇日から二八日にかけてであった。

いつものように、ドイツ軍陣地に激しいソ連軍の砲撃が襲いかかる。砲撃が終わると、ソ連軍歩兵と戦車の突撃がはじまった。ソ連軍歩兵はものに憑《つ》かれたように、雄叫びをあげてドイツ軍陣地に殺到する。戦車部隊は戦車砲と機関銃を撃ちながら突進する。

攻撃はニコポリ橋頭堡のほとんど全線にわたったが、とくに重点がおかれたのが、ベロセルカからニコポリにいたる鉄道線路沿いの第三山岳師団戦区から、その南の第二五八、第一一一、第一七歩兵師団戦区であった。

しかし、彼らは断固として陣地を守りぬいた。前線はほんのわずかへこんだだけで、ソ連軍の攻撃は撃退された。

ソ連軍が戦力をたくわえ、つぎの攻撃を再開したのは一二月一九日であった。しかし、この攻撃もドイツ軍に撃退され、二一日には下火になった。

それでもソ連軍はあきらめなかった。三回目の攻撃は一二月二五日に開始された。ドイツ軍はこの攻撃をもはね返し、三一日には終息した。

ソ連軍の攻撃にたいして、大車輪の活躍をしたのは、第二四機甲師団であった。彼らは危急を告げる戦区に投入され、なんどもソ連軍に大損害をあたえた。

彼らがニコポリ橋頭堡であげた戦果は、最終的に戦車二九〇両、対戦車砲一三〇門、火砲六〇門、迫撃砲三一門、飛行機二五機にのぼった。

戦車長ワイスフロッグ

ドイツ軍戦車は、小規模ながらソ連軍への反撃をしかけさえした。それは、もうひとつの戦車部隊である第一七軍団の第一六機甲擲弾兵師団第一一六戦車大隊がおこなった。

同大隊には、かつてザポロジェ橋頭堡で火消し役をつとめた一コ小隊をひきいるヨアヒム・ワイスフロッグ少尉がいた。一九四四年一月一日の夜明け、彼は小隊をひきいてソ連軍陣地に殴りこみをかけることにした。

濃い朝もやに隠れて、小隊は敵陣に近づく。双眼鏡で前方を見つめていたワイスフロッグが、インターコムに叫ぶ。

「各車、戦闘用意！」

あわただしく無線が飛ぶ。戦車のハッチが閉じられ、装塡手は徹甲弾を押しこむ。

「装塡完了！」

戦闘準備がととのえられた。ワイスフロッグは車長用キューポラの視察口から、油断なく目をこらす。

朝もやのなかから、ぼんやりとしたシルエットが浮かびあがる。敵のT34だ。

「左旋回、一〇時の方向、一〇〇メートル！」

敵はすぐそこにいた。砲手がすばやく照準をつける。

「照準よし！　フォイエル！」

衝撃とともに必殺の徹甲弾が飛ぶ。この距離でははずれるわけもない。側面に命中弾をうけた敵戦車は、たちまち爆発して紅蓮の炎をあげて燃えだした。

霧のなかに敵戦車の影が、ぼんやりと浮かんで消えた。ワイスフロッグは敵の姿をもとめて霧のなかへ突っこんだ。ぼんやりした火球が、かすんで見える。敵のT34が発砲したのだ。

敵は予想外の大部隊であった。発砲の衝撃で雪煙があがり、視界はますます悪くなる。右手に藪がある。ワイスフロッグは全速で藪のなかに逃げこもうとした。

ワイスフロッグは息を呑んだ。なんと、藪のなかにはT34がひそんでいたのである。

「ガーン！」

ワイスフロッグのⅣ号戦車に衝撃が走る。敵もワイスフロッグの出現にあわてたようだった。とっさに発射された七六・二ミリ砲弾は、砲塔に命中したものの、角度が浅く、滑って飛びさった。

即座にワイスフロッグ車が発砲する。砲弾はT34の砲塔基部に吸いこまれる。さらに、もう一発だ。装填手はいそいで徹甲弾を装填する。二発目は砲塔をつらぬき、T34は完全に破壊された。

こんなところに長居は無用である。ワイスフロッグは操縦手に左の平地方向に行くよう命令する。Ⅳ号戦車は方向転換して、全速力で走りだした。雪煙をあげて走るⅣ号戦車に、敵のT34の射撃が追いすがる。

しかし、砲弾はすべて周囲の雪原に雪煙をあげるだけで、命中弾はなかった。ワイスフロッグは脱出し、雪原では一五両のT34が骸をさらしていた。ひきかえに小隊は二両の戦車をうしなった。

ワイスフロッグの攻撃のはたした役割は大きかった。彼らはドイツ軍を奇襲しようと準備していたソ連軍戦車の大部隊の出ばなをくじいたのである。

こうしてワイスフロッグはソ連軍の意図をくだいたものの、それは一時的な勝利にすぎなかった。そう、ニコポリ橋頭堡の戦いは、しょせん一コ小隊の戦車が左右できるような戦いではなかった……。

ニコポリ橋頭堡にたいするソ連軍の四回目の攻撃は、一月一二日に開始された。今度もドイツ軍は陣地を守りぬき、一八日には攻撃が中止された。

ソ連軍はドイツ軍の防衛線をどうしても突破することができず、ニコポリ橋頭堡は彼らの前に難攻不落の要塞のように立ちふさがっていた。

こうしてニコポリ橋頭堡の防衛線は突破されなかったものの、ドイツ軍は橋頭堡をもちこ

カモフラージュの白い防寒服に身をつつんだソ連兵は林のなかから迫ってくる

たえることができなかった。

ニコポリ橋頭堡の運命を決したのは橋頭堡の正面ではなく、はるか北であった。

一月末、ソ連第八親衛軍は、九コ狙撃兵師団、数コの戦車旅団をもって、北方で第一六機甲擲弾兵師団の戦線を突破して、ニコポリ橋頭堡の後方へと進出したのである。

橋頭堡は一月三一日、そして二月一日に、背後から第八親衛軍の攻撃をうけた。ヒトラーは橋頭堡の死守を命じたものの、そんなことになんの意味もないことは明らかだった。橋頭堡の防衛司令官のシェルナーは、ヒトラーの命に反して橋頭堡からの脱出を命令した。

橋頭堡の戦車部隊は、ニコポリとレペティハの橋を通ってドニエプル北岸に渡ると、北方から攻撃してきたソ連軍を撃退した。こうして戦車部隊は、川とアポストロウォ市との間にわずかな通路を維持することに成功した。

シェルナーはヒトラーの干渉にかまわず、この回廊を通って部隊を後退させた。

橋頭堡から後退した部隊は、その場で防衛戦闘に投入され、さらに後退する戦友の援護にまわる。第二四機甲師団は、アポストロウォ市に侵入しようとするソ連軍を撃退しつづけた。

こうして二月一五日から一六日にかけて、ニコポリ橋頭堡のすべての部隊は撤退に成功したのである。

第19章　ティーガー重戦車大隊のむなしき奮戦

クルスクの戦いのあと、なんとか戦線を維持していたドイツ中央軍だったが、戦力の枯渇はいかんともしがたかった。そんな折に再開されたソ連軍の攻勢にティーガー大隊が出撃した！

一九四三年八月七日～九月二六日　中央軍集団の後退

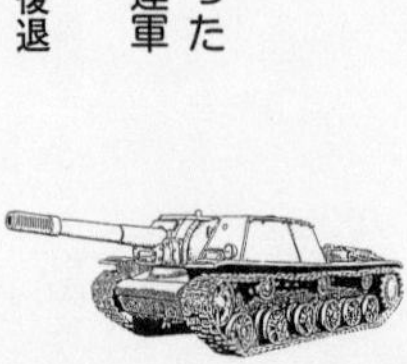

火消し役の「重戦車大隊」

クルスクの戦いのあと、ドイツ中央軍集団は一九四三年八月、キーロフからブリャンスク、セフスクへとつらなるハーゲン・ラインで、いったんソ連軍の攻勢を押しとどめることに成功した。しかし、戦力の枯渇したドイツ軍が、この防衛線を長く持ちこたえることなどできない相談だった。

中央軍集団を攻撃しようとしていたのは、四コ軍をようするカリーニン（のち第一バルト、イェレメンコ将軍）、五コ軍をようする西（のち第二バルト、ソコロフスキー将軍）、八コ軍をようするブリャンスク（のち第二バルト、ポポフ将軍）方面軍という、なんと三コもの方面軍であった。

フォン・クルーゲ将軍の指揮する中央軍集団は、九五〇キロの戦線に、歩兵師団四八コをはりつけ、前線後方に予備として、歩兵八コ師団、機甲および機甲擲弾兵師団六コを控置していたが、これは紙の上の話で、その実際の戦力は大きく劣っていた。

オリョールからの撤退後、バルカンに送るため第二軍の戦車は引き抜かれ、第二機甲軍も編成からのぞかれた。このため、中央軍集団の戦車戦力は極端に低下していた。その貴重なティーガー部隊が、第五〇五重戦車大隊であった。

火消し役は、ごくわずかのティーガーや重戦車駆逐車だけだった。

第五〇五重戦車大隊は一九四三年一月末、ファリングボステルにおいて編成が開始された。兵員は第五補充戦車大隊および第一〇補充戦車大隊から集められた。幹部には第三、第二六機甲師団の要員があてられた。

大隊は、もともとはアフリカに送られることが予定されていたが、その役割は第五〇四重戦車大隊と交替し、東部戦線に送られることになる。

部隊は二月末にイゼゲーム、そしてゲント、三月末にベーヴェルローに移動して本格的な訓練をおこなった。大隊は三コ中隊に四五両のティーガーIを装備していた。

五月一日、まず中央軍集団戦区のオリョール地区への移動が開始された。第一中隊、第二中隊が先行し、第三中隊はまさにクルスクの戦いのさなかに到着している。この戦いで、大隊は北翼の突破の先鋒として活躍したものの、これまで見たように作戦自体は失敗におわっている。

大隊は七月九日には、いったん前線から引き上げられ、第四七機甲軍団の予備として、整備、修理作業がおこなわれた。予備というのは、危急のときにかけつける火消し役ということだ。

一八日にはゴルチャコヴォ地区に移動し、翌日には第四六機甲軍団の予備となった。二九日にはズチャヤ地区に移動した。この間、小規模な戦闘に従事したが、八月二日までは休養をとることができた。しかし、彼らの平穏な日々は長くはつづかなかった。

中央軍集団への攻勢再開

八月はじめ、クルスクの戦い以降つづけられていたソ連軍の攻勢に、カリーニン方面軍と西方面軍がくわわった。彼らは、ヤルツェヴォ〜スモレンスクとロスラウリをめざす。この攻勢への期待は高かった。その証拠に、スターリンは両方面軍の前線部隊を訪れて激励したが、これは後にも先にも、彼の前線視察の唯一のものであった。

八月七日、西方面軍の攻勢が開始された。西方面軍は、第一〇親衛軍、第五軍、第三三軍をもって、スパス・デミャンスクの東を攻撃してきた。

爆撃機が飛来して爆弾を投下する。その後は天地がわきかえるような砲撃である。掘りかえされたドイツ軍陣地に、戦車が主砲と機関銃を撃ちまくりながら突撃する。

三三軍によるこの攻撃は、ドイツ軍戦線にほんの四キロばかり侵入することしかできなかった。ドイツ中央軍集団の第二機甲師団、第三六自動車化歩兵師団、第五六歩兵師団は、ドイツ軍陣地に侵入したソ連軍をすべて撃退した。これら三つの師団の奮戦ぶりは、ソ連軍参謀本部にも記録されている。そして、この日、第五〇五重戦車大隊はオパルコボ西辺でT34七両を撃破した。

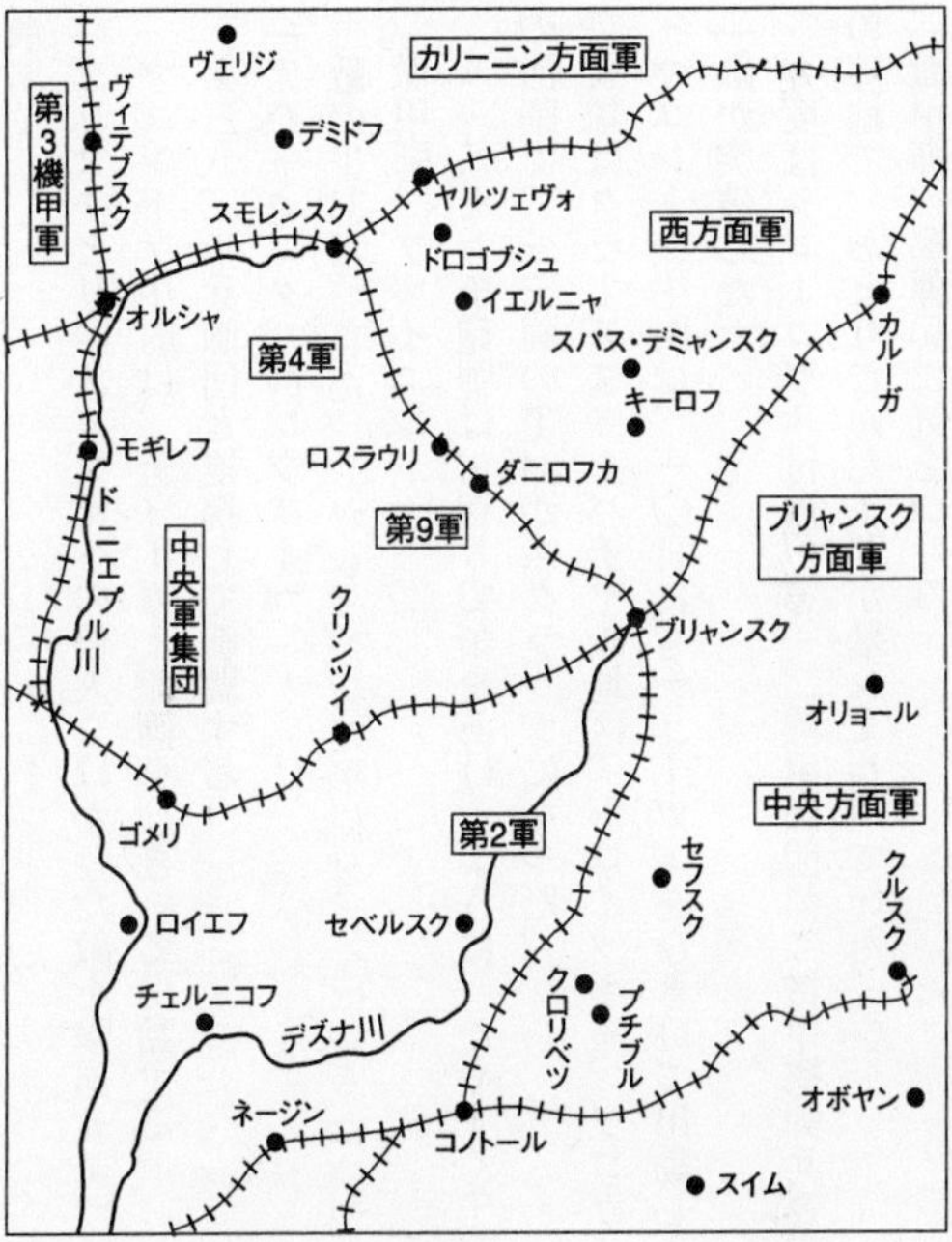

八月八日、ついに第五軍はキーロフの北で、ドイツ軍主戦線に突破口をうがつことに成功した。突破口には、即座に第五機械化軍団（彼らはイギリス戦車を装備していた）を投入し、さらに第六八軍がつづく。ドイツ軍防衛部隊は必死で抵抗し、戦闘はつづいた。ここを退くわけにはいかない。

戦闘は全戦線で燃えあがり、第五〇五重戦車大隊のティーガーにも出動命令が飛ぶ。

「グリヌキとリェスヒヌヤへの侵入をはかった敵を撃退せよ」

マユントケ中尉は、ティーガー四両をひきいて出動する。

第三八三歩兵師団と連携して戦闘する。

「アハトゥンク、パンツァー」

敵のT34だ。

「徹甲弾、フォイエル！」

八・八センチ砲弾は缶切りで缶をあけるように、たやすくT34をつらぬいた。ティーガーの活躍で、一三両のT34がスクラップになった。

大隊はクラーズヌィ～パチヤル地区、トロイッキイ、ソコヴォで活動をつづけた。

マユントケ中尉は、一〇日にもティーガーをひきいて出動した。

「敵が突破した」

今度はショーコヴォ付近の第一二機甲師団第二機甲擲弾兵連隊戦区にかけつける。擲弾兵の陣地で、おどりこんだT34が暴れまわっていた。

「徹甲弾、擲弾兵に気をつけろ」

「フォイエル！」

敵の侵入部隊を追いはらう。クナウトが四両のティーガーをひきいて加勢し、五両のT34を撃破した。戦闘のあと、ティーガーはドルギィ・ブゴル東部の峡谷に移動した。

一方、カリーニン方面軍の攻勢は、八月一三日に開始された。カリーニン方面軍の攻撃は、ドイツ第四軍と第三機甲軍の翼側に指向された。ドイツ軍の士気はそこなわれておらず、攻撃する第三九軍、第四三軍は、一メートル、一メートルを血で奪い取らねばならなかった。ソ連軍は兵力で圧倒していたにもかかわらず、五日間でわずか六キロ前進できただけだった。このため、ソ連大本営は攻撃の中止を命じた。方面軍は二週間にわたり、再編成と補給と装備の補充にあたった。

崩壊しはじめたドイツ軍

ソ連軍大攻勢の第二幕は、八月二六日に再開された。主攻勢正面となったのは中央方面軍戦区で、強力な空軍と多数の砲兵戦力が割りあてられた。前線には北から南に第一三、第四八軍、第二戦車軍、第六五、第六〇軍がならんだ。攻勢はドイツ第二軍全戦区と第九軍戦区右翼に指向された。

ソ連軍は初日からセフスクで、戦線深く浸透することに成功した。この地域では第八六および第二五一歩兵師団をようする第二〇軍団が防衛していたが、ソ連軍の第一八、第二七の二コ狙撃兵軍団の攻勢をささえるには弱体すぎた。セフスクの町は、八月二七日の午前一一時半に陥落した。

第二軍戦区でもうひとつ焦点となったのは、デュボウスキーであった。守る第八二歩兵師団は、優勢な敵にたいして必死で戦ったが、多勢に無勢、しょせん蟷螂《とうろう》の斧である。長く持ちこたえることなどできそうになかった。二日目には、師団と隣接する第七歩兵師団との連絡はうしなわれた。

八月二七日に第二軍は、第四機甲師団、第三一、第二五一歩兵師団によりザウヒェン戦闘団を編成して、北からセフスクへの攻撃を発動したが、うまくいかなかった。

この間にセフスクのソ連軍突出部は、幅二〇キロ、深さ一〇キロに拡大していた。突出部にはボグダノフの第二戦車軍がはいり、出撃の機会をうかがっていた。

二八日、西方面軍とカリーニン方面軍は攻勢をつづけ、中央軍集団の危機は、その右翼で、そしてすぐに中央で訪れた。これはソ連軍の狙いすました攻勢であった。彼らは第四軍と第九軍の連接部を狙ったのである。

この日、クルーゲはヒトラーのもとに向かい、増援がなければ、中央軍集団は南からのソ連軍の攻撃で崩壊すると訴えた。

第五〇五重戦車大隊は、この間、第四六機甲軍団から第三五軍団の予備にうつされたり、第四機甲師団に配属されたりと、あちこちひっぱりまわされてきたが、二八日にラショスフカへの移動が命じられた。

翌二九日、ロスラウリに向かうため、ボラソボでの乗車準備を命令される。彼らは中央軍集団南翼の防衛のためにかき集められた第四一機甲軍団のハルペ戦闘団に配属されることになったのである。

ティーガーの貨車積みは大変な作業である。戦闘用キャタピラを輸送用の細いキャタピラにかえる。しかし、このときは戦闘用の幅の広いもののまま、貨車に積まれた。というのも、ここロシアでは線路の幅が広いから、そのままでもいいのだ。

「そのまま、ゆっくり」

慎重に斜路を自走して、ティーガーは貨車に収まった。三〇日から三一日にかけて大隊は鉄道で移動した。三一日早朝、まずマユントケのティーガー五両は、エキモビッチをへてコレネバの集結地にはいった。

九月一日、マユントケ戦闘団は、ボリシャヤ、リプニアへ移動して第二〇機甲師団の予備として、スハトコバの南一キロの森に配置された。

三日、大隊長のヴァールヴィッツ大尉は、朝九時に、やっとダニロフカの大隊指揮所に到着した。

「大隊長殿！　コルトフカで四〇両以上の敵戦車が、わが戦線を突破しました」

大変だ。ティーガーはいそいでコルトフカへ移動する。しかし、着いてみると、敵の姿はどこにもなかった。

その翌日に、やっと大隊の最後の輸送隊が到着した。整備中隊はロスラウリのワイヤロープ工場に陣どった。この日、大隊は完全な休養をとることができた。

前線は、そんなに静かだったのか。そんなことはなかった。

ティーガーが前線近傍を彷徨している間に、前線では危機が進展していた。八月三〇日、ついに第二軍と第九軍の間の戦線はずたずたになり、両軍にたいしてプチブル〜クロリベツ〜デスナ〜ブリャンスクの線に後退する命令がくだされた。

九月一日には、中央軍集団と南方軍集団との連接がうしなわれた。クロリベツは放棄され、部隊はスイムに後退した。北の第四軍戦区でも、ドロゴブシュがソ連軍に占領された。つづく数日、中央軍集団戦区の右翼はさらに西に圧迫され、二日にはムティノがうしなわれた。

五日午後七時、第五〇五重戦車大隊にロスラウリ東側地区への移動が命令された。六日、大隊はシェムチュポカおよびスモロデンカに集結した。

「アラート」

敵歩兵が大隊の布陣している地域に侵入してきたのである。移動どころではない。マユントケ指揮下のティーガー三両は、この敵を追いはらうために出動しなければならなかった。

ロシア兵は、まるで虫のようにどこにでもわいて出た。

「榴弾！　フォイエル」

ティーガーは、榴弾と機関銃を撃ちながら、戦線を走りまわった。敵を撃退するためには、意外と手間どった。八日、マユントケらはようやく敵部隊を、ノボスパッコエ東部の森に撃退した。夕方、ようやく出発し、夜間行軍でダニロフカへ移動した。

その間、中央軍集団の戦線は、ほとんど崩壊の危機に瀕していた。九月六日、ソ連軍の圧迫でドイツ第二軍はデスナ川を渡って西に撤退した。

ヴィテムリア〜セベルスク〜レスコノギ〜オチキンに戦線がつくられたが、ここもほんの

森林内の道路をすすむティーガー戦車

数日しか持ちこたえることはできなかった。西方面軍とブリャンス方面軍の戦車は、第四軍と第九軍を追って爆走をつづけた。

中央軍集団と、おなじく西に向かって撤退する南方軍集団部隊との間隙は、けっしてふさがることはなかった。中央軍集団は開放された南側から、ソ連軍戦車に突破される危険にさらされながら後退していた。

九月八日、ソ連軍はデスナ川にたっし、ムラヴィの南に橋頭堡を確保した。

同時にブリャンスク方面軍も九月七日、キーロフの北西を攻撃した。第五〇軍と第二親衛騎兵軍団は、この日のうちにドイツ軍戦線を突破することに成功した。

四日後にはソ連軍の戦車はデスナ川を渡河し、ブリャンスク〜スモレンスク鉄道を切断した。このため、一〇日には第九軍の大部分は、ブリャンスク周辺の橋頭堡に撤退した。

モーデル将軍は頻繁にドイツ軍の前線部隊を訪れては、鉄の規律で督戦してまわった。第二親衛騎兵軍団が、奇襲的にブリャンスクに近いオルドシュニキジェズラードの重要な鉄道分岐点を占領したとき、将軍はすべての部隊の司令官に、即座に反撃を命じた。

最前線にあった第一二九、第三八三歩兵師団につづき、第七〇七保安師団が到着して戦闘にくわわった。さらに、建設大隊に補給部隊の隊員も、ライフルをもって前線に投入された。

モーデルはみずから第五、第二〇機甲師団および第一一〇歩兵師団の一部からなる戦闘団をひきいさえして、なんとか戦線を安定させようとした。しかし、ソ連軍の数的圧倒はいかんともしがたかった。一二日には、第一一親衛軍はブリャンスクの町を迂回して包囲する態勢にうつった。

消耗つづく第五〇五大隊

九月一二日、第五〇五重戦車大隊は、ブリャンスク～ロスラウリ街道上をセジンスカヤへと出発した。ティーガーは自走して路上を行軍した。セジンスカヤに到着すると、さらにデュブロフカへの行軍をつづけた。

「デュブロフカでデスナ川を渡り、ブリャンスク～ロスラウリ間の鉄道を遮断した敵を撃退する」

これが大隊の任務である。

戦闘は三日間つづいた。敵はデボチキノの村へと押しよせた。一三日、マユントケの四両のティーガーが出動した。

「敵戦車、徹甲弾、フォイエル！」

三両のT34が撃破された。一四日にはゴラベヤを通過し、デボチキノに向けてあらたな攻撃が発起された。大隊は第一二九歩兵師団に配属されて戦った。

一五日には、大隊は針ネズミの陣をはって、デボチキノで戦った。

「ズーン、ズーン」

野砲の砲撃がはじまり、弾丸があちこちをかすめ飛ぶ。ソ連軍の攻撃は激しさを増した。砲弾が炸裂した。砲弾の破片をうけた大隊長は一瞬、うめき声をあげて絶命した。大隊長の戦死で、マユントケ中尉が大隊の指揮を引き継いだ。

対戦車砲弾が命中した。ティーガー三一一号車は命中弾により、左側のキャタピラをうしなった。三〇〇号車も故障により動けなくなる。

「いそげ」

激しい弾雨をついて、牽引ロープが渡される。マユントケの一一一号車が牽引をこころみた。しかし、対戦車砲弾が命中して牽引ロープがちぎれた。

やむを得ずマユントケは、三〇〇号車の乗員だけを収容した。このあと、マユントケは三一一号車の牽引もこころみたが、途中で変速機が故障してしまった。

本部のⅡ号車も擱座した。夕方になって味方歩兵が後退したため、擱座したティーガーは戦線後方に放置された。擱座した車両の懸命な回収努力がはかられたが、結局どうすることもできず、三一一号車は爆破処分された。

九月一六日、大隊はロスラウリに集結した。第五〇五重戦車大隊のティーガーの頑張りもあり、ロスラウリ地区ではドイツ軍は一定の成果をあげた。ハルペ戦闘団が第二親衛騎兵軍団を包囲したのである。

しかし、ソ連軍の圧力は増すばかりであった。ブリャンスクで半分包囲された第九五、第一一〇、第一三四、第二九九、第三三九歩兵師団、第七〇七保安師団は、みずからを守るために戦い抜かねばならなかった。九月一七日、ブリャンスクは陥落した。

最後の一両となった勇者

一方、九月なかばいらい、ドイツ第四軍は中央軍集団戦区でもっとも重要な都市、スモレンスク周辺で激しい防衛戦闘をつづけていた。

ソ連西方面軍によるスモレンスク攻略作戦は、九月一四日に開始された。ソ連軍は主攻撃正面を第二七軍団戦区に指向した。

ここで彼らは、第五二、第一九七歩兵師団戦区に八キロに渡って浸透することに成功した。そして、第五二歩兵師団戦区では、すぐに突破へと移行した。第四軍司令官は撤退を意見具申したが、モーデルは却下した。

この日の戦闘は、ほんの手はじめにすぎなかった。一五日、イエルニャの西の第九軍団戦区で、大規模なソ連軍の攻撃が開始された。

いつものように、ソ連軍おきまりの四五分間もの激しい砲撃のあと、ソ連軍の攻撃が開始された。彼らは第九軍団正面に、第七八突撃師団、第三五、第三三〇、第三四二歩兵師団を集中した。午前一一時には、ドイツ軍主防衛線は突破された。

第九軍団は後退を開始した。そして、第二八軍団、第三九機甲軍団も……。

クルーゲ将軍はヒトラー総統のもとに飛び、軍集団のパンター・ライン、デスナからオルシャをとおりヴィテブスクまで走る防衛線への後退許可を取りつけた。

一六日には激しい雨が降り、道路は泥沼となった。この泥沼も、ソ連軍戦車の進撃のさまたげとはならなかった。

第五〇五重戦車大隊に、あらたな戦区への移動命令がくだされた。大隊は第四軍第九軍団へ従属し、スモレンスクへ向かうのだ。一七日、大隊はスモレンスクへの行軍を開始した。大隊の本隊はボティノ北西部地区に向かい、一部はデニーソフカ付近の第三三〇歩兵師団戦区に向かった。一八日には最後尾のティーガーも到着した。

「大隊はディアトロフカの二三六・九高地およびシチノに侵入した敵を撃退せよ」

命令がくだる。いっせいにティーガーのエンジンが始動される。

「パンツァー、マールシュ！」

ティーガーが出動する。歩兵と協同して、侵入した敵を迎撃する。

「榴弾、フォイエル！」

「徹甲弾、フォイエル！」

ティーガーの奮戦で、戦線の亀裂は修復された。

T34二六両、対戦車砲四門、対戦車銃五梃、トラック一〇両が破壊された。しかし、二〇〇号車は道にまよい、ひとり敵のど真ん中にはいりこんでしまった。

「カーン、カーン」

装甲板をたたく機関銃弾の音。ついで、キューポラに被弾し、車長のフェールッケ曹長は戦死して、ティーガーは敵の手に落ちた。夕方、大隊はストリジノの西に後退した。

一九日、第四軍からの命令で、大隊はオルシャへ移動した。二〇日、ルボバートェ付近でクナウト中尉のひきいるティーガーは、第三三〇歩兵師団に協力して、侵入した敵を迎え撃った。

ソ連軍は二コ連隊の兵力。ドイツ軍の歩兵連隊長が戦死したため、一時的にクナウトが指揮をとった。T34二両が撃破されて、敵は撃退された。

二一日、この日も防衛戦闘がつづけられた。二二日、今度は大隊は第三五歩兵師団戦区に急行を命じられる。敵の戦車が突破したのだ。

ティーガーはスウェルチェコヴォで街道の防御についた。しかし、ティーガーも被弾し、故障でつぎつぎ後退した。夕方になっても前線に踏みとどまっていたのは、ボッヘ曹長の一三三号車とクナウト中尉の三一一号車だけだった。

二三日、二両のティーガーはポティノのはるか前方の丘にとどまり、スモレンスクに近づく敵を阻止していた。最初、T34は左翼からあらわれると、丘をのぼってきた。

「徹甲弾、フォイエル！」

一三三号車が発砲。命中、しかし角度が浅く、弾は滑ってしまった。一三三号車は後退し、じゃがいも畑に隠れた。

「街道上に戦車！」

敵は今度は街道からあらわれた。三一一号車が発砲。すぐに一三三号車も発砲する。

「命中！」

一瞬ののち、T34は爆発して四散した。この日、丘の前には八両のT34が屍をならべた。

二四日、いぜんとして二両はポティノ付近で防戦にあたった。四両のT34を撃破した。しかし、三一一号車が故障のため、引き返さねばならなかった。

二五日、ボッへの一三三号車は、たった一両で街道を守りつづけた。朝一番で敵はやってきた。

「前方に戦車！」

敵戦車が丘をのぼってきた。ティーガーは即座に発砲して、先頭の敵を撃ちとる。すぐに陣地変換して、敵の目をくらます。

つぎのT34も撃ちとった。三両目は全速力でティーガーの側面にまわりこもうとした。

「いそげ」

エンジンをふかし、砲塔を旋回させる。一秒一秒がもどかしい。ティーガーの方が速かった。この敵も命中弾をうけて吹き飛んだ。たった一両のティーガーは、後退してあらたな陣地にはいる。

「敵戦車!」

はるかかなたの丘にたくさんの戦車があらわれた。発砲しながら、こちらに近づいてくる。右側から角ばった戦車が走りだす。味方のⅣ号戦車だ。この日も街道は守られた。

翌日、ティーガーが発砲する前に、先頭の戦車が火を吹いた。

翌日、あまりの酷使で、ボッへのティーガーもついに変速機が故障し、後方に引きさがらねばならなくなった。徐行運転でスモレンスクまで戻った。

途中、武装SS部隊に呼びとめられ、防御戦闘を手伝わされるはめになる。敵は先頭の戦車がやられると、しっぽを巻いて逃げだした。しかし、これでティーガーは完全にうごけなくなってしまった。

ティーガーは、SS兵士がどこからか見つけてきたⅢ号戦車二両に牽引されて、スモレンスクに後退した。スモレンスクは炎上していた。工兵は撤退のため、爆破の準備をしていた。最後のティーガーが渡った直後、ドニエプル川にかかる橋は爆破された。第五〇五重戦車大隊は、すでにカチンに後退しており、最後までスモレンスクを防衛していた三一一号車も、牽引されてカチンにはいった。こうして彼らの奮戦むなしく、スモレンスクは陥落したのである。

第20章　要地を守ったスーパー戦車駆逐車

ブリャンスク、スモレンスクを奪回したソ連軍は、さらに西方の要地ヴィテブスクにせまった。そのとき、ソ連軍の前に立ちふさがったのは長砲身の対戦車砲搭載の〝怪物〟自走砲だった！

一九四三年一〇月一七日～一二月一九日　ヴィテブスク攻防戦

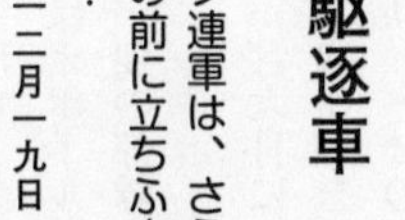

後退つづける中央軍集団

ブリャンスク、スモレンスクが陥落したが、ソ連軍は攻撃の手をゆるめなかった。ドイツ軍はパンター陣地へと後退をつづけたが、彼らにはあらたな防衛線を強化するために、ほんの数日の猶予しかなかった。

一〇月一七日、ソ連軍は西と南西に向かって攻勢をすすめた。彼らはサドラチ湖で突破したが、この攻撃は第二〇機甲師団と第一二九歩兵師団によって撃退された。

第五〇五重戦車大隊のティーガーは、この戦闘では第一中隊が第一二九歩兵師団に派遣され、ザニを経てロービキ、およびアントニフカで反撃にあたった。一方、第三中隊はクリスボボの第二〇機甲師団の下に派遣された。

一八日に大隊は第二〇機甲師団の指揮下にはいったが、午前一一時にあらたな命令で第一二九歩兵師団にうつされた。

彼らはフボスフノに集結して北への攻撃を発起したが、今度はソ連軍がこの攻撃を撃退する番だった。なんと一三両のティーガーのうち九両が損傷をうけ、三両は全損してしまったのである。

大隊はビチハで軍団予備にもどされた。大隊は第二中隊だけが第一二九歩兵師団の下にのこされ、のこりは軍集団予備部隊として、二五日にはオルシャに戻された。

一〇月二九日、カリーニン方面軍（第一バルト方面軍に改称）があらたに大規模攻勢を発起し、ドイツ軍の戦線にうがたれた間隙をさらに押しひろげた。事態は刻一刻と悪化していった。

一一月一日から四日にかけて大隊（第三中隊欠）はビチハに移動して軍予備部隊となった。五日には、第二中隊は第一二九歩兵師団にうつされて、グリバチ付近で戦った。

その間もソ連軍の攻撃はつづけられた。彼らはオボール湖の南と西に進出することに成功し、一一月九日にはサバンを占領した。同時に、別の部隊はネベル～ポルツク鉄道に到達し、一一月一〇日にはプストシュカ地域に到達した。

軍集団司令部はこの脅威に気づいており、一一月六日には第二五二歩兵師団、戦車駆逐、突撃砲大隊二コ、工兵大隊、重砲大隊、ロケット砲連隊を派遣していた。六日には第五〇五重戦車大隊は第一二九歩兵師団に配属されて、リィヤヒの東一キロの涸《か》れ谷に集結した。この日のティーガーと第四二八歩兵連隊との協同攻撃は失敗に終わった。

　このため、大隊はビチハにもどって、第二五二歩兵師団に配属された。総司令部はソ連軍の作りだした間隙をふさぐことを命じ、八日には、激しい雪をついて反撃が開始された。大隊はレストランホス付近に集結して、ロボク、クルヨーボ地区で第四六一歩兵連隊と協同して、ロボク北東部に進撃した。

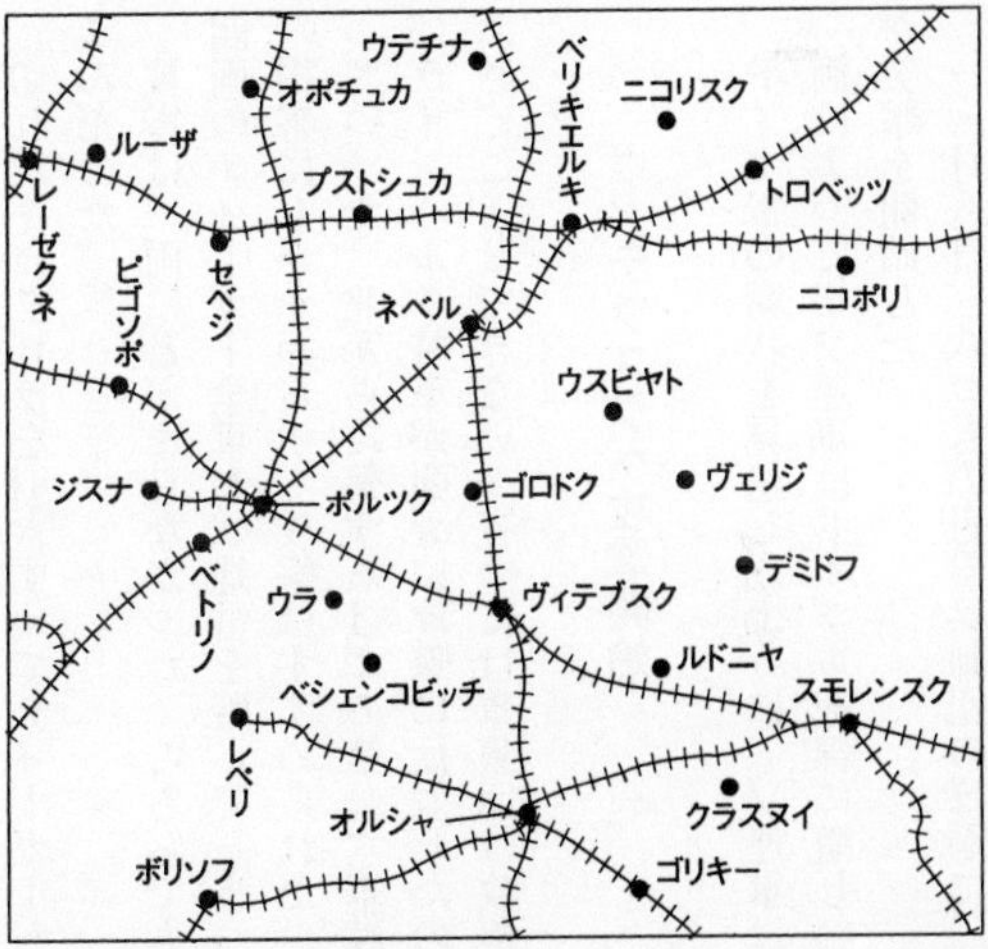

　いっせいにティーガーのエンジンが始動される。

「パンツァー、マールシュ！」

　命令がくだる。ティーガーが出動し、歩兵と協同して侵入した敵を迎撃する。

「榴弾、フォイエル！」

「徹甲弾、フォイエル！」

　ティーガーの奮戦で、攻撃は進展するかに思われた。しかし、この攻撃は災厄となった。

　突然、轟音があがった。雪煙がまきあげられて一瞬、視界がさえぎられる。

切れたキャタピラを引きずってティーガーがのたうつ。地雷だ！ソ連軍の地雷原に入りこんだのだ。

被害は一両にとどまらなかった。こちらでもあちらでも、雪煙があがる。なんと大隊の一四両のティーガー全車が、地雷を踏んでしまったのだ！

損害にもかかわらず、攻撃はすすめられた。やがて衝撃力はうしなわれ、攻撃は下火となっていった。北から攻撃するはずの第一六軍は動かなかった。

ラインハルト将軍が強硬に攻撃に反対したのだ。南からの攻撃だけでは、とても間隙部をふさぐことはできない。夜中には軍集団は攻撃中止を命令した。

ヴィテブスクへ攻撃開始

ドイツ軍の窮状を見越したように、ソ連軍は突然、別の戦区で攻撃を開始した。例によって、ソ連軍はドイツ軍戦線に激しい砲撃を浴びせた。その後、戦車と歩兵の大群が突撃を開始した。

一一月八日、八コもの狙撃兵師団のほかに、おのおの二コの戦車、機械化、狙撃兵旅団が、東方からヴィテブスクへの攻撃を開始したのである。

攻撃正面となったのは、第二〇六歩兵師団の戦区であった。たまらず、ドイツ軍主防衛線は突破された。突破口は幅三キロにおよび、夕方には幅五キロ、深さ三キロにひろがった。

翌日、第二一一警備師団により、突破口を閉鎖するこころみがなされた。しかし、ひどい霧のため、ルフトヴァッフェは飛びたつことができず、失敗に終わった。このため、第二〇六歩兵師団は後退するしかなかった。

師団の第三〇一擲弾兵連隊は、一時的にソ連軍に包囲されたが、自力で脱出することに成功した。

翌日からは、第六軍団戦区で激しい戦闘が荒れくるった。ついに一六日、ソ連第三親衛騎兵軍団はオルドベ湖の西を、南に向けてゴロドクの方向に突破することに成功した。このため第三機甲軍は、後方から包囲される態勢におちいってしまったのである。

第五三軍団は第三機甲軍の最西翼の防護をになっていたが、彼らのもつ唯一の予備兵力である建設大隊と補給部隊では、とてもソ連軍の攻撃を押しとどめることなどできるはずもなかった。

第三機甲軍司令官のラインハルトは、後退の許可を求めたが、軍集団司令官は拒否した。やむを得ずラインハルトは、独断で後退の準備を開始したが、このことがヒトラーに知られてしまった！

ヒトラーはラインハルトに、きびしく撤退準備を中止することを命じた。

「最後の一兵まで死守せよ！」

さらに彼は、ゴロドクの近くのコロシャ湖およびロスビダでの反撃をさえ命じた。

ラインハルトは、この命令をなしとげたのである。ソ連軍の攻撃は撃退され、ラインハルトは陣地を守り抜いた。

ラインハルトの救いの神となったのは、ロシアの泥濘《ぬかるみ》であった。一一月二四日、降りつづく雨により大地は完全な泥沼となった。一面にひろがる泥の海のなかで、ドイツ軍だけでなく、もはやソ連軍さえ行動することは不可能であった。

両軍によるすべての戦闘行動は停止された。ドイツ軍は一息つくことができ、現在地のまま陣地を掘りはじめた。

しかし、平穏な日々は、長くはつづかなかった。晩秋の雨は、やがてロシアの冬へとその座をゆずった。一二月九日、地面にはうっすらと霜が降りた。寒暖計は急降下し、泥沼はカチカチに凍りついた。

前線のドイツ軍は、ソ連軍の攻勢がいつ再開されてもおかしくないことに気づいていた。

「イワンはいつくるか」

それが前線の塹壕に身をひそめたドイツ兵全員の最大の関心事であった。

彼らはそれほど長く待つ必要はなかった。一二月一三日、天地がわき返るような砲撃で、ドイツ軍の陣地は掘り返された。

砲撃がおわると、戦車の突撃がはじまる。雪煙をけたてて、雪原を埋めんばかりの多数の戦車が、主砲と機関銃を撃ちまくりながら突撃を開始した。

第四衛撃軍と第一一親衛軍は、第三機甲軍の北翼に襲いかかった。ソ連軍の攻撃を迎え撃ったのは、第九軍団であった。早くも最初の日に、ソ連軍は二ヵ所で突破に成功した。ここ

開けた畑地を行くソ連軍——T34戦車の車上に歩兵部隊を乗せて歩戦共同で戦う

でもラインハルト将軍は撤退許可を求めた。これはふたたび却下された！

翌日、ソ連軍は攻撃方向を西に転じ、さらにドイツ軍戦線深く浸透することに成功した。彼らはネベル～ゴロドク道に沿って攻撃をつづけた。

彼らの意図は、第九軍団を軍全体から切り離して包囲することであるのは明らかだった。一五日、事態は悪化し、西と東から近づいたソ連軍先頭の戦車の距離は、わずか一〇キロしかなかった。彼らはすでにロボクの近くで、ドイツ軍の後方にたっしていた。

ヒトラーはようやくここで後退の許可を出したものの、もはや遅すぎた。一六日、第八七歩兵師団は包囲されてしまった。

この日、この師団の無線機材はすべてうしなわれ、連絡は途絶した。翌朝、師団はいくつかの小部隊にわかれて、ラシュキンキの近くで自力でソ連軍の包囲網の突破に成功した。

フォン・ストラトビッチ大佐のひきいる五〇〇〇名が最初に脱出した。ガイスラー大佐がひきいる集団がつづいたが、彼らは白兵戦で包囲網を打ち破らなければならなかった。兵士たちは口々にドイツ国歌を歌いながら、ソ連軍の陣地に襲いかかった。ドイツ兵の気迫に押されて、ロシア兵はたじろいだ。しかし、犠牲は少なくなかった。師団の重装備はすべてうしなわれ、一五〇〇名が戦死したのである。

ソ連軍はこの程度のちっぽけな勝利で満足するつもりはなかった。彼らはそれ以上を狙っていた！

一七日、ソ連第三戦車軍団はドイツ軍の第一二九歩兵師団と第二〇機甲師団の間に、三キロの裂け目をつくることに成功した。ようやくドイツ軍司令部は、北翼全体、すなわち第三機甲軍隷下の第一九七歩兵師団、第五猟兵師団、そして「フェルトヘルンハレ」機甲擲弾兵師団の後退を許可したが、あまりに遅すぎる決定であった。

エルンスト大隊の大活躍

一二月一九日早朝、ドイツ中央軍集団戦区北端のデュナ川屈曲部、ヴィテブスク周辺のドイツ軍陣地に、ソ連軍の猛攻撃が開始された。

重砲の発射音につづいて、ロケットの飛翔音が天をつらぬく。一呼吸おいて、砲弾がドイツ軍陣地に突き刺さる。

71口径という超長砲身の8.8cm砲を搭載した対戦車自走砲ホルニッセ

砲撃はじつに一時間半にわたってつづき、ドイツ軍の陣地は完全に掘り返された。砲撃が止み、一瞬の静寂が訪れる。これで終わりか、そんなはずはない。これからが本当の攻撃だ。

水平線を埋めるばかりに、大量のT34が、歩兵を鈴なりに袴乗させて押しよせてくる。放心状態になった兵士たちが気を取りなおして、陣地に取りついた。

ソ連軍の攻撃は第一四機甲擲弾兵師団（フレールケ少将）戦区の一四キロの正面に集中した。ソ連軍はドイツ軍戦線の弱点をあらかじめ入念に調べ、手薄な地点に狙いを定めていた。そこには守備兵はすくなく、対戦車砲の配置もほとんどなかった。

前線からは、悲鳴のような救援要請がとどく。

第三機甲軍司令部は、敵の突破口をふさぐ

べく、とっておきの予備兵力を送ることにした。第五一九重戦車駆逐大隊である。

第五一九重戦車駆逐大隊とは、どんな部隊か？

この大隊もクルスク攻勢にあわせて編成された部隊で、装備には秘密兵器のホルニッセ（のちにナスホルンと改称）が配備されていた。ホルニッセはⅣ号戦車の車体を流用して（正確にはⅢ、Ⅳ号戦車の共通化をはかって開発されたⅢ／Ⅳ号戦車車体）、車体上部にオープントップの戦闘室をもうけて、七一口径という超長砲身の八・八センチ砲を搭載した自走砲である。

自走砲だから、戦車や突撃砲のように重装甲ではなく、ペラペラの装甲板しかなかったが、搭載された主砲の威力は、その欠点を補ってあまりあるものであった。

主砲のPaK43／1 L／71は、おなじ八・八センチ砲といっても、ティーガーの八・八センチ砲より長砲身で威力が大きく、当時は他にはフェルディナンド／エレファントしか装備しておらず、のちにキングタイガー、ヤークトパンターといった巨獣たちの主砲となる傑作対戦車砲であった。

その威力はものすごく、通常の徹甲弾を使用して、弾頭重量一〇・二キロ、砲口初速毎秒一〇〇〇メートル、距離一〇〇メートルで二〇三ミリの装甲板（垂直から三〇度傾斜）を貫徹できた。

貫徹力は距離に応じて低下するが、五〇〇メートルで一八五ミリ、一〇〇〇メートルで一六五ミリ、一五〇〇メートルで一四八ミリ、二〇〇〇メートルでも一三二ミリもあった。これならソ連軍のどんな戦車も敵ではない。

防御されたヴィテブスク

第五一九重戦車駆逐大隊に出動命令がくだった。部隊は各個にわかれて火消しのため、戦線のあちこちに向かう。

第一中隊第一小隊の三両は小隊長アルバート・エルンスト少尉の指揮下で、スースラスハへ向かった。ホルニッセは真っ白に雪で化粧された大地の上を全速力ですすむ。雪煙が車体をつつみ、乗員は吹きっさらしの車内で、すこしでも寒さを防ぐため、装甲板の陰に身をひそめた。

「ボシュ！　ボシュ！」

ホルニッセの周囲に雪煙があがる。ソ連軍の野砲の射程内にはいったのだ。エルンストは、かまわず全速でホルニッセを前進させた。

雪煙はホルニッセを追いかけて、点々と雪原に大穴をうがったが、ホルニッセに被害はなかった。正午ころ、ホルニッセはスースラスハの手前の小さな村に到着した。村は味方の擲弾兵連隊が守っていた。

連隊本部の将校とかんたんな打ち合わせをすますと、エルンストはすぐに小隊のホルニッセを出発させた。

「あの丘まで前進する」

エルンストはホルニッセの戦闘に適した丘の反斜面に陣取った。ここからなら、前方にひらけた射界が得られる一方、こちらは敵にたいして最小限のシルエットをさらすだけでいいのだ。

エルンスト車を真ん中に、僚車は一〇〇メートルの間隔をおいて左右に布陣した。

「全車へ、準備完了したか?」

「ヤボール」

元気のよい返事が返ってきた。全車とも戦闘準備完了だ。

やがて、敵の砲撃が激しくなってきた。三〇分ほどたって、ソ連軍が占領しているスースラスハの村から、黒い影が走りだしてきた。敵戦車だ!

T34にKV1もいる。

「遠距離射撃で先制攻撃せよ、目標は各個にえらべ!」

エルンストが無線機にどなる。その間に敵戦車は、丘とスースラスハの村の間にある、小さな森に隠れて見えなくなってしまった。エルンストは双眼鏡を凝視して、前方二〇〇〇メートルの森のまわりを観察する。

出てきた。敵戦車だ。出るわ出るわ、虫がわくように、わらわらと出てくる。一〇両、一五両、二〇両、ひろく散開して全速力で向かってくる。

「全車へ、距離一八〇〇。撃ち方はじめ!」

とっくのむかしに射撃準備はととのっている。砲手は即座に発射した。八・八センチの巨弾は、轟音を発して飛びだした。

一瞬ののち、弾丸は目標のT34をつらぬいた。車体はつんのめるように停止すると、紅蓮の炎をあげて燃えだした。つづいて僚車も発砲を開始する。初弾から命中、たちまち三両のT34が燃えあがった。

T34はどこから撃たれているかわからず、右往左往するばかりだ。苦しまぎれに闇雲に発砲しはじめたが、エルンストたちにはなんのさまたげにもならない。

ゆうゆうと射撃をつづけ、前面には七〜八両のT34が擱座し、炎をあげていた。ソ連戦車はこの地獄から逃れようと、めいめいかってに逃げまわりはじめた。さらに一両のT34が命中弾をうけると、全車一斉に回れ右をして、もときた森をめざして逃げだした。

こうしてソ連軍の攻撃は、たった三両のホルニッセのおかげで頓挫したのである。

しかし、このぐらいでソ連軍があきらめるはずもなかった。夕方になると、ソ連軍戦線の後方では、戦車の蠢動する騒音がたえ間なく聞こえた。ソ連軍が攻撃を再興しようとしていることはあきらかだった。

エルンストらは戦闘態勢をとったまま、敵を待った。夜になってしばらくすると、ホールトマン曹長から警報が入る。

「敵戦車発見！」

奴らがふたたびきたのだ。エルンストは前方の平地を目を皿にして観察する。T34だ。後ろからは、ぞろぞろと歩兵がついてくる。

やがて、ソ連軍は分散して、各個がドイツ軍陣地に向かって近づいてくる。

「ボーーー」

ドイツ軍陣地から赤い火箭が伸びる。ＭＧ42が射撃をはじめたのだ。敵のＴ34が停止する。歩兵を支援して射撃を開始したのだ。

「撃ち方はじめ！」

そうはならじ、とエルンストらも射撃を開始した。横合いからの射撃で、たちまち三両のＴ34が燃えあがる。しかし、発砲炎でこちらの居場所もばれてしまった。

Ｔ34は、いそいで丘の影に隠れた。エルンストらが墓場の高地と呼んでいた場所にまわりこもうというのだ。

エルンストが目をこらすうちに、案の定、高地上にＴ34があらわれた。砲塔だけを出して、こちらを射撃してくる。

撃った！　エルンストのホルニッセの至近で土砂が舞いあがる。助かった、至近弾だ。このとき、エルンストのヘッドホンに、フレッソン軍曹の叫び声がこだました。

「やられた！」

エルンストがふり向くと、燃えあがるホルニッセから、一人、二人と乗員が飛び降りるのが見えた。助けにいく暇はない。敵をやっつけねば、こちらがやられる。

数秒後、エルンストはフレッソンをやった敵を発見した。丘の上に砲塔だけが見える。その砲塔はゆっくりとこっちに回りはじめた。

ソ連戦車を一撃で駆逐する自走対戦車砲ホルニッセ（スズメ蜂）

「フォイエル！」

　一瞬早く、エルンスト車が火を吹いた。一瞬ののち、ものすごい火柱をあげてT34は吹き飛んだ。ホールマン車も一両を撃破し、エルンストがさらにもう一両撃破すると、ソ連軍はふたたびしっぽを巻いて逃げだした。

　この日、エルンストの小隊は敵戦車一四両を撃破し、敵の攻撃を粉砕した。

　エルンスト小隊は二両に減ったまま、前線で戦いつづけた。エルンストらは、ホルニッセの戦闘室に藁を敷いて、その上で寝起きをした。

　二二日朝、エルンストは無線機の呼びだし音で目をさました。大隊長ホッペ大佐からの呼びだしである。

「エルンスト、ホルニッセ一両でスースラスハへ向かえ。敵が攻撃を開始した！」

「ただちに出発します、少佐殿」

　エルンストは乗員をたたき起こすと、ホルニッセの出撃準備にとりかかった。寒気のなか、エンジンをかけ、暖気にとりかかる。武装、装備品の確認。三〇分後には出動準備はととのった。

「前進！」

雪をけたてて、ホルニッセは動きだした。

丘をひとつ越えて平地に出る。その先の窪地で、味方の工兵に出会う。指揮官の少佐がエルンストに聞いた。

「榴弾は十分に持っているか、少尉」

「ヤボール、少佐殿。どこが最重要地点かご存じですか」

少佐が先に立ってエルンストを案内する。丘の上に登ると、彼方の雪原にぽつんともりあがった敵陣地が見えた。エルンストが先に立って、敵の陣地を攻撃するのだ。

戦闘隊形をとって前進する。気づいたソ連軍は、機関銃を撃ちかけてくる。

「フォイエル！」

榴弾一発でソ連軍陣地は沈黙した。さらに前進。エルンストは榴弾を撃ちまくりながら走りだす。見つけだした敵陣地は、片っぱしから片づけた。

「敵戦車！」

操縦手のケッター軍曹が叫ぶ。右前方の低地を見え隠れしながら、六両のT34が走ってくる。

「徹甲弾、フォイエル！」

あっという間に、先頭のT34が吹き飛んだ。二、三、四両……。たちまちエルンストは敵戦車を食っていく。

　突然、敵の砲弾がかすめた。いつの間にか、ソ連軍が左にまわったのだ。

「全速！」

　ホルニッセは走りだすと、いそいで左に急旋回する。敵弾が、ちょっと前にいた場所をかすめ飛んでいった。危機一髪だ。

　エルンストのホルニッセは左旋回すると、敵に照準を合わせた。

「フォイエル！」

　敵は吹き飛んだ。最後の一両のＴ34も撃ちとった。

　ソ連軍野砲の射撃がはじまった。これで味方歩兵は動けなくなった。そこへ第二波のＴ34が襲いかかる。

　エルンストははるか二〇〇〇メートルの距離から射撃を開始して、つぎつぎとソ連戦車を撃ちとっていった。攻撃は五度にわたり、そのたびに撃退された。

　プリソヴォの村にもどると、ドイツ軍陣地では負傷兵があえいでいた。

「どうしたんだ」

　エルンストが聞くと、敵戦車が蹂躙していったという。

「方向転換だ！」

　エルンストはこの敵を撃ちとることにした。村の端へ着くと、双眼鏡で雪原に目をこらした。

「あいつだ！」

二〇〇〇メートルかなたに黒い染み、敵のT34だ。

「フォイエル！」

三発目が命中し、T34は黒煙をあげて燃えあがった。

エルンストの奮戦はこの後も長らくつづき、結局、ヴィテブスクの戦いは一時の休止をはさんで三月までつづいた。

この戦いでヴィテブスクの守り神となったのはエルンストのホルニッセであった。

しかし、それは勝利と呼ぶには、あまりにむなしい、つかの間の喜びでしかなかったのだが……。

あとがき

このたびは『タンクバトルⅣ』をご購入いただきまして、誠にありがとうございます。顧みますれば『タンクバトルⅢ』発刊以来、ずいぶん月日がたちまして、続刊は一体全体どうなっているのか、といぶかしくお思いの読者の方もいらっしゃったかもしれません。筆者としても、なかなか刊が進みませんのは、全くもって申し訳ない限りと身も縮む思いでした。

本当にお待たせしましたが、ようやく本書の出版がなりました。ご購入いただきました皆様はもうご存じかもしれません。本書は戦車戦を描いた平易な戦史書として、潮書房より発行されている月刊『丸』誌上に連載されている「タンクバトル」を元に編まれたものです。今回の単行本収録にあたっては、物語りの構成上、連載記事に一部加筆し、本誌では取り上げなかったエピソードを追加しています。

今回収録された戦車戦の範囲は、第二次世界大戦史上でも最も激烈であった、独ソの戦車戦のクライマックスとも言うべき時期に焦点をあてています。一九四二年末から一九四三年初めにかけての冬、ロシア軍の大攻勢でドイツ軍は大損害をこうむりました。現在ではこれがドイツ敗戦への転機となったことは明らかですが、当時はまだ戦争の帰趨はこれほど明らかではありませんでした。

たしかにドイツ軍の戦線はズタズタになり損害は累積しましたが、それはソ連軍にとっても同じでした。ソ連の勝機が見えはしたものの、彼らがそれまでにこうむった損害も甚大でした。ドイツ軍はまだまだ侮りがたい戦力を有しており、ソ連軍に何度も何度も痛打をあたえていました。

その独ソの決戦となったのが、クルスクの戦いでした。クルスクの戦いではドイツ軍はパンター、エレファント、ナースホルンそしてブルームベアといった新兵器を投入し、ソ連軍に立ち向かいました。しかし、戦いはドイツ軍に利あらず、敗北となりましたが、その一因となったのが、シチリアへの連合軍の上陸でした。この後ドイツは、東西両戦線で優勢な敵との対決を迫られることになります。

この時期の戦車戦では、数量に劣るドイツ軍戦車が、戦車戦の手練の技を示して、ソ連軍そして西側連合軍に大損害をあたえる戦いが多数見られます。だが、一方で戦線は後退するばかりで、その奮戦もむなしいものでしかなかったのですが……。しかし、滅び行く者たちの必死の戦いぶりは、日本のマニアをひきつけて止まないのではないでしょうか。

さて、戦争はいよいよ後半戦に突入し、ドイツ軍そしてドイツ同盟国は、東西両戦線で攻勢を強める、ソ連、西側連合国からのますます高まる圧力にさらされることになります。ソ連軍はウクライナ、ベラルーシを解放し、ドイツ本土へと近づきます。そして米英連合軍はノルマンディに史上空前の上陸作戦を敢行し、ヨーロッパ本土への足掛かりを確保します。激戦に継ぐ激戦、これらはこの後『タンクバトルⅤ、Ⅵ』へとつづくことになります。ぜひ今後ともご期待いただきたいと思います。

末筆ではありますが、本書を出版する上でご協力いただだいた、皆様すべてに心から御礼申し上げます。とくにいつもながら見事なイラストを描いて下さいます、当代随一のミリタリー・イラストレーターの上田信様、筆者を叱咤激励しながら辛抱強く応援して下さいました潮書房光人社の川岡様、『丸』本誌上への連載の機会を設けて下さいました竹川様、その他多くのご協力をいただきました皆々様に、紙上を借りまして御礼申し上げます。

平成二十年九月

齋木伸生

文庫版あとがきに代えて

――タンクバトルの現場を訪ねて

◆ルジェフ

第二次世界大戦で最大、そして最悪の戦場となった場所はどこか？　ほとんどの人は迷うことなくロシアと答えるであろう。実際にちょっと思い浮かべるだけでも、モスクワ、レニングラード、キエフ、スターリングラード、そしてクルスクと、軍事ファンならだれでも知っているような大会戦がめじろ押しである。

たしかにこれらの戦いが、独ソ戦の帰趨を決めたのは間違いない。その重要性には異論はない。しかし、ロシアにはこれらの大会戦に負けないくらい、激しく血みどろの戦いが演じられた場所がある。そのひとつがルジェフだ。しかし、ルジェフといわれてもピンと来ない人がほとんどだろう。ましてやルジェフがどこにあるのかなど、見当がつかないことと思う。

ルジェフはモスクワの北西二〇〇キロにある、トヴェリ州の一地方都市である。ヴォルガ川の上流に位置し、モスクワからリガを結ぶ鉄道および街道上に位置している。一九四一年秋から冬にかけて、ドイツ軍はモスクワ侵攻タイフーン作戦を仕掛けて敗れたが、その後モスクワ前面のドイツ軍が保持したのが、ルジェフ～グジャック～ヴィヤジマを取り囲む三角形の地域だったのである。

一九四二年にドイツ軍はロシア南部へと攻勢の目標を変更したが、ロシアにとってはルジェフ突出部はモスクワの喉元につきつけられたあいくちだった。その結果、この後なんと両軍は一年にわたって、ルジェフを巡る血みどろの攻防戦を演じたのである。本書ではルジェフの戦いについて一章が割かれているが、この戦いについてはおそらく日本語で書かれたことはないと思う。

書かれたこともないのだから、日本人で行ったことのある人もないと思う。実際筆者の愛用している某旅行ガイドブックにも、ルジェフのルの字さえもない。筆者が行くことができたのは、ロシア研究者でガイドをつとめる友人と、モスクワにいらっしゃる高名な戦車研究者でいらっしゃる友人の助けのお陰だ。まあ鉄道線路も通じているし、それなりの地方都市なのだから、訪れるのは不可能ではないのだろうが……。

筆者がルジェフに抱いたイメージは、取り立てて特徴のない地方都市というものだった。とくにロシア慣れしている人にはわかると思うが、安普請のコンクリート建築のあまりおもしろみのない建物が並んでいる、いかにも旧ソ連の地方都市という趣なのだ。これはもちろん、戦争によるルジェフの荒廃がものすごかったゆえんであろう。

ただ、ヨーロッパでは歴史ある町並みを再現しようと努力する国が多い。むしろそれを拒否したソ連政府の責任も大きい。というわけで、ルジェフ市内では当時を偲ぶことができるような場所はほとんどない。筆者が教えてもらったのは、ヴォルガ河岸に立つ趣ある建物で、戦前は銀行だったそうだ。この建物はたしかにルジェフのその他の味気無い建物にくらべて、歴史の重みが感じられるような気がした。

それでも町歩きの意味はある。じつは、ルジェフ攻防戦はまさに、ルジェフ市内でまで戦われており、両軍の戦線がルジェフの町の街路を横切っていたときもあるのだ。ルジェフはそれほど大きい町ではないが、川と直角にメインストリートが走り、町の中心に通じている。メインストリートの町の真ん中あたりには記念公園があり、例によってT—34—85が飾られていた。町の中心から先はどうなるのかと思うと、何か尻すぼみのように町並みが消えていってしまった。

じつはルジェフとはこの程度の町なのだ。実際、現在の人口も六万人余でしかない。交通の要衝ということなのだろうけど、こんな町を奪い合って激戦が演じられたのがなんとも不思議だ。ここルジェフで訪ねてみたいのが、ルジェフ戦争博物館である。ロシアの町に行けば、どこでもこの手の博物館はあるが、この博物館のすごいところは、郷土博物館でも軍事博物館でもなく、「ルジェフの戦い」だけを扱った博物館であることである。

博物館は、それほど大きなものではなく、ちょっとした屋外展示場と屋内展示場からなる。屋外展示場の展示品は、筆者にとってはおなじみと言ってはなんだが、カチューシャ、ラッチェ・バム、一二二ミリ榴弾砲、三七ミリ対空砲といったところである。それでも筆者は大人気なく大喜びで写真を撮りに走ったが、本来の戦史研究者としては、博物館の学芸員等と意見を交換するのが筋だろう。

実際、屋内展示場はそれほど広いものではないが、ともかくルジェフの戦いだけなのだから展示密度は濃い。テーマとしては、第二次世界大戦におけるルジェフ攻防戦、そしてドイツ軍による占領下の状況である。写真、地図、実物の兵器や装備を使っての展示だが、パネルにまとめたり電飾を駆使したりで、わかりやすく解説されている。またロシアの博物館によくある、実物とミニチュア、絵を組み合わせた巨大なジオラマは圧巻である。

さて、ルジェフを離れて近郊の様子も見よう。ルジェフはじつのところ田舎町でしかなく、町を出ればすぐに何もない平原になる。南に向かってネフェデヴォでは、森の中に記念碑を発見した。その近くには当時の塹壕らしきものが見受けられた。どの戦いだかはわからないが、おそらくここで両軍が戦ったのであろう。

そこからさらに先、ヴィヤージマ道とガガーリン道（宇宙飛行士のガガーリンにちなんで彼の生誕した町の名前も変わってしまったのだ）の分岐点付近には、廃村跡が見つかった。もうだいぶ前になくなったらしく、建物はまったくなく基礎さえもないといっていいぐらいだ。そのへんを探すと砲弾片や弾薬箱等が見つかったので、ここでも当時の戦闘が行なわれたのであろう。廃村になったのはそのときかもしれない。

スチェフカの近郊は、一九四二年六月七日の激戦を記した巨大な記念碑があった。飾られているのはT—34／85である。T—34／85なんか珍しくもなんともないと思われるかもしれないが、ちょっと変わった車体だったらしい。同行のロシア研究者が一所懸命チェックしていた。

スチェフカの村の風景を写真に収めたが、このへんの田舎は、いまでも当時の様子とたいして変わらないのではないかと思わせるものだった。さらにスチェフカの町を見渡す名もなき村で、大発見をした。ななんとドイツ軍のトーチカを発見した。農家の裏庭にどうも変なものがあると思って住人に聞いたところ、当時のものでいまは改装して地下室として使っているそうである。

やはりまだまだそういうものがあるのだ。起伏のある地形で、見下ろすような場所にあったから、攻防戦のどこかの段階で、ここを両軍の戦線が走っていたのかもしれない。それにしてもこの村は道もけっこう泥沼で、裏庭にもぴちょぴちょの水たまりがあった。ロシアは平坦だから、雨が降ればどこでもすぐに水浸しになるということがよくわかる。

最後にルジェフから東へ向かう途中で、やはりいくつかの記念碑をチェックした。シュビツォフで巨大記念碑を発見。ここにもT―34／85があった。ここでは一九四二年八月二三日に激戦があった。イクメンカにはカチューシャが飾られていた。これは、一九四二年八月四日の戦いを記念するものである。この調子だと記念碑をたどるだけで、時系列に沿って当時の戦線が描き出せそうであった。

◆クルスク

クルスクは、軍事ファン、とくに陸戦のファンであれば、もうおそらく知らない人はいないだろう。独ソ戦の、そして第二次世界大戦最大の戦車戦の場として有名である。しかし、名前こそ有名だが、その場所がどこにあるかといえば、あまりはっきりとは指し示せない人が多いのではないか。せいぜいが、ロシアの真ん中へんといったところだろう。

クルスクはヨーロッパロシア中南部、モスクワの南約四五〇キロ、クルスク州の地方都市である。ドニエプル川の支流セイム川沿いにあり、河川交通およびロシアの東西南北の交通ルートの要衝である。ドイツ軍は一九四一年秋のモスクワ侵攻タイフーン作戦の過程で占領し、一九四三年二月、スターリングラード包囲につづくソ連軍の攻勢によって解放された。

町そのものは正直たいしたことはない、よくありがちな地方都市で、歴史的にも経済的にも、外国人をひきつけるような魅力はないといっていい。そんな町が世界に知られているのは、第二次世界大戦東部戦線最大の決戦「クルスクの戦い」が、この町で戦われたからである。いや正確にはこの町ではない。

というか、この町の周辺ですらない。というのもドイツ軍がクルスクに到達することができなかったからだ。そして、そもそもクルスクの戦いは、じつに広大な地域を戦場として戦われた。実際、当時の戦況地図に、同一縮尺の日本地図でも重ね合わせて見て欲しい。突出部は関東平野がすっぽり入るぐらいの広さがあるのだ。

もちろんその全域が戦場になったわけではないが、南部のドイツ軍の突破した地域だけで、東京の中心部ぐらいはあるのだ。この広大な地域で、いくつもの戦いが継続的、重層的に戦われているのだ。このため、じつのところここでこんな戦いが行なわれたと、明確に語れる場所はなかなか紹介しづらかったりする。

まず北部だが、こちらではフェルディナンド（エレファント）自走砲が投入されたりしているものの、基本的に南部より弱兵力であり、その戦いぶりはふがいないものであった。このため北部では、戦史的に見るべき場所というのがなかなか発見できない。筆者が赴いたのは、実際には戦場ではなく、戦線の内側（ソ連軍側）、コレンナヤ・プーチティンにあるソ連中央方面軍司令部跡であった。

ここには現在、クルスク戦を記念した中央方面軍司令部博物館が建てられている。博物館は庭園といった感じの施設で、中庭には戦車や火砲、いろいろな記念碑等が並べられている。屋内展示場は展示室といった方がいいくらいの小さなもので、小火器、軍服、装備品類と、当時の戦いについて解説した写真や地図が飾られている。

この博物館の目玉と言えるのが、当時ロコソフスキー司令官が使用した司令部壕であろう。当時ここから戦闘の帰趨を決める各種の命令が発せられたのであろう。といっても危険なため内部の立ち入りは不可能。おそらく朽ち果てて何も残ってはいないのだろうが、当時の雰囲気にひたることができなかったのはちょっと残念だった。

クルスク南部では、トモロフカ、ベルゴロドの突出部から前進を開始した、ホト上級大将の第四機甲軍とケンプフ大将のケンプフ支隊の戦車群は、スケジュールどおりにはいかなかったものの、ソ連軍戦線の突破に成功し、クルスクに向かって突進した。ドイツ軍のオボヤン、プロホロフカへの接近経路にあったのがヤコレヴォ村である。この村はベルゴロドからオボヤンへの道路上にあり、またプロホロフカ方面への道路分岐点でもあった。もっとも戦況地図には目印としてかならず載っているのだが、ここで特別な激戦があったという戦史は、筆者は寡聞にして知らないのだが……。しかし、おそらくここでも激戦があったのだろう。

というのも、ヤコレヴォ村の道路分岐点より少しオボヤンよりの場所に、大きなクルスク戦の記念公園が作られているからだ。公園は博物館も兼ねていて、永遠の火が灯る記念碑の下が小展示室になっている。この公園の野外展示には戦車（T—34／85でクルスク戦には出てはいないけど）とYak—9戦闘機があるが、見物はパックフロントである。

クルスクの戦いでは、ソ連軍の構築した濃密な防御陣地に、ドイツ軍は悩まされたが、なかでも有名になったのが、このパックフロントである。パックはドイツ語の対戦車砲のことで、これは対戦車砲陣地のこと。そのなかでもパックフロントと呼ばれた代物は、単にひとつ、ふたつの対戦車砲を据え付けただけでなく、陣地を縦深に配置し複合的な火網が構築された対戦車陣地群を指している。

もちろん当時の本物であるはずもなく、再現されたものだろうが（それでももとのこの場所に痕跡はあったかもしれない）、いい雰囲気が出ている。据え付けられている砲はソ連軍の代表的な野砲／対戦車砲の七六・二ミリ野砲M一九四二である。ここでは砲が剝き出しになっているが、実際にはカモフラージュのためこの上からカモフラージュネット等がかけられて偽装される。このため前進するドイツ戦車は、いきなりドカンとやられてその存在に気づくわけである。

クルスク南部の戦いで最大の激戦地となったのがプロホロフカであった。プロホロフカはオボヤンの南東三〇キロほどにある小さな村で、村の脇をハリコフからクルスク、モスクワに至る鉄道が通っていた。それこそクルスクの戦いが無ければ、地元の人以外その名前を知ることもないだろう寒村である。もっともプロホロフカでの戦いは、本文にも書いたがソ連のプロパガンダもあり、かなり実相が歪められてしまったものなのだが。

というわけでプロホロフカを訪問したが、プロホロフカの戦車戦は草原の遭遇戦であり、本来その戦場に戦跡となるような目立つ軍事構築物があったわけではない。当時からして崩れかけていた対戦車壕が、いまに残るわけもない。当然、現在のプロホロフカにも何も残ってはいなかった。それでもそこにはプロホロフカの戦いを記念した公園が作られていて、例によってT—34／85や五七ミリ対戦車砲M一九四一が飾られていた。

驚かされたのが平原に突如そびえ立った巨大なドームである。これはプロホロフカ・ドームと呼ばれる巨大な記念塔で、一九九八年に建設されたものである。周囲に特別軍事的展示はないようなのは残念だ。巨大なドームでいかにもロシア人の好きそうな代物だ。これもプロパガンダの一貫と言うべきだろうが、戦史の実相が知られたいま、これは記念碑というよりは無謀な戦いの慰霊碑となってしまうのではないだろうか。

◆キエフ

キエフはソ連の崩壊により独立を回復したウクライナの首都である。回復、というと不思議に思われるかもしれないが、ウクライナはロシアよりはるかに長い歴史を誇る国家だ。その最初はキエフルーシという。そう、ここキエフを中心とした国家だ。おそらく旧ソ連の町の中でも、モスクワ、レニングラードに次ぐくらいの知名度はあると思う。そして、現在進行形でホットスポットになりつつある……。なかなか訪ねましょうといいにくいところだが、まあそれは置いておいてお読みいただきたい。

キエフはドニエプル河岸に形成された町である。ドニエプル川は源流をスモレンスク東南方に持ち、ロシア西部を延々と南に抜け黒海へと注ぐ、ヨーロッパではヴォルガ川、ドナウ川に次ぐ第三の大河だ。全長は二三〇〇キロ、川幅は最大で三・五キロにも達する。とくにウクライナでは西岸が切り立った崖となっており、現在では両岸に広がる市域を持つキエフも、もともとはその西岸の高台に築かれた町であった。

キエフを巡り度重なる独ソの攻防では、川が重要なポイントとなった。日本のちっぽけな川を見慣れた目ではなかなか想像困難だが、ロシアの川はときに海にも見立てることのできる大河で、戦争のキーポイントともなる強大な自然障害物となった。ちょっと異例かもしれないが、キエフに行かれたら「戦跡」としてこの大河そのものを望見することをお薦めしたい。

この大河を見るには何の苦労もいらない。キエフ市街はまさにドニエプル川に沿って建設されており、キエフに行きさえすればいやでもドニエプル川を目にすることができる。キエフ前面での川幅は七〇〇メートルある。キエフでは、ドニエプル河岸に延々五キロにわたって緑の公園がつづく。ここを川を見ながら散策するのがいいだろう。

西岸からドニエプル川を見下ろす絶好の展望ポイントとなるのが、大祖国戦争博物館の「母なる祖国像」のある丘だろう。ここから見下ろすと、キエフとドニエプル川を巡る周辺の地形がよくわかる。本当に西岸だけが崖となり、東岸にははるかに平原が広がっているのだ。

この丘に登るのなら、ついでにというか当然に大祖国戦争博物館を見ていこう。大祖国戦争博物館は、広大な敷地内にいくつか野外展示場があり、戦時中から現代までの戦車、火砲、航空機等が展示されている。女神像の足元は屋内展示場となっており、小火器や軍装品、地図その他で独ソ戦の足跡をたどる歴史的な展示がなされている。

バルバロッサ作戦で占領されたキエフが、ふたたび戦闘の矢面に立つのは、ドイツ軍の敗色が濃厚となった大戦後半のことである。一九四三年のクルスク決戦以降、ソ連軍は東部戦線中南部で全面攻勢に移った。九月初旬にはキエフを目指す突進がはじまり、一〇月一二日にキエフに対する攻撃が開始された。ソ連軍はキエフ南方のプクリンにドニエプル川を渡る橋頭堡を築いた。

当初、ソ連軍はプクリン橋頭堡に集中したが、ドイツ軍の防御が堅いと見ると、キエフ北方リュティシからの攻撃に切り替えた。そして兵力を蓄えたソ連軍は、一一月三日にキエフに対する総攻撃を開始した。包囲を恐れたドイツ軍は後退し、キエフは六日に解放された。リュティシに近いノビ・ペトリフチ村には、現在キエフ解放博物館が建てられている。この博物館は前述の大祖国戦争博物館の分館という扱いになっている。それほど大規模なものではないが、若干の戦車、火砲が展示され、内部にはリュティシ橋頭堡の戦いを描いた巨大パノラマが作られている。

しかし、こうした展示よりなにより貴重な展示は、敷地内に残されている第一ウクライナ方面軍司令部の塹壕跡である。ここでは、まさにキエフを解放したヴァトゥーチン将軍が執務をとっていた。もっとも、彼は解放したはずのウクライナ人に暗殺されたのだが……。このウクライナとロシアの複雑な関係は、現在進行形でつづいているわけだ。

単行本　平成二十年九月「タンクバトルⅣ」改題　光人社

NF文庫

東部戦線の激闘

二〇一四年十月十四日　印刷
二〇一四年十月二十日　発行

著　者　齋木伸生
発行者　高城直一
発行所　株式会社潮書房光人社
〒102-0073 東京都千代田区九段北一-九-十一
振替／〇〇一七〇-六-五四六九三
電話／〇三-三二六五-一八六四代
印刷所　慶昌堂印刷株式会社
製本所　東　京　美　術　紙　工
定価はカバーに表示してあります
乱丁・落丁のものはお取りかえ致します。本文は中性紙を使用

ISBN978-4-7698-2853-2　C0195
http://www.kojinsha.co.jp

NF文庫

刊行のことば

第二次世界大戦の戦火が熄《や》んで五〇年——その間、小社は夥しい数の戦争の記録を渉猟し、発掘し、常に公正なる立場を貫いて書誌とし、大方の絶讃を博して今日に及ぶが、その源は、散華された世代への熱き思い入れであり、同時に、その記録を誌して平和の礎とし、後世に伝えんとするにある。

小社の出版物は、戦記、伝記、文学、エッセイ、写真集、その他、すでに一、〇〇〇点を越え、加えて戦後五〇年になんなんとするを契機として、「光人社NF（ノンフィクション）文庫」を創刊して、読者諸賢の熱烈要望におこたえする次第である。人生のバイブルとして、心弱きときの活性の糧《かて》として、散華の世代からの感動の肉声に、あなたもぜひ、耳を傾けて下さい。

＊潮書房光人社が贈る勇気と感動を伝える人生のバイブル＊

ＮＦ文庫

ラバウル艦爆隊始末記 ソロモン航空戦の全貌
松浪　清
零戦隊、陸攻隊とともにニューギニアの空でソロモンの空で、陸戦掩護に敵艦船攻撃にと出撃した急降下爆撃隊の航跡を伝える。

「紫電改」戦闘機隊サムライ戦記 海軍航空隊戦記
「丸」編集部編
弾丸とびかう絶体絶命の大空に最高最大の戦闘力を結集、人機一体となって奮闘した海鷲たちの哀歓の日々。表題作他四篇収載。

WWII世界のジェット機 実飛行篇
飯山幸伸
第二次大戦中、あるいは終戦直後に飛行試験を行なった機体を紹介。ジェットエンジン開発の歴史も解説。図面・イラスト多数。

先任士官物語 ある護衛艦砲雷長の戦い
渡邉　直
海上自衛隊護衛艦の砲雷長、いわゆる先任士官となった一等海尉の奮闘。練習艦隊と共に米大陸に向かった一士官の活躍を描く。

激闘ルソン戦記 機関銃中隊の決死行
井口光雄
最悪の戦場に地獄を見た！　食糧も弾薬も届かぬ地で、苛酷な運命に翻弄された兵士たちの魂の絶叫。第一線指揮官の戦場報告。

写真　太平洋戦争　全10巻〈全巻完結〉
「丸」編集部編
日米の戦闘を綴る激動の写真昭和史――雑誌「丸」が四十数年にわたって収集した極秘フィルムで構築した太平洋戦争の全記録。